U0201936

YACHANG

SHOUYAO ANQUAN SHIYONG

YU YABING FANGZHI JISHU

鸭场 兽药安全使用 与鸭病防治技术

王松　朱慧丽　靳安红　主编

化学工业出版社

·北京·

图书在版编目（CIP）数据

鸭场兽药安全使用与鸭病防治技术/王松，朱慧丽，
靳安红主编 . —北京：化学工业出版社，2024.2
ISBN 978-7-122-44811-8

Ⅰ.①鸭⋯ Ⅱ.①王⋯②朱⋯③靳⋯ Ⅲ.①鸭病-
兽用药-用药法②鸭病-防治 Ⅳ.①S858.32

中国国家版本馆 CIP 数据核字（2024）第 030659 号

责任编辑：邵桂林　　　　　　　文字编辑：朱丽秀　陈小滔
责任校对：宋　玮　　　　　　　装帧设计：韩　飞

出版发行：化学工业出版社
　　　　　（北京市东城区青年湖南街 13 号　邮政编码 100011）
印　　装：河北鑫兆源印刷有限公司
850mm×1168mm　1/32　印张 11　字数 317 千字
2024 年 5 月北京第 1 版第 1 次印刷

购书咨询：010-64518888　　　　售后服务：010-64518899
网　　址：http://www.cip.com.cn
凡购买本书，如有缺损质量问题，本社销售中心负责调换。

定　　价：59.80 元　　　　　　　　　版权所有　违者必究

前 言
PREFACE

　　近年来，我国养鸭业稳定发展，鸭的数量和产品产量逐年增加。随着规模化、集约化程度不断提高，鸭的疾病控制难度也越来越大，鸭病现场的临床诊断显得尤为重要。另外，生产中为了防治疾病，药物的误用、滥用等不规范使用现象普遍存在，导致药不对症、药物残留和环境污染等。养鸭业迫切需要将临床常用的药物与常见鸭病防治有机结合的指导读物。为此，我们组织有关人员编写了《鸭场兽药安全使用与鸭病防治技术》一书。

　　本书分上、下两篇，上篇是鸭场兽药安全使用，包含兽药的基础知识、抗微生物药物的安全使用、抗寄生虫药物的安全使用、中毒解救药物的安全使用、中兽药方剂的安全使用、作用于机体各系统的药物及其他药物的安全使用、生物制品的安全使用、消毒防腐药物的安全使用、饲料添加剂的安全使用；下篇是鸭场疾病防治技术，包含鸭场生物安全体系、鸭场疾病诊治技术。

　　本书密切结合养鸭业实际，坚持理论联系实际的指导思想，体现系统性、准确性、安全性和实用性的要求，配有大量图片以便读者理解和掌握。不仅适合鸭场兽医工作者阅读，也适合饲养管理人员阅读，还可作为大专院校、农村函授及培训班的辅助教材和参考书。

　　本书图片主要是"家禽生产"课题组多年教学、科研与家禽生产服务的资料，为充实内容，也引用了一些其他彩图，在此谨表谢意。

　　由于水平有限，书中可能会有疏漏，敬请广大读者批评指正。

编者

目 录
CONTENTS

上篇 鸭场兽药安全使用

下篇　鸭场疾病防治技术

上 篇

鸭场兽药安全使用

第一章

兽药的基础知识

第一节　兽药的定义和分类

一、兽药的定义

兽药是用于预防、诊断和治疗动物疾病，或者有目的地调控动物生理机能，促进动物生长繁殖和提高生产性能的物质。

二、兽药的分类

兽药的分类见图 1-1。

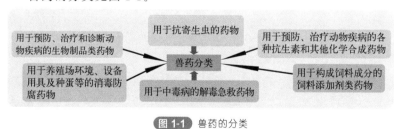

用于预防、治疗和诊断动物疾病的生物制品类药物

用于抗寄生虫的药物

用于预防、治疗动物疾病的各种抗生素和其他化学合成药物

兽药分类

用于养殖场环境、设备用具及种蛋等的消毒防腐药物

用于中毒病的解毒急救药物

用于构成饲料成分的饲料添加剂类药物

图 1-1　兽药的分类

第二节　兽药的剂型和剂量

一、兽药的剂型

将兽药经过适当加工制成便于应用、保存、运输，能更好发挥药

物疗效的制品称为制剂。其制剂的形态为剂型。同一种药物在生产中又可制成不同的剂型，不同剂型的同种药物应用于机体后，其吸收程度也不大相同。鸭场常用的兽药剂型见表1-1。

表1-1 常见的药物剂型

分类		特点
液体剂型	溶液剂	由不挥发性药物完全溶解在溶剂中制成的透明胶体。包括内服药、外用药或消毒药
	注射剂	分装并密封于特制的容器中供注射用的剂型。给禽只注射用的药物包括灭菌的水溶液、油剂、混悬液、乳浊液、粉末及冻干物
	煎剂	将中草药加水煎煮后所得到的液体
固体剂型	粉剂	将一种或几种药物混匀后制成的干燥固体剂型
	片剂	将粉剂加适当赋形剂后按一定剂量加压制成的圆形或扁圆形固体制剂
	胶囊剂	将粉剂药物盛装于特制的小胶囊中制成的一种剂型
	气雾剂	将某些药物稀释后或固体药物干粉利用雾化器喷出形成微粒状的制剂

二、兽药的剂量

兽药对机体发生一定作用的量，通常指防治疾病的用药量。兽药剂量和浓度的计量单位见表1-2。

表1-2 兽药剂量和浓度的计量单位

类别	单位及表示方法	说明
重量单位	公斤或千克、克、毫克、微克，为固体、半固体剂型药物的常用剂量单位。其中以"克"作为基本单位或主单位	1千克＝1000克 1克＝1000毫克 1毫克＝1000微克
容量单位	升、毫升，为液体剂型药物的常用剂量单位。其中以"毫升"作为基本单位或主单位	1升＝1000毫升
浓度单位	百分浓度（%）：指100份液体或固体物质中所含药物的份数	100毫升溶液中含有药物若干克（克/100毫升）
		100克制剂中含有药物若干克（克/100克）
		100毫升溶液中含有药物若干毫升（毫升/100毫升）

类别	单位及表示方法	说明
比例浓度	$1:x$，指 1 克固体或 1 毫升液体药物加溶剂配成 x 毫升溶液。如 $1:2000$ 的洗必泰溶液	如溶剂的种类未指明，则默认为蒸馏水
其它	单位(U)、国际单位(IU)：有些抗生素、激素、维生素、抗毒素（抗毒血清）、疫苗等的常用剂量单位	这些药物需经生物检定判断其作用强弱，同时与标准品比较，以确定一定量的检品药物中含有的效价单位。凡是按国际协议的标准检品测得的效价单位，均称为国际单位(IU)

第三节　药物的作用及影响因素

一、药物的作用

药物的作用是指药物与机体之间的相互影响，即药物对机体（包括病原体）的影响或机体对药物的反应。

1. 药物的有益作用

（1）防治作用　用药的目的在于防治疾病，能达到预期疗效者称为治疗作用。针对病因的治疗称为对因治疗，或称治本。如应用抗生素杀灭病原微生物以控制感染，解毒药促进体内毒物的消除等。此外，补充体内营养或代谢物质不足的疗法称为补充疗法或代替疗法。如应用微量元素等治疗畜禽的某些代谢病。应用药物以消除或改善症状的治疗称为对症治疗，或称治标。当病因不明，但机体已出现某些症状时，如体温上升、疼痛、呼吸困难、心力衰竭、休克等情况，就必须立即采取有效的对症治疗，以防止症状进一步发展，并为进行对因治疗争取时间。如解热镇痛药解热镇痛、止咳药减轻咳嗽、利尿药促进排尿以及有机磷农药中毒时，用硫酸阿托品解除流涎、腹泻症状等则都属于对症治疗。

对健康或无临床症状的家禽应用药物，以防止特定病原的感染称为预防作用。实际上，在集约化养禽业中的群体给药，往往既发挥治疗作用，又起到预防效果，统称防治作用。

（2）营养作用 新陈代谢是生命最基本的特征。家禽通过采食饲料，摄取营养物质，满足生命活动和产品形成的需要。在集约化饲养条件下，家禽不能自由觅食，所需营养全靠供应。同时，品种、生产目的、生产水平、发育阶段不同的家禽群体，对营养的需要都有一定的差异。此外，饲料中的营养物质，虽然在种类上与动物体所需大致相似，但其化合物构成、存在形式和含量却有着明显的差别。因此，应当供给家禽营养价值完全、能够满足其生理活动和产品形成需要的全价配合饲料。所以，营养性饲料添加剂（必需氨基酸、矿物质、维生素）的补充，对完善饲粮的全价性具有决定意义；而且对于病禽来说，饲料添加剂的营养作用，除有利于禽体康复、提高抗病能力外，还有治疗作用（如治疗维生素缺乏症）。

（3）调控作用 参与机体新陈代谢和生命活动过程调节的物质，属于生物活性物质，如激素、酶、维生素、微量元素、化学递质等。它们在动物体内的含量很少，有些在体内合成（如激素、酶、递质、某些维生素），有些需由饲料补充（某些微量元素和维生素）。生命活动是极其复杂的新陈代谢过程，又受不断变化的内外环境的影响。因此，机体必须随时调节各种代谢过程的方向、速度和强度，以保证各种生理活动和产品形成的正常进行。家禽新陈代谢的调节可在细胞水平和整体水平上进行，但都是通过酶完成的。药物的调控作用，主要是影响酶的活性或含量，以改变新陈代谢的方向、速度和强度。例如，肾上腺素激活腺苷酸环化酶，使细胞内激酶系统活化，促进糖原分解；许多维生素或金属离子，或参与酶的构成，或作为辅助因子，保证酶的活性，以调节新陈代谢。

（4）促生长作用 能提高家禽生产力、繁殖力的药物作用称为促生长作用。许多化学结构极不相同的药物，如抗生素、合成抗菌药物、激素、酶、中草药等，都具有明显的促生长作用。它们通过各不相同的作用机制，加速家禽的生长，提高产蛋性能和产品形成能力。

2. 药物的毒副作用

（1）副作用 指药物在治疗剂量时所产生的与治疗目的无关的作用。一般表现轻微，多是可以恢复的功能性变化。产生副作用的原因是药物的选择性低，作用范围大。当某一效应被当作治疗目的时，其他效应就成了副作用。因此，副作用是随治疗目的而改变的。例如：阿托品治疗肠痉挛时，则利用其松弛平滑肌作用，而抑制腺体分泌，引起口干便成了副作用；当作为麻醉前给药时，则利用其抑制腺体分泌作用，而松弛平滑肌，引起肠臌胀、便秘等则成了副作用。

（2）毒性作用　指由于用药剂量过大或用药时间过长而引起的机体生理生化功能紊乱或结构的病理变化。有时两种相互增毒的药物同时应用，也会呈现毒性作用。因用药剂量过大而立即发生的毒性，称为急性毒性；因长时间应用而逐渐发生的毒性，称为慢性毒性。毒性作用的表现，因药而异，一般常见损害神经、消化、生殖、血液和循环系统及肝脏、肾脏功能，严重者可致死亡。药物的致癌、诱变、致畸、致敏等作用，也属毒性作用。此外，药物对家禽免疫功能、维生素平衡和生长发育的不良影响，都可视为毒性作用。

（3）变态反应　变态反应是机体免疫反应的一种特殊表现。药物多为小分子，不具有抗原性；少数药物是半抗原，在体内与蛋白质结合成为完全抗原，才会引起免疫反应。变态反应仅见于少数个体。例如，青霉素 G 制剂中杂有的青霉烯酸等，与体内蛋白质结合后成为完全抗原，当再次用药时，少数个体可发生变态反应。

（4）影响机体的免疫力　许多抗生素能提高机体的非特异性免疫功能，增强吞噬细胞的活性和溶酶体的消化力。若在应用抗菌药物的同时，进行死菌苗或死毒苗（灭活苗）抗原接种，能促进机体免疫性的产生；若利用弱毒抗原（活菌苗）接种，则对抗体形成往往有明显的抑制作用，尤其是一些抑制蛋白质合成的抗菌药物（氟苯尼考、链霉素等），在抑制细菌蛋白质合成的同时，也影响机体蛋白质的合成，从而影响机体免疫力的产生。同时，抗菌药物也能抑制或杀灭活菌苗中的微生物，使其不能对机体免疫系统产生应有的刺激，影响免疫效果。因此，在各种弱毒抗原接种前后 5～7 天内，应禁用或慎用抗菌药物。驱线虫药物左旋咪唑 2 毫克/升混饮，对某些疫苗的接种有增效作用，而驱虫剂量（25～35 毫克/升）则有免疫抑制作用。

3. 药物的其它不良作用

药物可以防治疾病，但也会产生毒副作用，更能产生危害公共卫生安全的不良作用。

（1）药物残留　食用动物应用兽药后，常常出现兽药及其代谢物或杂质在动物细胞、组织或器官中蓄积、储存的现象，称为药物残留，简称药残。食用动物产品中的兽药残留对人类健康的危害，主要表现为细菌产生耐药性、变态反应、一般毒性作用、特殊毒性作用。

（2）机体微生态平衡失调　家禽消化道的微生物菌群是一个微生态系统，存在多种有益微生物，菌群之间维持着平衡的共生状态。微生物菌群的平衡和完整是机体抗病力的一个重要指标。微生态平衡失调是指正常微生物群之间和正常微生物与其宿主（机体）之间的微生态平衡，在外界环境影响下，由生理性组合转变为病理性组合的状态。微生物菌群的变化，尤其是抗生素诱导的变化，使机体抵抗肠道病原微生物的能力降低。同时，还可使其他药物的疗效受到影响。

在治疗禽类腹泻时，大量使用土霉素后，不仅杀灭了致病菌，也对肠道内的其他细菌特别是厌氧菌有明显的抑制或杀灭作用，而厌氧菌如乳酸杆菌、双歧杆菌等对维持消化道黏膜菌群的抵抗力起着重要作用。因此，抗生素的使用可能会使机体抵抗力下降而增加机体对外源性感染的敏感性。由于不合理用药而引起的机体正常微生态屏障的破坏，使那些原来被菌群屏障所抑制的内源性病原菌或外源性病原菌得以大量繁殖，引起家禽的感染发病和产生耐药菌株。一些病原体在产生耐药性以后，可通过多种方式，将耐药性垂直传递给子代或水平转移给其他非耐药的病原体，造成耐药性在环境中广为传播和扩散，使应用药物防治疾病变得非常困难，这也是近年来耐药病原体逐渐增加和化学药物的抗病效果越来越差的重要原因。而更值得警惕的是，医用抗生素作为饲料添加剂，有可能增加细菌耐药菌株。因为在低浓度下，敏感菌受抗生素抑制，耐药菌则相应增殖，并可能经过二次诱变，产生多价耐药菌株。同时，动物的耐药性病原体及其耐药性还可通过动物源性食品向人体转移，可能引起人体过敏，甚至导致癌症、畸胎等严重后果，造成公共卫生问题，使人类的疾病失去药物控制。

（3）环境污染　药物通过机体的代谢而排入环境，对环境造成污染。在集约化养殖业中，广泛应用某些饲料药物添加剂（如有机砷制剂），以及应用酚类消毒药、含氯杀虫药等，都可能导致水源、土壤污染。

二、影响药物作用的因素

药物的作用是药物与机体相互作用的综合表现，因此总会受到来自药物、机体、用药方法以及环境等因素的影响。这些因素不仅能影响药物作用的强度，有时甚至还能改变药物作用的性质，也影响动物性产品的安全性。因此，在临床用药时，一方面应掌握各种常用药物固有的药理作用，另一方面还必须了解影响药物作用的各种因素，才能更合理地运用药物防治疾病，以达到理想的防治效果。

1. 动物机体方面

（1）种属差异　多数药物对各种动物一般都具有类似的作用。但各种动物由于解剖构造、生理功能、生化特点以及进化水平等的不同，对同一药物的反应，可以表现出很大的差异。例如，家禽对有机磷农药及呋喃类、磺胺类、氯化钠、喹乙醇等药物很敏感，对阿托品、士的宁、氯胺酮等能耐受较大的剂量。同种动物的不同品种或品系对药物的敏感性亦不相同，如北京鸭比其他品种鸭对硫双二氯酚敏感，这些在用药时，都必须加以注意。

（2）生理差异　包括性别、年龄、体重和功能状态等方面。性别不同对药物的反应没有质的差异，但对产蛋期母禽用药须慎重，有些药物会影响生殖系统的功能，降低产蛋率；有些药物可经输卵管排泄，形成卵中药物残留。4周龄以下雏禽血脑屏障发育不健全，易发生氯化钠中毒。体重不同的禽只，对同量药物的反应也不相同，因此按每千克体重计算用药剂量比较合理。产蛋期母禽由于受雌激素的影响，对某些药物的吸收明显增多。家禽的肌肉脂肪比、换羽等生理状况、肝脏、肾脏功能障碍、脱水、营养缺乏或过剩等病理状态，都能对药物的作用产生影响。

（3）个体差异　在生理条件基本相同的群体用药时，大多数个体对药物的反应近似；但也有少数个体，对药物的反应有明显的量的差异，甚至有质的不同，这种现象一般符合正态分布。个体差异主要表现为少数个体对药物的高敏性或耐受性。高敏性个体对药物特别敏感，应用很小剂量，即能产生毒性反应；耐受性个体对药物特别不敏感，必须给予大剂量，才能产生应有的疗效。

2. 药物方面

（1）药物的化学结构与理化性质　大多数药物的药理作用与其化学结构有着密切的关系。这些药物通过与机体（病原体）生物大分子的化学反应，产生药理效应。因此，药物的化学结构决定着药物作用的特异性。化学结构相似的药物，往往具有类似的（拟似药）或相反的（拮抗药）药理作用。例如，磺胺类药物的基本结构是对氨基苯磺酰胺（简称磺胺），其磺酰氨基上的氢原子，如被杂环（嘧啶、噻唑等）取代，可得到抗菌作用更强的磺胺类药物；而具有类似结构的对氨基苯甲酸，则为其拮抗物。有的药物结构式相同，但其各种光学异构体的药理作用差别很大。例如，四咪唑的驱虫效力仅为左旋咪唑的一半。

药物的化学结构决定了药物的物理性状（溶解度、挥发性和吸附力等）和化学性质（稳定性、酸碱度和解离度等），进而影响药物在体内的过程和作用。一般来说，水溶性药物及易解离药物容易吸收；不易吸收的药物，可通过对其化学结构的修饰和改造以增加吸收，如红霉素被制成丙酸酯或硫氰酸酯后，吸收增加。有些药物是通过其物理性状而发挥作用的，如药用炭吸附力的大小取决于其表面积的大小，而表面积的大小与颗粒的大小成反比，即颗粒越细，表面积越大，其吸附力越强。灰黄霉素与二硝托胺（球痢灵）的口服吸收量与颗粒大小有关，细微颗粒（0.7毫克）的吸收量比大颗粒（10毫克）高2倍。

（2）剂量　同一药物在不同剂量或浓度时，其作用有质或量的差别。例如，乙醇在浓度70%（按容积计算约为75%）时杀菌作用最强，浓度增高或降低，杀菌效力降低。在安全范围内，药物效应随着剂量的增加而增强，药物剂量的大小关系到体内血药浓度的高低和药效的强弱。

【提示】在临床上用药治疗疾病时，为了安全用药，必须随时注意观察动物对药物的反应并及时调整剂量，尽可能做到剂量个体化。在集约化饲养条件下群体给药时，则应注意使药物与饲料混合均匀，尤其是防止有效剂量小的药物因混合不匀导致个别动物因超量而中毒的问题。

（3）药剂质量和剂型　药剂质量直接影响药物的生物利用度，对药效的发挥关系重大。不同质量的药物制剂，乃至同一药厂不同批号的制剂，都会影响药物的吸收以及血中药物浓度，进而影响药物作用的快慢和强弱。一般来说，气体剂型吸收最快，吸入后从肺泡吸收，比液体剂型起效快；液体剂型次之；固体剂型吸收最慢，因其必须经过崩解和再溶解的过程才能被吸收。

3. 给药方法方面

（1）给药时间　许多药物在适当的时间应用，可以提高药效。例如，健胃药在动物饲喂前30分钟内投予，效果较好；驱虫药应在空腹时给予，才能确保药效。一般口服药物在空腹时给予，吸收较快，也比较完全。目前认为，给药时间也是决定药物作用的重要因素。

（2）给药途径　给药途径主要影响药物的吸收速度、吸收量以及血液中的药物浓度，进而也影响药物作用快慢与强弱。个别药物会因给药途径不同，影响药物作用的性质。一般口服用药（包括混水、混料用药），药物在胃肠吸收比其他给药途径慢，起效也慢，而且易受许多条件如胃肠内食糜的充盈度、酸碱度（影响药物的解离度）、胃肠疾患等因素的影响，致使药物吸收缓慢而不完全。易被消化液破坏的药物不宜口服，如青霉素。口服一般适用于大多数在胃肠道具有吸收作用的药物，也常用于在胃肠道难以吸收从而发挥局部作用的药物，后者如磺胺脒等肠道抗菌药、驱虫药、泻药等。肌内注射的注射部位多选择在感觉神经末梢少、血管丰富、血液供应旺盛的骨骼肌组织。吸收较皮下注射快，疼痛较轻。注射水溶液可在局部迅速散开，吸收较快；注射油溶液或混悬液等长效制剂，多形成贮库后再逐渐散开，吸收较慢，一次用药可以维持较长的作用时间，药效保持稳定，并可减少注射次数。皮下注射是将药液注入皮下疏松结缔组织中，经毛细血管或淋巴管缓缓吸收，其发生作用的速度比肌内注射稍慢，但药效较持久。混悬的油剂及有刺激性的药物不宜皮下注射。气体、挥发性药物以及气雾剂可采用吸入法给药。此法给药方便易行，发生作用快而短暂。现行的气雾免疫法，在集约化养鸭场或大规模饲养条件下是很有前途且值得重视的一种给药方法。

（3）用药次数与反复用药　用药的次数完全取决于病情的需要，给药的间隔时间则须参考药物的血浆半衰期。一般在体内消除快的药物应增加给药次数，在体内消除慢的药物应延长给药的间隔时间。磺胺类药物、抗生素等抗菌药物，以能维持血液中有效的药物浓度为准，一般每日2～4次；长效制剂每日1～2次。为了达到治疗的目的，通常需要反复用药一段时间，这段时间称为疗程。反复用药的目的在于维持血液中药物的有效浓度，比较彻底地治疗疾病，坚持给药到症状好转或病原体被消灭后，才停止给药。必要时，可继续第二个疗程，否则在剂量不足或疗程不够的情况下，病原体很容易产生耐药性。

（4）联合用药和药物的相互作用　两种或两种以上药物同时或先后使用，称为联合用药。联合用药时，各药之间相互发生作用，其结果可使药物作用增强或减弱，作用时间延长或缩短（图1-2）。

4. 饲养管理和环境方面

药物的作用是通过动物机体来表现的，因此机体的功能状态与药物的作用有密切的关系。例如，化学治疗药物的作用与机体的免疫力、网状内皮系统的吞噬能力有密切的关系，有些病原体的最后消除还要依靠机体的防御机制。所以，机体的健康状态对药物的效应可以产生直接或间接的影响。

饲养和管理水平直接影响家禽的健康和用药效果。饲养方面要注意饲料营养全面，根据动物不同生长时期的需要合理调配日粮的成分，以免出现营养不良或营养过剩。管理方面应考虑动物群体的大小，防止饲养密度过大，房舍的建设要注意通风、采光和动物活动的空间，要为动物的健康生长创造较好的条件。上述要求对患病动物更有必要，动物疾病的恢复，单纯依靠药物是不行的，一定要配合良好的饲养管理，加强护理，提高机体的抵抗力，使药物的作用得到更好的发挥。

药物的作用又与外界环境因素有着密切的关系。环境因素包括温度、湿度、时间和饲养管理条件等，这些因素使动物对药物的敏感性可能增高或降低。

许多消毒防腐药物的抗菌作用都受环境的温度、湿度和作用时间

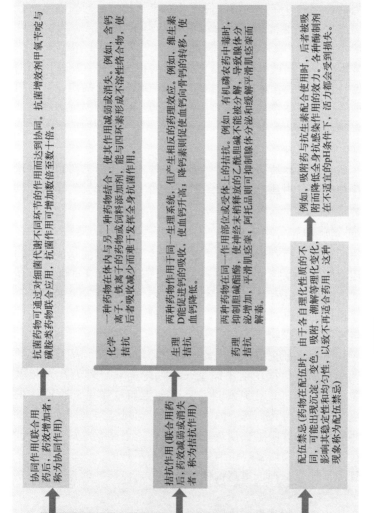

图1-2 联合用药药物的相互作用

联合用药药物的相互作用

协同作用（联合用药后，药效增加者，称为协同作用）

抗菌药物可通过对细菌代谢不同环节的作用而达到协同。抗菌增效剂甲氧苄啶与磺胺类药物联合应用，抗菌作用可增加数倍至数十倍。

拮抗作用（联合用药后，药效减弱或消失者，称为拮抗作用）

化学拮抗：一种药物在体内与另一种药物结合，使其作用减弱或消失。例如，含钙离子、铁离子的药物或饲料添加剂，能与四环素形成不溶性络合物，使后者吸收减少而难于发挥全身抗菌作用。

生理拮抗：两种药物作用于同一生理系统，但产生相反的药理作用效应。例如，维生素D能促进钙的吸收，使血钙升高；降钙素则促使血钙向骨内的转移，使血钙降低。

药理拮抗：两种药物在同一作用部位或受体上的拮抗。例如，有机磷农药中毒时，抑制胆碱酯酶，使神经末梢释放的乙酰胆碱不能被分解，导致腺体分泌增加，平滑肌痉挛，阿托品则可抑制腺体分泌和缓解平滑肌痉挛而解毒。

配伍禁忌（药物在配伍后，由于各自理化性质的不同，可能出现沉淀、变色、潮解、吸附等理化变化，这种影响其稳定性和均匀性，以致不再适合药用，这种现象称为配伍禁忌）

例如，吸附药与抗生素配合使用时，后者被吸附而降低全身抗感染作用的效力，各种酶制剂在不适宜的pH条件下，活力都会受到损失。

以及环境中的有机物多少等条件的影响。例如，甲醛的气体消毒要求空间有较高的温度（20℃以上）和较高的空气相对湿度（60%～80%）。温度低、空气相对湿度不够，甲醛容易聚合，聚合物没有杀菌力，消毒效果差。升汞的抗菌作用可因周围蛋白质的存在而大大减弱。另外，应用药物（尤其是使用化学治疗药物或环境消毒药物）时，应尽可能注意选用那些在环境中或畜禽粪便中易于降解或消除的药物，以减轻或避免对环境的污染。

第四节　用药方法

不同的药物、不同的剂量，可以产生不同的药理作用，但同样的药物、同样的剂量，如果用药方法不同也可产生不同的药理效应，甚至引起药物作用性质的改变。不同的给药方法直接影响药物的吸收速度、药效出现的时间、药物作用的程度以及药物在体内维持及排出的时间。因此，在用药时应根据机体的生理特点，或病理状况，结合药物的性质，恰当地选择用药途径。

一、群体给药法

1. 拌料给药

这是规模化养鸭业中最常用的一种给药途径。即将药物均匀地拌入料中，让鸭只采食时，同时吃进药物。该法简便易行，节省人力，减少应激，效果可靠。主要适用于预防性用药，尤其适合长期给药。但对于病重的鹅，当其食欲降低时，不宜应用。拌料给药应注意如下方面。

① 剂量准确。在进行混合料给药时应按照混合料给药剂量，准确、认真计算所用药物剂量；若按鸭只每千克体重给药，应严格按照鸭群每只体重，计算出总体重，再按照要求把药物拌进料内。这时应注意混合料是全天给药量，以免造成药量过小起不到作用或过大引起鸭群中毒现象的发生。

② 混料均匀。在药物与饲料混合时，必须搅拌均匀，尤其是一些安全范围较小的药物，以及用量较少的药物，一定要均匀混合。为

了保证药物混合均匀，通常采用分级混合法，即把全部用量的药物加到少量饲料中，充分混合后，再加到一定量饲料中，再充分混匀，然后再拌入到计算所需的全部饲料中。大批量饲料拌药更需要多次逐步分级扩充，以达到充分混匀的目的。切忌把全部药量一次加入所需饲料中，简单混合会造成部分鸭只中毒而大部分鸭只吃不到药物，达不到防治疾病的目的或贻误病情。

③ 注意不良作用。有些药物混入饲料后，可与饲料中的某些成分发生拮抗反应。这时应密切注意不良作用，尽量减少拌料后不良反应的发生，如饲料中长期混合磺胺类药物容易引起鸭维生素 B 和维生素 K 缺乏，这时就应适当补充这些维生素。

2. 饮水给药

饮水给药也是比较常用的给药方法之一。它是指将药物溶解到鸭群的饮水中，让鸭群在饮水时饮入药物，发挥药理效应，这种方法常用于预防和治疗鸭病。尤其在鸭群发病，食欲降低而仍能饮水的情况下更为适用，但药物应该是水溶性。饮水给药应注意如下方面。

① 适当停水。为了保证鸭在一定时间内饮入定量的药物，起到预防和治疗的效果，在用药前应让鸭只停止饮水一段时间，具有一定渴感后，再放入含有药物的水让鸭在一定时间内充分喝到药水。特别是使用一些容易被破坏或失效的药物，如疫苗等。一般寒冷季节停饮3～4 小时，气温较高季节停饮 1～2 小时。

② 适宜水量。为了保证全群内绝大部分鸭在一定时间内都喝到一定量的药物水，不至于由于剩水过多或加水不够，饮水不均，造成吸入鸭体内药物剂量不够。严格掌握每只鸭一次饮水量，再计算全群水量，用一定系数加权后，确定全群给水量，然后按照药物浓度，准确计算用药剂量，把所需药物加到饮水中以保证药饮效果。因饮水量大小与鸭的品种、舍内温度、湿度、饲料性质、饲养方法等因素密切相关，所以不同禽群、不同时期，饮水量不尽相同。

③ 正确操作。一般来说，饮水给药主要适用于容易溶解在水中的药物，对于一些不易于溶解的药物可以采用适当的加热、加助溶剂或及时搅拌的方法，促进药物溶解，以达到饮水给药的目的。

3. 气雾给药

气雾给药是指使用能使药物气雾化的器械，将药物分散成一定直径的微粒，弥散到空间中，让鸭只通过呼吸道吸入体内或作用于鸭羽毛及皮肤黏膜的一种给药方法。也可用于鸭舍、孵化器以及种蛋等的消毒。使用这种方法时，药物吸收快，出现作用迅速，节省人力；但需要一定的气雾设备，且鸭舍应能密闭，用于鸭时不能使用有刺激性药物。应用气雾给药时应注意如下方面。

① 恰当选择药物。为了充分利用气雾给药的优点，应该恰当选择所用药物。并不是所有的药物都可通过气雾途径给药，可应用于气雾途径给药的药物应该无刺激性，容易溶解于水。对于有刺激性的药物不应通过气雾给药。同时还应根据用药目的不同，选用吸湿性不同的药物。若欲使药物作用于肺部，应选用吸湿性较差的药物；欲使药物主要作用于上呼吸道，就应该选用吸湿性较强的药物。

② 准确掌握剂量。在应用气雾给药时，不可随意套用拌料或饮水给药浓度。为了确保用药效果，在使用气雾前应按照鸭舍空间情况、使用气雾设备要求，准确计算用药剂量，以免过大或过小，造成不应有的损失。

③ 控制雾粒大小。在气雾给药时，雾粒直径大小与用药效果有直接关系。气雾微粒越细，越容易进入肺泡内，但与肺泡表面的黏着力小，容易随呼气排出，影响药效。但若微粒过大，则不易进入家禽的肺部，容易落在空间或停留在家禽的上呼吸道黏膜，也不能产生良好的用药效果。同时微粒过大，还容易引起鸭的上呼吸道炎症。此外，还应根据用药目的，适当调节气雾微粒直径。如要使所用药物到达肺部，就应使用雾粒直径小的雾化器，反之，要使药物主要作用于上呼吸道，就应选用雾粒较大的雾化器。大量试验证实，进入肺部的微粒直径以 0.5～5 纳米最合适。雾粒直径大小主要是由雾化设备的设计功效和用药距离所决定。

4. 体外用药

体外用药主要指对鸭舍、鸭场环境、用具及设备、种蛋等的消毒，以及为杀灭鸭的体表寄生虫、微生物所进行的鸭体表用药。它包括喷洒、喷雾、熏蒸和药浴等不同方法。在使用体外用药时应注意如下方面。

① 注意选择药物。根据不同用药目的，选择不同的外用药物。目前常用于鸭场、鸭舍及用具消毒，以及杀灭鸭体表寄生虫的药物种类繁多，但不同的药物都具有其独特的作用特点，因此，在使用时应根据用药的目的，选择一定品种药物。同时还应注意抗药性，适当调换药物，不可拘泥于某几种药物，否则，既浪费药物，又起不到一定的作用，往往还贻误时机。如系紧急消毒，为杀灭病毒，可适当选用碱性消毒药，如氢氧化钠等，既经济又有效；而为了杀灭一些致病性芽孢菌，就应选用对芽孢作用较强的药物如甲醛等，而不应选用苯酚类药物。同样，如果是带鸭消毒，就应当选用对鸭刺激作用不大的一些带鸭消毒药如过氧乙酸、百毒杀、抗毒威等，而不应选择刺激性较强的药物（如甲醛等）。使用体外杀虫药也是如此，应根据所要杀灭的寄生虫的特点，选择有关的药物。这样就能做到有的放矢，收到立竿见影的效果。

② 注意用药浓度。按照不同的作用强度，选择最佳用药浓度。常用的消毒药以及杀虫药除了具有杀灭寄生虫、微生物等作用外，一般对机体都有一定毒性，且其作用强度与浓度有直接关系。超过一定的浓度，就容易引起人或鸭群中毒，因此使用时应根据用药目的，严格按照不同药物要求，选择最佳用药浓度，以达到最佳用药效果。这在介绍具体药物时，还将逐一说明。

③ 注意用药方法。结合不同药物特性，采用适当的用药方法。不同的药物，有时尽管其作用相同，但其性质可能不同。有的易挥发，有的易吸湿，即使同一种药物，采用不同的用药方法，也可产生不同的药物效果，因此应该结合不同的药物性质特点，选择最能发挥该种药物特点的用药方法，以收到事半功倍的效果。如甲醛，易挥发，刺激性强，就可采用熏蒸法对密闭空鸭舍或出雏间隔孵化器进行消毒；而百毒杀等药物刺激性小，就可以进行带鸭消毒。

二、个体给药法

1. 经口投服给药法

经口投服给药法简便易行、容易掌握、剂量准确。但由于药物投服后易受消化道酶和酸碱度的影响，降低药物效果，同时其产生作用比较迟缓，因此口服给药剂量应大于注射给药，且一般适用于不太危急病例。

常用于经口投服的药物包括片剂、粉剂、丸剂和胶囊剂及溶液剂等。在投溶液剂时药量不宜过多，必要时可采用胶管直接插入食管，要严防药物进入气管，导致异物性肺炎或使鸭只窒息而死。

2. 皮下注射给药法

皮下注射给药法简单，药物容易吸收，可采用颈部皮下、胸部皮下和腿部皮下等部位注射，是预防接种时常用的方法之一。应用皮下注射时药物量不宜太大，且无刺激性。注射的具体方法是由助手抓鸭或术者左手抓鸭（成年鸭体型较大，最好两人操作），并用拇指、食指掐起注射部位的皮肤，右手持注射器沿皮肤皱褶处刺入针头，然后推入药液。

3. 肌内注射给药法

肌内注射法药物吸收快，药物作用稳定，方法简便，安全有效，是最常用的注射用药方法之一，可在预防和治疗鸭的各种疾病时使用。肌内注射部位有大腿外侧肌肉、胸部肌肉和翼根内侧肌肉等。在采用肌内注射时要注意使针头与肌肉表面呈 $35°\sim50°$ 进针，不可直刺，以免刺伤大血管或神经，特别是胸部肌内注射时更应谨慎操作，切记不要使针头刺入胸腔或肝脏，以致造成鸭只死亡。在使用刺激性药物时，应采用深部肌内注射。

4. 静脉注射给药法

静脉注射法是将药物直接送入血液循环中，因而药效产生迅速，用药剂量准确。适用于急性或危急、用药剂量较少且要求准确剂量的病例；同时也适用于一些有刺激性和必须进入血液才能发挥药效的药物，如解毒药、高渗溶液等。但该方法要求操作技术较高，不易掌握，生产中不常用。

5. 腹腔注射给药法

腹腔注射给药法，药物经腹腔吸收后产生药效，其药效产生迅速，可用于剂量较大、不易经静脉给药的药物。具体方法是由助手抓鸭，使鸭腹部面向术者。最好采用头低尾高位，使腹腔脏器向下挤压，术者左手拇食指掐起腹壁，右手持注射器使针头穿过腹壁进入腹膜腔而又不刺入其他脏器或肠管内，然后将药物推入腹腔内。但该方法也要求一定的操作技术，使用不当容易伤及脏器造成鸭只伤亡或使药物注入肠管，不能充分发挥药物效用。

6. 气管注射给药法

气管注射给药法是将药物直接注入气管使其发挥药效，常用于治疗气管疾患或治疗鸭气管交合线虫病。但应注意仔细辨认气管位置。鸭的气管位于鸭颈部腹侧稍偏右，由许多气管软骨环连接组合而成。注射时，使针头沿气管环间隙刺入，将药物缓慢注入，注药剂量要小，速度要慢。

三、种蛋或鸭胚给药法

由于某些致病性细菌或病毒可以经种蛋由母鸭直接传播给后代雏鸭，或经蛋壳侵入而使鸭胚或孵出的小鸭发病，因而在实际工作中经常使用给种蛋或鸭胚直接用药的方法，进行消毒以杀灭病原微生物用来预防某些传染性疾病或治疗一些胚胎病，常用的经种蛋或鸭胚给药方法如下。

1. 熏蒸法

熏蒸法是最常用于种蛋的一种消毒方法。通常是将消毒药物加热或通过化学作用使其挥发于一定空间中，以杀死空间和种蛋蛋壳表面的病原微生物（图1-3）。

2. 浸泡法

浸泡法将种蛋放置到配制成一定浓度的适宜温度的药液中，使药物经种蛋吸收或杀死种蛋表面的微生物（图1-4）。在浸泡前一般应

图 1-3 种蛋的熏蒸消毒

用清水或温水洗涤蛋壳表面，否则不仅浪费药物也不能收到预想的效果。近年来也有采用浸泡法进行胚胎免疫的，如将孵化后期的鸭胚，放到含有疫苗的溶液内一段时间，从而降低雏鸭对相应病毒或细菌的易感性，而起到免疫作用，也称超前免疫。

图 1-4 种蛋的浸泡消毒

3. 注射法

注射法将药物直接注射到鸭胚的一定部位如气室、蛋白、尿囊腔、卵黄囊或绒毛尿囊膜等，可用于鸭胚疾病的预防和治疗，以及疫苗接种等，此外还是实验室常用的经种蛋或鸭胚的给药方法之一（图1-5）。

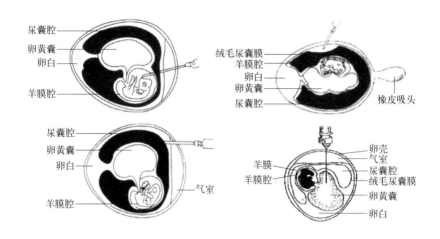

图 1-5 注射法示意

羊膜腔注射示意图（上左图）；绒毛尿囊膜注射示意图（上右图）；

尿囊腔注射示意图（下左图）；卵黄囊注射示意图（下右图）

第五节　用药原则

养鸭用药的原则是发挥药物的有利作用，避免有害作用，消除不良影响因素，达到安全、有效、经济、方便的目的。

一、预防为主原则

现代养禽业饲养的家禽品种，都是育种学家经过长期世代选育而成的，具有早熟、高产和抗逆性差的特点，它们代谢旺盛，生长速度快，生长周期短（如肉鸭56天即可出栏），生理功能不十分完善，抵抗力弱，易受各种应激因素影响而发生疾病（一般来说，高产的家禽更容易发病）。

现代养禽业是规模化、集约化方式生产，单位空间内养殖的家禽数量多，加之人们缺乏科学养殖观念，禽舍简陋，环境卫生不良，导致禽舍通风和光照不好，舍内存在大量有害气体，孳生各种病原微生物、寄生虫和传播疾病的蚊、虫、鼠类，使得家禽更容易发病。家禽发病后，疾病蔓延快，发病率高，发病禽只数量大，给治疗造成很大困难。禽类个体小，治疗很不方便，治愈率低，死亡率高，治疗费用也高。因此，无论在发病时还是发病后进行治疗，都将使家禽的生产性能下降，给生产造成严重的经济损失。

在集约化生产条件下，许多疾病往往是突然暴发，如禽巴氏杆菌病，家禽得不到治疗就发生死亡。一些烈性传染病往往是病毒病，一般没有特效的化学药物进行治疗，如禽流感、鸭瘟、减蛋综合征等，这些疾病目前主要使用疫苗预防。另有一些常见多发性疾病，如大肠杆菌病、禽支原体病和球虫病是条件性疾病，机体在正常情况下都带有这些病的病原，一旦环境温度发生变化、饲料变更或饲养方式改变，这些疾病就会明显暴发，甚至大流行，而引起高发病率和高死亡率。

现代养禽业特点决定了疾病发生和防治措施不同于庭院散放饲养，必须树立"防重于治"的疾病防制思想，注重做好预防，避免疾病发生。预防的目的是控制疾病的发生，保障正常生产，减少经济损失。预防措施包括计划免疫、全价营养、化学药物添加、环境消毒、减少诱因等方面。其中计划免疫与生物药品使用有关，全价营养、化学药物添加、环境消毒与化学药品使用有关，减少诱因与饲养管理有关。全价营养指饲料中的蛋白质（包括氨基酸）、能量物质、维生素、微量元素等应能完全满足家禽的生长和生产的需要，这些物质中的一种或几种不足，就会导致家禽出现缺乏症，阻碍家禽的生长和生产；若一种或几种过量，不是引起家禽中毒，就是诱发其他物质的缺乏症，也会阻碍家禽的生长和生产。化学药物添加是指在饲料（或饮水）中添加一定量的抗菌药物或抗寄生虫药物，用以控制家禽的常见病和多发病。由于疫苗的保护力不是100%，许多疾病特别是常见多发的消化道和呼吸道疾病一般没有疫苗可用。因此，就需要在饲料或饮水中添加化学治疗药物，如土霉素、磺胺类药物等，用以抑制或杀灭病原生物，保障家禽的健康。有些药物还有促进家禽生长、提高饲料利用率的作用。环境消毒指在家禽生产过程中和雏禽引入之前，使用消毒防腐药对禽舍的地面、笼架、用具、环境，以及家禽的体表和排泄物进行消毒，以杀灭病原微生物、寄生虫及其虫卵，消除环境中的生物病因。环境消毒是预防疾病的最重要措施之一。

二、特殊性原则

鸭与哺乳类动物比较，在解剖生理、生化代谢、遗传繁殖等方面，有明显的差异。它们对药物的敏感性、反应性和药物的体内过程，既遵循共同的药理学规律，又存在着各自的种属差异。特别是在集约化饲养条件下，行为变化、群体生态和环境因素都对药物作用的发挥产生很大的影响。

1. 解剖生理方面

鸭没有牙齿，舌黏膜的味觉乳头较少，饲料又不在口腔停留，所以鸭对苦味药照食不误。因此消化不良时，不采用苦味健胃药而使用大蒜、醋酸等助消化药。服用具有苦味或其他异味药物时，不影响采食和饮水；对咸味也无鉴别能力，嗅觉功能也较差，常会无鉴别地挑食饲料中的盐粒而造成腹泻、脱水、血液浓稠等中毒症状，因此在饲料中添加氯化钠、乳酸钠、碳酸氢钠和丙酸钠等盐类时，要严格掌握添加比例和粒度，以防中毒。

鸭不会呕吐，饲料或药物中毒时用催吐药无效，可用盐类泻药，以促使毒物的排泄。鸭的食管入胸部扩大成为纺锤形的食管膨大部，是饲料暂时停留的场所，可从此部位注射给药，但应注意对微生物区系的影响。

鸭的胃由腺胃和肌胃两部分组成。腺胃能分泌酸性胃液。肌胃中的沙砾，是不可缺少的，有利于片剂的崩解。鸭胃液 pH 为 $3\sim4.5$，胆汁亦为酸性，两者中和碱性的胰液和肠液（家禽肠液的 pH 为 $7.5\sim8.4$），使小肠保持近于中性的环境（pH $6\sim6.9$），使那些易受酸碱破坏的药物也能经口给药。在生产实践中，常将青霉素给鸭混饮，以防治敏感菌在消化道内的感染或继发感染，其原理也在于此。而呋喃类药物在消化道内效力和毒力同时增强，能使鸭发生中毒，所以，鸭使用呋喃类药物要严格控制用量。

鸭小肠的逆蠕动比哺乳动物强。在用硫酸镁、硫酸钠等盐类泻药解救有机化合物中毒时，家禽对这些盐类的浓度很敏感。盐类浓度在8％时会增强肠的逆蠕动而导致肌胃痉挛，延缓泻下，甚至造成新的药物中毒，故浓度必须控制在5％以下。

　　鸭大肠吸收维生素K的能力极差，在生产中添加磺胺类药物控制球虫病的同时，也使合成维生素K的微生物受到抑制。因此，鸭易发生维生素K缺乏症。治疗球虫病时添加维生素K能控制血痢。

　　鸭的肠道短，蠕动紧张，内容物在肠管停留时间短、通过速度快，较难吸收药物，药效维持时间短。

　　鸭的肝肾重与体重比大（鹅肝脏占体重的1.5％～3.6％），但肾小球结构简单，一般仅2～3个动脉襻，有效滤过面积小，药物在体内代谢较快，对以原形经肾脏排泄的药物（如链霉素、新霉素）较为敏感。对磺胺类药物的吸收率比其他动物要高，加之肾小球有效滤过面积小，当磺胺类药物的剂量偏大或用药时间较长时，特别是纯种禽或雏禽，会发生强烈的毒性反应。雏禽出现脾脏肿大、出血、梗死。在用磺胺类药物治疗家禽的肠炎、球虫病、霍乱、传染性鼻炎时，应选用乙酰化率低、蛋白结合率低、乙酰化溶解度高、容易排泄的品种。同时，合用碳酸氢钠能促进磺胺类药物的排泄。应用复方制剂还可减少单个磺胺类药物的分量，减低毒性反应。

　　鸭的呼吸系统有特殊的气囊结构（9个气囊），气体交换在呼吸性细支气管进行，呼吸膜薄，仅为人的1/5，有效交换面积大，高于人类的10倍以上，在吸气和呼气时，都能进行气体交换。气囊结构可扩大药物吸收面积，增加药物吸收量，因此，对鸭用气雾法给药，可获得比较理想的效果；鸭不会咳嗽，对呼吸道疾病，使用镇咳药不起作用，而应选用化痰药和抗菌消炎药。

　　雏禽的血脑屏障发育健全之前，有些药物（如氯化钠）较易通过该屏障进入脑组织而导致中毒。鸭进入产卵期时，在骨髓腔形成特殊的骨髓骨，是钙的贮存库和蛋壳钙的供给源。

2. 生化代谢方面

　　（1）新陈代谢旺盛　鸭基础代谢强度很高。由于鸭新陈代谢旺盛，药物在体内转运、转化速度较快，药效维持时间短，一般不易蓄积中毒。

（2）生长发育迅速　与家畜比较，鸭的生长速度更快，2 月龄时的平均体重比初生重增加 20.8 倍。说明鸭的生产性能极高，是利用饲料添加剂的生理基础。

（3）某些功能特殊　鸭的消化液中，不含分解纤维素的酶，只有少量纤维素可被盲肠细菌分解。家禽尿液在多数情况下呈酸性，雄禽尿液 pH 为 6.4，雌禽在产卵期间，当钙沉积形成蛋壳时，尿液 pH 为 5.3，产蛋后钙停止沉积，尿液 pH 为 7.6。所以，在应用磺胺类药物时，应佐以碳酸氢钠，以减少磺胺类药物及其代谢物乙酰化磺胺结晶对肾脏的损伤。换羽是禽特有的生物学现象，新陈代谢紊乱、营养缺乏或不平衡等应激因素，可引发换羽。在集约化养禽业中，利用激素、饲喂高锌或低钙及低食盐饲粮，可实现强制换羽，有利于恢复母禽体质，改善蛋的品质，延长母禽的经济寿命。

（4）容易产生应激　鸭对环境因素的变化反应敏感，免疫接种、断喙、运输、称重、转群、更换饲料、噪声、高温等，都能引起应激反应。因此，应注意饲粮的全价性，当变更饲养制度、实施兽医或畜牧技术措施前，宜应用抗应激添加剂。

热应激时，鸭的呼吸频率很高，试图发汗和加快呼吸散热意义不大。应用氯丙嗪等镇静和降低体温的药物，虽能减少部分禽只死亡，但可引起血压下降、血糖降低、排卵延迟，甚至造成大群停止产蛋等严重不良反应。同时，镇静药及其代谢产物的残留，对消费者危害甚大，也不得添加使用。高温时，家禽的甲状腺分泌活动降低而致产蛋量下降，应用甲状腺素制剂收效甚微，并且剂量不易掌握，常致停产、脱羽。因此，对于鸭的热应激，主要应采取通风、物理降温、维持食欲、补充维生素 C 和 B 族维生素等措施，必要时还可饮用利血平。

（5）缺乏某些酶　鸭血浆胆碱酯酶贮量很少，因此对有机磷类等抗胆碱酯酶药物非常敏感，容易中毒，驱除线虫时，最好选用左旋咪唑、苯并咪唑类和吩噻嗪；大剂量的维生素 B_1 也有抑制胆碱酯酶的作用。鸭体内缺乏羟化酶，许多主要经羟化代谢消除的药物常致家禽中毒。鸭以尿酸盐的形式排泄氨，因其缺乏形成尿素的酶。尿酸盐不易溶解，可沉积于关节、皮下、肾脏，导致痛风。饲粮蛋白质含量过高、维生素 A 缺乏及肾脏损伤时，都会出现尿酸盐在局部的沉积。阿司匹林等抗痛风药物可缓解尿酸盐沉积的症状。药酶也有种属差异，如鸭缺乏某些羟化酶，因此巴比妥类药物在鸭体能产生持久的中枢抑制效果。

3. 鸭对药物的敏感性

与哺乳动物比较，鸭对药物的敏感性存在着较大的差异，在选用药物时应予注意。

（1）对某些药物特别敏感 鸭对某些药物的敏感性很高，如鸭对硫双二氯酚较为敏感，北京鸭更为敏感。鸭对合成抗菌药物（磺胺类、硝基呋喃类、喹噁啉类）较哺乳类动物敏感，雏禽尤为敏感。雏鸭以 0.5％ 的磺胺类药物使用 7 天，就会引起雏鸭脾脏贫血、坏死；鸭对喹乙醇、氯化钠、敌百虫也非常敏感。

（2）对某些药物耐受性强 鸭对阿托品、士的宁、氯胺酮和左旋咪唑等有较强的耐受性。

三、综合性原则

疾病是病因、传播媒介和宿主三者相互作用的结果。病因有物理因素（如温度、湿度、光线、声音、机械力等）、化学因素（如有害气体、药物、毒素等）和生物因素（如细菌、病毒、霉菌、寄生虫等）；传播媒介有蚊、虫、鼠类，以及恶劣的环境和不良的饲养管理条件等；宿主即家禽机体。在传播媒介存在的条件下，病因较强而机体的抵抗力较弱，家禽就发生疾病。反之，家禽抵抗力强，病因就不易诱发疾病。

在疾病防治过程中，使用药物的作用：一是消除病因，如抗生素抑制或杀灭病原微生物，维生素或微量元素治疗相应的缺乏症；二是减轻或消除症状，如抗生素退高热、止腹泻，硒和维生素 E 消除白肌病等；三是增强机体的抵抗力，如维生素、微量元素构建和强壮机体，维持正常结构和功能，提高免疫力等。但药物不能抵消理化病因，也不能完全消除传播媒介。要消除理化病因和传播媒介，主要依靠饲养管理。

综合性原则，是指添加用药与饲养管理相结合，治疗用药和预防用药相结合，对因用药和对症用药相结合。如抗菌药物只对病原生物起作用，即抑制或杀灭病原微生物或寄生虫，但对病原生物的毒素无拮抗作用，也不能清除病原的尸体，更不能恢复宿主的功能。有的抗菌药物本身还有一定的毒副作用。因此，在应用抗菌药物时，还要注意采取加强营养（可以提高机体的抵抗力或免疫力，使机体能够清除病原、毒素乃至药物所致的病理作用）和饲养管理（可以减少或消除各种诱因及媒介，切断发病环节）以及对症或辅助用药（纠正病原及其毒素所致的机体功能紊乱以及药物所致的毒副作用）等措施。

四、规程化用药原则

鸭病的发生和发展都有规律可循。大多数疾病都是在鸭生长发育的某个阶段发生，如鸭疫里默氏杆菌病多发生于 1～8 周龄的雏鸭，鸭沙门菌病多发生于 1～3 周龄的雏鸭。有些疾病只在某个特定的季节发生，另一些疾病只在某个区域内流行。即使是营养缺乏症，也与鸭的年龄、生产性能和饲料等因素有关，也有规律可循。因此，应用药物防治动物疾病时，应熟知疾病发生的规律和药物的性能，有计划地切断疾病发生、发展的关键环节。

药物应用的规程化，是指针对鸭的疾病在本地的发生、发展和流行规律，有计划地在家禽生长发育的某一阶段、某个季节，使用特定的药物和具体的给药方案，以控制疾病，保障生产，避免损失。它包括针对何种疾病，使用何种（或几种）药物，何时使用，剂量多大，使用多久，休药期多长，何时重复使用（或更换为其他药物）等。规程化用药原则是针对目前一些养殖场"盲目添加、被动用药"的状况而提出的。

规程化用药不仅可以避免盲目添加和被动用药的现象，而且还是控制或消灭某些特定疾病的有效措施，是一种科学合理的用药方式。规程化用药也能减少药物残留和环境污染的发生，避免耐药生物的产生和传播，是提高养殖场经济效益、社会效益和生产效益的有效措施。要做到规程化用药，养殖场和饲料加工厂必须密切联系。饲料厂要熟知养殖场实际用药的需要，有目的、有计划地添加符合养殖场需要的药物，而养殖场要了解饲料中药物的添加情况，将加药饲料的效果等信息及时反馈给饲料厂。

五、无公害原则

药物具有二重性。一方面，它能提高鸭产品的产量和质量，防治鸭病，改善饲料利用率，保障和促进养殖生产。另一方面，药物的不合理使用和滥用，也有一些负面作用，如残留、耐药性、环境污染等公害，影响养殖业的持续发展乃至人类社会的安全。所以，使用药物，一要不使用违禁药物；二要科学合理地用药，避免对人类、畜禽和环境造成危害。

第二章

抗微生物药物的安全使用

第一节 抗微生物药物的概述及安全使用要求

一、抗微生物药物的概述

1. 概念及作用机理

抗微生物药是指能在体内外选择性地杀灭或抑制病原微生物（细菌、支原体、真菌等）的药物。由于常用于防治感染性疾病，又称抗感染药。包括抗生素（是从某些放线菌、细菌和真菌等微生物培养液中提取得到，能选择性地抑制或杀灭其他病原微生物的一类化学物质，包括天然抗生素及半合成抗生素）、合成抗菌药、抗病毒药、抗真菌药、抗菌中草药等，它们在控制畜禽感染性疾病、促进动物生长、提高养殖经济效益方面具有极为重要的作用。抗微生物药物的作用机理是阻碍细菌的细胞壁合成，导致菌体变形、溶解而死亡，干扰微生物蛋白质的合成，从而产生抑制作用和杀灭微生物，微生物药物的作用机理见图 2-1。

2. 种类

抗微生物药物的种类见表 2-1。

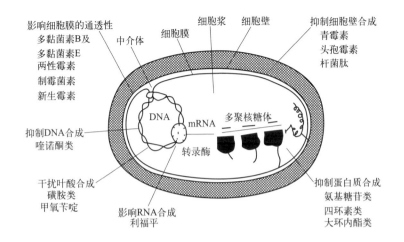

图 2-1 微生物药物的作用机理

表 2-1　抗微生物药物的种类

分类		特点
抗生素	根据作用特点分	抗革兰氏阳性菌的抗生素,如青霉素类、红霉素、林可霉素等
		抗革兰氏阴性菌的抗生素,如链霉素、卡那霉素、庆大霉素、新霉素和多黏菌素等
		广谱抗生素,如四环素类和酰胺醇类
		抗真菌的抗生素,如制霉菌素、灰黄霉素、两性霉素等
		抗寄生虫的抗生素,如依维菌素、潮霉素 B、越霉素 A、莫能霉素、马度米星等
		抗肿瘤的抗生素,如丝裂霉素、放线菌素 D、柔红霉素等
		用作饲料药物添加剂的饲用抗生素,有促进动物生长、提高生长性能的作用,如杆菌肽锌、维吉尼霉素等
	根据化学结构分	β-内酰胺类,包括青霉素类、头孢菌素类等
		氨基糖苷类,包括链霉素、庆大霉素、卡那霉素、新霉素、大观霉素、小诺霉素、安普霉素等
		四环素类,包括土霉素、四环素、多西环素(强力霉素)等
		酰胺醇类,包括甲砜霉素、氟苯尼考等

续表

分类		特点
抗生素	根据化学结构分	大环内酯类，包括红霉素、吉他霉素、泰乐菌素等
		林可胺类，包括林可霉素、克林霉素
		多烯类，包括两性霉素 B、制霉菌素等
		聚醚类，包括莫能菌素、盐霉素、马度米星、拉沙洛西等
		含磷多糖类，如黄霉素、大碳霉素等，主要用作饲料添加剂
		多肽类，包括杆菌肽、多黏菌素等
抗真菌药		多烯类，如两性霉素 B 和制霉菌素等
		非多烯类，如灰黄霉素和克霉唑等
合成抗菌药		氟喹诺酮类，如环丙沙星等
		磺胺类，如磺胺嘧啶、磺胺二甲嘧啶、磺胺-6-甲氧嘧啶、磺胺邻二甲嘧啶等
		二氨基嘧啶类，如三甲氧苄氨嘧啶、二甲氧苄氨嘧啶
		喹噁啉类，如乙酰甲喹等

二、抗微生物药物的安全使用要求

在自然界中，引起畜禽细菌性疾病的病原非常多，由其引起的疾病危害严重，如禽的沙门菌病、大肠杆菌病和葡萄球菌病等，给养禽业造成了巨大的损失。药物预防和治疗是预防和控制细菌病的有效措施之一，尤其是对尚无有效可用的疫苗或免疫效果不理想的细菌病，如沙门菌病、大肠杆菌病、巴氏杆菌病等，在一定条件下采用药物预防和治疗，可收到显著的效果。在应用抗菌药物治疗禽病时，要综合考虑到病原菌、抗菌药物以及机体三者相互间对药物疗效的影响（图2-2），科学合理地使用抗菌药物。

1. 严格掌握适应证，准确用药

正确诊断是临床选择药物的前提，有了正确的诊断，才能了解其致病菌，从而选择对致病菌高度敏感的药物。根据临床诊断，弄清致病微生物的种类及其对药物的敏感性，最好进行药敏试验，选择对病

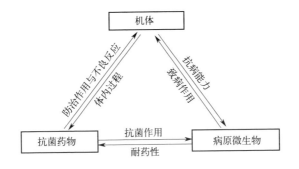

图 2-2 机体、抗菌药物及病原微生物的相互作用

原微生物高度敏感、临床效果好、不良反应较少的抗生素。

对革兰氏阳性菌引起的感染，可选用青霉素、红霉素、四环素类和头孢氨苄等药物；对革兰氏阴性菌引起的感染，可选用链霉素、头孢他啶、头孢呋辛等药物。被耐青霉素及四环素的葡萄球菌感染，可选用半合成青霉素类、红霉素、卡那霉素、庆大霉素等药物；被铜绿假单胞菌感染的选用庆大霉素和多黏菌素等药物。

2. 正确用药

（1）注意使用剂量适当　剂量小起不了作用，剂量大造成浪费并引起严重不良反应。开始应用时剂量稍大，对于急性传染病和严重感染时，剂量也宜稍大；而肝、肾功能不良时，按所用抗生素药物对肝、肾的影响程度而酌减用量。

（2）注意使用时间适宜　药物的治疗要视病情而确定用药时间。一般传染性和感染性疾病初期用药效果好，应连续用药 3～5 天，至症状消失后再用 1～2 天，切忌停药过早而导致疾病复发。

（3）注意给药途径恰当　严重感染时多采用注射给药，药物能够尽早发挥作用；一般感染和消化道感染以内服为宜，但因严重消化道感染而引起菌血症或败血症的也要注射给药。

（4）注意用药的阶段性　某些疾病具有特定的易感日龄、发病季节或环境条件，根据这种规律应有针对性地用药，从而收到事半功倍的理想效果。如雏鸭、雏鹅（1～3 周龄）容易发生沙门菌病，发病率高，危害严重，除了做好育雏前消毒卫生和育雏管理工作外，可以在饮水中添加恩诺沙星、强力霉素、氟苯尼考、磺胺类等抗菌药物预防；球虫病，鹅3周龄～3月龄易发，鸭在3周龄前易发，另外在气温较高、雨量较多的季节（常见于7～10月）更易发生，所以要根据鸭鹅日龄和饲养季节适时使用磺胺类药物和抗球虫药物防治球虫病。

（5）注意联合用药　在一些严重的混合感染或病原未明的病例中，当使用一种抗菌药无法控制疾病时，可以适当地联合用药，以扩大抗菌谱、增强疗效、减少用量和降低毒性。抗微生物药物的联合应用见表2-2。

表2-2　抗微生物药物的联合应用

病原菌	抗菌药物的联合应用
一般革兰氏阳性菌和阴性菌	青霉素G＋链霉素，红霉素＋氟苯尼考，磺胺间甲氧嘧啶（SMM）或磺胺对甲氧嘧啶（SMD）或磺胺二甲嘧啶（SM$_2$）或磺胺嘧啶（SD）＋甲氧苄啶（TMP）或二甲氧苄啶（DVD），卡那霉素或庆大霉素＋氨苄青霉素
金黄色葡萄球菌	红霉素＋氟苯尼考，苯唑青霉素＋卡那霉素或庆大霉素，红霉素或氟苯尼考＋庆大霉素或卡那霉素，红霉素＋利福平或杆菌肽，头孢霉素＋庆大霉素或卡那霉素，杆菌肽＋头孢霉素或苯唑青霉素
大肠杆菌	链霉素、卡那霉素或庆大霉素＋四环素类，氟苯尼考、氨苄青霉素、头孢霉素，多黏菌素＋四环素类，氟苯尼考、庆大霉素、卡那霉素、氨苄青霉素或头孢霉素类，磺胺二甲嘧啶（SM$_2$）＋甲氧苄啶（TMP）或二甲氧苄啶（DVD）
变形杆菌	链霉素、卡那霉素或庆大霉素＋四环素类，氟苯尼考、氨苄青霉素，磺胺间甲氧嘧啶（SMM）＋甲氧苄啶（TMP）
铜绿假单胞菌	多黏菌素B或多黏菌素E＋四环素类、庆大霉素、氨苄青霉素，庆大霉素＋四环素类

3. 避免产生耐药性

随着抗菌药物的广泛使用，细菌耐药性的问题也日益严重，为防止耐药菌株的产生，临床上防治疾病用药时应做到：一要严格掌握用药指征，不滥用抗菌药物，所用药物用量充足，疗程适当；二要单一抗菌药物有效时就不采用联合用药；三要尽可能避免局部用药和滥作预防用药；四要病因不明者，切勿轻易使用抗菌药物；五要尽量减少长期用药；六要确定为耐药菌株感染时，应改用对病原菌敏感的药物或采取联合用药。对于抗菌药物添加剂也须强调合理使用，要改善饲养管理条件，控制药物品种和浓度，尽可能不用医用的抗生素作动物药物添加剂；按照使用条件，用于合适的靶动物；严格遵照休药期和应用限制，减少药物毒性作用和残留量。

4. 注意配伍和禁忌

常用抗微生物药物配伍结果见表2-3。

表2-3 常用抗微生物药物配伍结果

类别	药物	配伍药物	结果
青霉素类	氨苄青霉素、阿莫西林、舒巴坦钠	链霉素、新霉素、多黏菌素、喹诺酮类	疗效增强
		替米考星、罗红霉素、氟苯尼考、盐酸多西环素	疗效降低
		维生素C-多聚磷酸酯、罗红霉素	沉淀、分解失效
		氨茶碱、磺胺类	沉淀、分解失效
头孢菌素类	头孢拉定、头孢氨苄	新霉素、庆大霉素、喹诺酮类、硫酸黏菌素	疗效增强
		氨茶碱、磺胺类、维生素C、罗红霉素、四环素、氟苯尼考	沉淀、分解失效、疗效降低
	头孢唑啉（先锋霉素Ⅴ）	强效利尿药	肾毒性增强
氨基糖苷类	硫酸新霉素、庆大霉素、卡那霉素、安普霉素	氨苄青霉素、头孢拉定、头孢氨苄、盐酸多西环素、甲氧苄啶	疗效增强
		维生素C	抗菌减弱
		氟苯尼考	疗效降低
		同类药物	毒性增强
大环内酯类	罗红霉素、阿奇霉素、替米考星	庆大霉素、新霉素、氟苯尼考	疗效增强
		盐酸林可霉素、链霉素	疗效降低
		氯化钠、氯化钙	沉淀析出游离碱
多黏菌素类	硫酸黏菌素	盐酸多西环素、氟苯尼考、头孢氨苄、罗红霉素、替米考星、喹诺酮类	疗效增强
		硫酸阿托品、头孢氨苄、新霉素、庆大霉素	毒性增强

续表

类别	药物	配伍药物	结果
四环素类	盐酸多西环素、土霉素、金霉素	同类药物及泰乐菌素、泰妙菌素、甲氧苄啶	疗效增强
		氨茶碱	分解失效
		三价阳离子	形成不溶性难以吸收的络合物
氯霉素类	氟苯尼考、甲砜霉素	新霉素、盐酸四环素、硫酸黏菌素	疗效增强
		氨苄青霉素、头孢拉定、头孢氨苄	疗效降低
		卡那霉素、喹诺酮类、磺胺类、呋喃类、链霉素	毒性增强
		叶酸、维生素 B_{12}	抑制红细胞生成
喹诺酮类	环丙沙星、恩诺沙星	头孢拉定、头孢氨苄、氨苄青霉素、链霉素、新霉素、庆大霉素、磺胺类	疗效增强
		四环素、盐酸多西环素、氟苯尼考、呋喃类、罗红霉素	疗效降低
		氨茶碱	析出沉淀
		金属阳离子	形成不溶性难以吸收的络合物
茶碱类	氨茶碱	盐酸多西环素、维生素C、盐酸肾上腺素等酸性药物	浑浊分解失效
		喹诺酮类	疗效降低
林可胺类	盐酸林可霉素、磷酸克林霉素	甲硝唑	疗效增强
		罗红霉素、替米考星、磺胺类、氨茶碱	疗效降低浑浊失效
磺胺类	磺胺喹噁啉（SQ）	甲氧苄啶、新霉素、庆大霉素、卡那霉素	疗效增强
		头孢拉定、头孢氨苄、氨苄青霉素	疗效降低
		氟苯尼考、罗红霉素	毒性增强

5. 避免干扰免疫功能

某些抗微生物药物在防治疾病时能抑制免疫功能，如庆大霉素、金霉素等，有在马立克疫苗液中加入庆大霉素引起免疫失败的报道。抗生素可以抑杀菌苗中微生物，影响抗原含量，干扰某些活菌苗的主动免疫过程，导致体内抗体产生数量少或免疫失败，因此，在进行各种菌苗预防注射前后数天内，以不用抗生素为宜。

第二节　常用抗生素类药物的安全使用

一、青霉素类

1. 青霉素 G（苄青霉素）

【性状】其钠钾盐为白色结晶性粉末，易溶于水。

【作用与用途】青霉素 G 对"三菌一体"，即革兰氏阳性和阴性球菌、革兰氏阳性杆菌、放线菌和螺旋体等高度敏感，常作为首选药。临床上主要用于对青霉素 G 敏感的病原菌所引起的各种感染，如家禽链球菌病、葡萄球菌病、螺旋体病、禽霍乱、支原体病。

【用法与用量】青霉素 G 钠或钾。粉针，每支 20 万、40 万、80 万、160 万国际单位；苄星青霉素粉针，30 万单位/瓶、60 万单位/瓶、120 万单位/瓶；复方苄星青霉素粉针，120 万单位/瓶（含苄星青霉素、普鲁卡因青霉素和青霉素 G 钾各 30 万单位）。肌内注射，青霉素 G 钠或钾，禽 5 万国际单位，2～3 次/天，连用 2～3 天；复方苄星青霉素，每次每千克体重 1 万～2 万国际单位，隔 2～3 天 1 次；饮水，青霉素 G 钠或钾，雏禽每只每次 2000～4000 国际单位，每天 1～2 次，连续使用 3～5 天。

【药物相互作用（不良反应）】青霉素不宜与四环素、土霉素、卡那霉素、庆大霉素、大环内酯类、磺胺类抗微生物药及碳酸氢钠、维生素 C、去甲肾上腺素、阿托品、氯丙嗪等混合应用。

青霉素 G 的毒性极小，其不良反应除局部刺激性外，主要是过敏反应。如出现过敏反应，应立即停止用药，进行对症治疗。反应严重的，应立即注射肾上腺素、肾上腺皮质激素进行抢救。

【注意事项】多数细菌对青霉素 G 不易产生耐药性，但金黄色葡萄球菌在与青霉素长期反复接触后，能产生并释放大量的青霉素酶（β-内酰胺酶），使青霉素的 β-内酰胺环裂解而失效。对耐药金黄色葡萄球菌感染的治疗，可采用半合成青霉素类、头孢菌素类、红霉素等进行治疗。遇湿易分解失效，其铝盖胶塞瓶装制剂不宜放置冰箱中。

2. 氨苄西林（氨苄青霉素、安比西林）

【性状】白色结晶性粉末。微溶于水，其钠盐易溶于水。

【作用与用途】广谱青霉素，对革兰氏阳性菌和革兰氏阴性菌，如链球菌、葡萄球菌、炭疽杆菌、布鲁氏菌、大肠杆菌、巴氏杆菌、沙门菌等均有抑杀作用，但对革兰氏阳性菌的作用不及青霉素，对铜绿假单胞菌和耐药金黄色葡萄球菌无效。主要治疗敏感菌引起的呼吸道感染、消化道感染、尿路感染和败血症。

【用法与用量】针剂，每支 0.5 克、1 克和 2 克；片剂，0.25 克/片；5％氨苄西林可溶性粉。内服，家禽 10～20 毫克/千克体重，每天 2～3 次，连用 2～3 天；可溶性粉，混饮，60 毫克/升，每日 1 次，连用 2～3 天；肌注，5～20 毫克/千克体重，每天 2～3 次，连用 2～3 天。

【药物相互作用（不良反应）】本品与其它半合成青霉素、卡那霉素、庆大霉素等合用易发挥协同作用。本品毒性低，但与青霉素有交叉过敏反应。其它同青霉素 G。

【注意事项】密封保存于冷暗处，其他同青霉素 G。

3. 阿莫西林（羟氨苄青霉素）

【性状】类白色结晶性粉末，微溶于水。

【作用与用途】本品的作用、用途、抗菌谱与氨苄西林基本相同，但杀菌作用快而强，内服吸收比较好，对呼吸道、泌尿道及肝、胆系统感染疗效显著。与氨苄西林有完全的交叉耐药性。

【用法与用量】阿莫西林片和胶囊，内服，家禽 15～20 毫克/千克体重，每天 2 次。阿莫西林可溶性粉：家禽内服一次量，250 毫克/千克体重，一日二次，连用 2～3 天；混饮，50～100 毫克/升，自由饮水，连用 3～5 天。

【药物相互作用（不良反应）】、【注意事项】同青霉素 G。

4. 海他西林（缩酮氨苄青霉素）

【性状】类白色结晶性粉末。在水、乙醇、乙醚中不溶，其钾盐易溶于水和乙醇。

【作用与用途】本身无抗菌性，在体内外的水溶液和中性液体中可迅速溶解为氨苄西林发挥抗菌作用，常与氨苄西林配成复方制剂，用于治疗敏感菌引起的感染。

【用法与用量】海他西林片，50 毫克/片、100 毫克/片、200 毫克/片。混饮，禽类 60 毫克/升，每日 1 次，连用 2～3 天。

二、头孢菌素类

1. 头孢噻吩（先锋霉素 I、噻孢霉素）

【性状】白色结晶性粉末，易溶于水。

【作用与用途】对革兰氏阳性菌和革兰氏阴性菌及钩端螺旋体均有较强作用，但对铜绿假单胞菌、真菌、支原体、结核杆菌和原虫无效。主要用于葡萄球菌、链球菌、肺炎球菌和巴氏杆菌、大肠杆菌、沙门菌等引起的呼吸道、泌尿道感染等。可用于禽的葡萄球菌病和大肠杆菌病。

【用法与用量】注射用头孢噻吩钠，0.5 克/瓶、1 克/瓶。肌内注射，家禽 10～20 毫克/千克体重，每天 1～2 次。

【药物相互作用（不良反应）】不宜与庆大霉素合用。与青霉素有交叉过敏反应。其它同青霉素 G。

【注意事项】内服吸收不良，只供注射。对肝、肾功能有影响。遮光，密封置阴凉干燥处保存。

2. 头孢氨苄

【性状】本品为白色至灰黄色冻干粉末；微臭。

【作用与用途】具有广谱抗菌作用。该药对各种革兰氏阳性菌、革兰氏阴性菌包括产 β-内酰胺酶的菌株均有效，敏感菌有沙门菌、大肠杆菌、巴氏杆菌、嗜血杆菌、链球菌、葡萄球菌、坏死梭菌、放线菌等。且其杀菌作用远比庆大霉素、氨苄西林、林可霉素、壮观霉素等其它抗生素强大。用于大肠杆菌、沙门菌感染等，也用于敏感菌引起的呼吸道感染。

【用法与用量】 片（胶囊）剂，每片（粒）0.125 克、0.25 克；头孢氨苄混悬液，每 100 毫升含 2 克。内服，家禽 35～55 毫克/千克体重，每日 4 次；肌内注射，1 毫克/千克体重，对鸭传染性浆膜炎等有特效。

【药物相互作用（不良反应）】 本品罕见肾毒性，但病畜肾功能严重损害或合用其他对肾有害的药物时则易于发生。

【注意事项】 用稀释液或注射用水现用现配，稀释后的溶液 2～8℃冷藏可保存 7 天，室温可保 12 小时，冷冻保存 8 周，药效颜色变化和稀释后轻微混浊不影响效果。片剂或粉剂避光、阴冷处保存 2 年。

三、大环内酯类

1. 红霉素

【性状】 大环内酯类抗生素，白色或类白色结晶或粉末，难溶于水。

【作用与用途】 抗菌谱同青霉素 G，对其它多数革兰氏阴性杆菌不敏感，但对耐青霉素的金黄色葡萄球菌仍然有效。此外，对肺炎支原体、立克次体、钩端螺旋体有效。主要用于治疗耐药金黄色葡萄球菌感染和青霉素过敏的病例，也可用于多杀性巴氏杆菌的感染，对肺炎球菌、链球菌、炭疽杆菌等感染的疾病及禽支原体等也有治疗作用。

【用法与用量】 内服，禽每天 10 毫克/千克体重，分 2 次内服或按 0.01％浓度饮水，连用 3～5 天，或按 0.01％～0.02％浓度混饲，连用 5 天；肌内注射，家禽 10～30 毫克/千克体重，每天 2 次。

【药物相互作用（不良反应）】 红霉素液体剂型遇到酸性物质以及丁胺卡那霉素、硫酸链霉素、盐酸四环素、复合维生素 B、维生素 C 等会出现混浊，沉淀易失效。本品对新生仔畜毒性大，内服可引起胃肠功能紊乱。

【注意事项】细菌对红霉素易产生耐药性，但不持久，停药数月后可恢复敏感性。

2. 泰乐菌素

【性状】白色结晶性粉末，微溶于水，呈弱碱性，其盐类易溶于水且稳定。

【作用与用途】本品是一种畜禽专用抗生素，对革兰氏阳性菌和部分革兰氏阴性菌、螺旋体、立克次体和衣原体等有抑制作用，对支原体有特效。对革兰氏阳性菌的作用较红霉素稍弱，与本类抗生素之间有交叉耐药性。临床上主要用于防治禽的慢性呼吸道病和禽气囊炎，也用于敏感菌引起的肠炎、肺炎及螺旋体引起的痢疾；并用作禽的饲料药物添加剂，能促进增重和提高饲料效益。

【用法与用量】肌内注射，按每千克体重 25～50 毫克，每日 1 次，连用 3 天。或混饮，预防量为 0.05%，治疗量为 0.1%～0.02%，连用 3～5 天（以泰乐菌素计）。

【药物相互作用（不良反应）】注意本品不能与聚醚类抗生素合用，否则，导致后者的毒性增强。

【注意事项】本品有较强的局部刺激性。产蛋母禽和泌乳奶牛禁用。休药期，磷酸泰乐菌素预混剂 5 天，酒石酸可溶性粉 1 天。

3. 北里霉素（柱晶白霉素）

【性状】白色粉末，其酒石酸盐为白色或淡黄色粉末。能溶于水，且无异味。

【作用与用途】与红霉素相似。对革兰氏阳性菌和支原体有较强抗菌作用，对部分革兰氏阴性菌、钩端螺旋体、立克次体及衣原体也有效。

【用法与用量】内服量，1.5～2 毫克/千克体重；治疗慢性呼吸道感染，混饮浓度为 500 毫克/升，连用 3～5 天；混饲浓度为 330～500 毫克/千克，连用 5～7 天。

【药物相互作用（不良反应）】一般无不良反应。

【注意事项】蛋禽产蛋期禁用。

4. 螺旋霉素

【性状】 螺旋霉素游离碱为白色至淡黄色粉末，难溶于水，其硫酸盐、盐酸盐和己二酸盐能溶于水。

【作用与用途】 抗菌谱类似红霉素，但效力不及红霉素。对革兰氏阳性菌和部分革兰氏阴性菌，如葡萄球菌、链球菌、肺炎球菌、大肠杆菌等有抗菌作用；对支原体、钩端螺旋体、立克次体亦有效。主要用于防治敏感菌所致的感染。

【用法与用量】 肌内注射或皮下注射，家禽 25～50 毫克/千克体重，每天 1 次。内服量为注射量的 2～3 倍。

【药物相互作用（不良反应）】 螺旋霉素不影响茶碱等药物的体内代谢，但可使茶碱的作用增强，联合时应减少茶碱的用量；泰乐菌素、卡那霉素、喹乙醇、杆菌肽锌、恩拉霉素、北里霉素、维吉尼霉素和黄霉素均不宜与螺旋霉素配伍。

【注意事项】 本品能损坏肝脏和肾脏，肝肾功能不全者慎用；由于排泄慢，对供人食用的动物，用药后需要较长时间的休药期。

四、林可胺类

1. 林可霉素（洁霉素）

【性状】 其盐酸盐为白色结晶粉末。易溶于水。

【作用与用途】 主要对革兰氏阳性菌，如金黄色葡萄球菌、链球菌、肺炎球菌、破伤风梭菌、炭疽杆菌、大多数产气荚膜梭菌等有较强抗菌作用，特别适用于耐青霉素、红霉素菌株感染及对青霉素过敏的病畜。常用于支原体和嗜血杆菌感染。对革兰氏阴性菌、肠球菌作用较差。

【用法与用量】 内服，每 1000 千克饲料添加 22～44 克，连用 1～4 周。混饮，每升水 15～30 毫克。肌内注射，20～40 毫克/千克体重，每天 1 次，连用 3 天。治疗坏死性肠炎，每升水中加入 16.9 毫克，连用 3～5 天，效果良好（以盐酸林可霉素计）。

【药物相互作用（不良反应）】 本品与大观霉素和庆大霉素合用有协同作用；本品与氨基糖苷类和多肽类抗生素合用，可能加剧对神经肌肉接头的阻滞作用；本品与红霉素合用，有拮抗作用；本品与卡那霉素、新霉素混合静注，发生配伍禁忌。

【注意事项】产蛋期禁用。

2. 克林霉素（氯林可霉素）

【性状】克林霉素盐酸盐（或磷酸盐）为白色结晶性粉末，味苦，易溶于水。

【作用与用途】同林可霉素，但抗菌活性是林可霉素的 4～8 倍。

【用法与用量】内服或肌内注射，用量同林可霉素。

【药物相互作用（不良反应）】与林可霉素、红霉素有交叉耐药性。与大环内酯类和氯霉素相拮抗，故不能与氯霉素、红霉素等合用。

【注意事项】产蛋期禁用。

五、氨基糖苷类

1. 链霉素

【性状】链霉素是一种有机碱，不溶于水，能与酸结合成盐，一般制成硫酸链霉素。

【作用与用途】抗菌谱较青霉素广，主要对结核杆菌和多种革兰氏阴性菌有强大的杀菌作用。对沙门菌、大肠杆菌、布鲁氏菌、巴氏杆菌、痢疾杆菌、副伤寒沙门菌、嗜血杆菌均敏感。对革兰氏阳性球菌的作用不如青霉素；对钩端螺旋体、放线菌等也有效。主要用于对本品敏感的细菌所引起的急性感染，如大肠杆菌引起的肠炎、白痢、子宫炎、败血症和卵黄性腹膜炎等；巴氏杆菌引起的禽霍乱等；钩端螺旋体病、放线菌病、伤寒、副伤寒、支原体病、禽传染性鼻炎、幼禽溃疡性肠炎等。

【用法与用量】肌内注射，成年禽 100～200 毫克/只，雏禽 10～40 毫克/只，每天 2 次；家禽混饮浓度为 0.02%～0.03%，连用 3～5 天；喷雾，每立方米空间为 20 万～30 万单位；内服，一次量，每只家禽 50 毫克。

【药物相互作用（不良反应）】本品遇酸、碱或氯化剂、还原剂均易受破坏而失活。在弱碱性环境中抗菌作用增强，治疗泌尿道感染时，宜同时内服碳酸氢钠。与两性霉素、红霉素、新生霉素钠、磺胺嘧啶钠在水中相遇会产生混浊沉淀，故在注射或饮水给药时不能合用。

【注意事项】 链霉素对其他氨基糖苷类有交叉过敏现象。对氨基糖苷类过敏的患畜应禁用本品；患畜出现失水或肾功能损害时慎用；用本品治疗泌尿道感染时，宜同时内服碳酸氢钠使尿液呈碱性。常用的硫酸链霉素干燥粉针剂，在室温可保存数年之久；硫酸链霉素盐类水溶液，在室温中及 pH 3～7 时较稳定，可保存一周，但色泽可以变深，如变成深色时不可供注射用。

2. 庆大霉素

【性状】 常用其硫酸盐，易溶于水，在乙醇中不溶，性质稳定。

【作用与用途】 抗菌谱广，对大多数革兰氏阴性菌及阳性菌都具有较强的抑菌或杀菌作用，特别是对耐药性金黄色葡萄球菌引起的感染有显著疗效。对结核杆菌和支原体等也有效。主要用于耐药金黄色葡萄球菌、铜绿假单胞菌、变形杆菌、大肠杆菌等所引起的各种严重感染，如呼吸道、泌尿道感染，败血症，乳腺炎等。对禽慢性呼吸道病、坏死性皮炎和肉垂水肿等均有效。

【用法与用量】 混饮，每升水的含药量，家禽预防用 20～40 毫克，治疗用 50～100 毫克；肌内注射，鸭 2～3 毫克/千克体重，每天 2～3 次。

【药物相互作用（不良反应）】 本品对肾脏和听神经有毒性。

【注意事项】 有呼吸抑制作用。

3. 卡那霉素

【性状】 白色或类白色粉末。有吸湿性，易溶于水。

【作用与用途】 抗菌谱广，对多种革兰氏阳性菌（包括结核杆菌）及阴性菌都具有较好的抗菌作用。革兰氏阳性菌中，以金黄色葡萄球菌（包括耐药性金黄色葡萄球菌）、炭疽杆菌较敏感，链球菌、肺炎链球菌敏感性较差；对金黄色葡萄球菌的作用约与庆大霉素相等。革兰氏阴性菌中，以大肠杆菌最敏感，肺炎杆菌、沙门氏菌、巴氏杆菌、变形杆菌等近似，对其他革兰氏阴性菌的作用低于庆大霉素。主要用于敏感菌引起的各种感染，如禽霍乱、雏白痢、鸭卵黄性腹膜炎、坏死性肠炎、慢性呼吸道病等。

【用法与用量】肌内注射，家禽 10～30 毫克/千克体重，每天 2 次；家禽混饮浓度为 0.009%～0.026%，混饲浓度为 0.015%～0.045%。

【药物相互作用（不良反应）】不宜与钙剂合用。不易与其它抗生素配伍。

【注意事项】对肾脏和听神经有毒害作用。应密封保存于阴凉干燥处。

4. 阿米卡星（丁胺卡那霉素）

【性状】其硫酸盐为白色或类白色结晶性粉末。几乎无臭，无味。

【作用与用途】半合成的氨基糖苷类抗生素。本品的耐酶性能较强，当微生物对其他氨基糖苷类耐药后，对本品还常敏感。主要用于对卡那霉素或庆大霉素耐药的革兰氏阴性杆菌所致的消化道、尿道、呼吸道、腹腔、生殖系统等部位的感染以及败血症等。

【用法与用量】肌内注射，家禽 5～7.5 毫克/千克体重，每天 2 次。

【药物相互作用（不良反应）】同链霉素。

【注意事项】患畜应足量饮水，以减少肾小管损害；不可静脉注射，以免发生神经肌肉阻滞和呼吸抑制。其他见链霉素。

5. 大观霉素（壮观霉素）

【性状】其盐酸盐或硫酸盐为白色或类白色结晶性粉末，易溶于水。

【作用与用途】抗菌谱广，对革兰氏阴性菌、阳性菌都有效，主要适用于对青霉素、四环素耐药的病例，对支原体也有效。内服后不吸收，在肠道发挥抗菌作用；肌内注射或皮下注射后吸收良好，全部从尿排泄。用于治疗禽的大肠杆菌、各种支原体和多杀性巴氏杆菌、沙门菌引起的感染。

【用法与用量】禽类混饮浓度 0.06%～0.1%，连用 5～7 天。

【药物相互作用（不良反应）】本品的耳毒性和肾毒性低于其他常用的氨基糖苷类抗生素，但能引起神经肌肉阻滞作用，注射钙剂可解救。

【注意事项】本品内服吸收较差，仅限于肠道感染。严重急性感染宜注射给药。

六、四环素类

1. 土霉素

【性状】土霉素为淡黄色结晶性或无定形粉末。在水中极微溶解，易溶于稀酸、稀碱。

【作用与用途】土霉素主要是抑制细菌的生长繁殖。抗菌谱广，不仅对革兰氏阳性菌如肺炎球菌、溶血性链球菌、部分葡萄球菌、破伤风梭菌和炭疽杆菌等有效，而且还对革兰氏阴性菌如沙门菌、大肠杆菌、巴氏杆菌属、布鲁杆菌等有抗菌作用；此外对立克次体、衣原体、支原体、螺旋体、放线菌和某些原虫等有效。但对铜绿假单胞菌、病毒和真菌无效；对革兰氏阳性菌的作用不如青霉素和头孢菌素；对革兰氏阴性菌的作用不如链霉素。

临床上用于如支原体引起的禽慢性呼吸道病，巴氏杆菌引起的禽霍乱，大肠杆菌或沙门菌引起的下痢等全身感染；用于呼吸道感染和原虫病等。

【用法与用量】内服，禽 50～100 毫克/只，每天 2 次；肌内注射，一次量，25 毫克/千克体重，每天 2 次；混饮浓度，0.016%～0.026%；混饲浓度，0.02%～0.08%。

【药物相互作用（不良反应）】忌与碱溶液和含氯量高的水溶液混合；锌、铁、铝、镁、锰、钙等多价金属离子与其形成难溶的络合物而影响吸收，避免与乳类制品和含上述金属离子的药物和饲料共服。

【注意事项】应用土霉素可引起肠道菌群失调、二重感染等不良反应，故成年反刍兽动物和家兔不宜内服此药；水溶液不稳定，宜用现配。应遮光、密封置于干燥处。

2. 金霉素

【性状】其盐酸盐为金黄色或黄色结晶。微溶于水。

【作用与用途】与土霉素相似。对革兰氏阳性菌、金黄色葡萄球菌感染的疗效较土霉素好。亦可用作饲料添加剂。

【用法与用量】内服同土霉素。混饲按 0.02%～0.06% 浓度。

【药物相互作用（不良反应）】同土霉素。

【注意事项】本品对胃肠黏膜和注射局部刺激作用较重，不可肌内注射，长期使用容易引起禽的脂肪肝综合征。密封保存于干燥冷暗处。其他同土霉素。

3. 四环素

【性状】其盐酸盐为黄色结晶性粉末。有吸湿性，可溶于水。

【作用与用途】同土霉素，但对革兰氏阴性菌的作用较强。内服吸收良好。

【用法与用量】内服剂量同土霉素。混饲浓度为 0.02%～0.06%；混饮浓度为 0.012%～0.035%。

【药物相互作用（不良反应）】、【注意事项】同土霉素。

4. 多西环素（强力霉素）

【性状】其盐酸盐为淡黄色或黄色结晶性粉末。易溶于水，微溶于乙醇。1% 水溶液的 pH 为 2～3。

【作用与用途】抗菌谱与其他四环素类相似，体内外抗菌活性较土霉素、四环素强。细菌对本品与土霉素、四环素等存在交叉耐药性。主要用于治疗畜禽的支原体病、大肠杆菌病、沙门菌病、巴氏杆菌病和鹦鹉热等。

【用法与用量】内服，15～25 毫克/千克体重，一天一次，连用 3～5 天；混饲浓度为 0.01%～0.02%；混饮浓度为 0.005%～0.01%；肌内注射，一次量，家禽 15～25 毫克。

【注意事项】产蛋期和奶牛泌乳期禁用，其他同土霉素。

七、酰胺醇类

酰胺醇类包括甲砜霉素和氟苯尼考，两者为氯霉素的衍生物。

1. 甲砜霉素

【性状】白色结晶性粉末，无臭，微溶与水，溶于甲醇，几乎不溶于乙醚或氯仿。

【作用与用途】广谱抗生素，对多数革兰氏阴性菌和革兰氏阳性菌均有抑菌（低浓度）和杀菌（高浓度）作用，对部分衣原体、钩端螺旋体、立克次体和某些原虫也有一定的抑制作用，对肠杆菌科细菌和金黄色葡萄球菌的活性较氯霉素弱，与氯霉素存在交叉耐药性，但某些对氯霉素耐药的菌株仍然对甲砜霉素敏感。主要用于畜禽的细菌性疾病，尤其是大肠杆菌、沙门菌及巴氏杆菌感染。

【用法与用量】内服量，禽 20～30 毫克/千克体重，每天 2 次。混饲，禽每 1000 千克饲料 200～300 克。

【药物相互作用（不良反应）】不产生再生障碍性贫血，但可抑制红细胞、白细胞和血小板生成，程度比氯霉素轻。

【注意事项】禁用于免疫接种期的动物和免疫功能严重缺损的动物；肾功能不全的患畜要减量或延长给药间隔。

2. 氟苯尼考（氟甲砜霉素）

【性状】白色或类白色结晶性粉末。无臭。

【作用与用途】畜禽专用抗生素。其抗菌活性是氯霉素的 5～10 倍；对氯霉素、甲砜霉素、阿莫西林、金霉素、土霉素等耐药的菌株，使用本品仍有效。主要用于预防和治疗畜、禽的各类细菌性疾病，尤其对呼吸道和肠道感染疗效显著，如巴氏杆菌病、大肠杆菌病、沙门菌病、传染性鼻炎、慢性呼吸道疾病及葡萄球菌病等。

【用法与用量】内服量，20～30 毫克/千克体重，每天 2 次；肌内注射，20 毫克/千克体重，每天 2 次。混饮，每千克水 100 毫克（即每瓶本品加水 300 千克），连用 3 天。

【药物相互作用（不良反应）】有胚胎毒性，故妊娠动物禁用。

【注意事项】本品不良反应少，不引起骨髓造血功能的抑制或再生障碍性贫血。

八、多肽类

1. 多黏菌素 E（黏菌素、抗敌素）

【性状】硫酸盐为白色或微黄色粉末。有引湿性。在水中易溶，在乙醇中微溶。

【作用与用途】本品为窄谱杀菌剂，对革兰氏阴性杆菌的抗菌活性强。主要敏感菌有大肠杆菌、沙门菌、巴氏杆菌、布鲁氏菌、弧菌、痢疾杆菌、铜绿假单胞菌等，尤其对铜绿假单胞菌具有强大的杀菌作用。内服不吸收，用于治疗禽畜的大肠杆菌性下痢和对其他药物耐药的细菌性痢疾。外用于烧伤和外伤引起的铜绿假单胞菌局部感染和眼、耳、鼻等部位细菌的感染。注射已少用。

【用法与用量】内服，家禽 3～8 毫克/千克体重，每天 1～2 次；混饮，每升水，禽 20～60 毫克（以多黏菌素计）；混饲（用于促生长），每 1000 千克饲料，禽 2～20 克（以多黏菌素计）。

【药物相互作用（不良反应）】本品吸收后，对肾脏和神经系统有明显毒性，在剂量过大或疗程过长，以及注射给药和肾功能不全时均有中毒的危险。

【注意事项】产蛋期禁用。

2. 杆菌肽

【性状】白色或淡黄色粉末。具有吸湿性。易溶于水和乙醇。本品的锌盐为灰色粉末，不溶于水，性质稳定。

【作用与用途】对革兰氏阳性菌有杀菌作用，包括耐药的金黄色葡萄球菌、肠球菌、链球菌，对螺旋体和放线菌也有效，但对革兰氏阴性杆菌无效。本品的抗菌作用不受环境中脓、血、坏死组织或组织渗出液的影响。本品的锌盐专门用作饲料添加剂。临床上还可局部应用于革兰氏阳性菌所致的皮肤、伤口感染，眼部感染和乳腺炎等。

【用法与用量】杆菌肽锌（以杆菌肽计），内服，禽 20～50 毫克/千克体重，每天 1～2 次；混饲，每 1000 千克饲料，16 周龄以下禽 4～40 克。可溶性粉（以杆菌肽计），混饮，每升水，治疗 50～100 毫克，连用 5～7 天，预防 25 毫克（主要用于耐青霉素金黄色葡萄球菌感染）。

【药物相互作用（不良反应）】本品与青霉素、链霉素、新霉素、多黏菌素等合用有协同作用。

【注意事项】产蛋期禁用。

第三节　常用合成抗菌药物的安全使用

一、磺胺类

1. 磺胺嘧啶（SD）

【性状】白色或类白色结晶粉。几乎不溶于水，其钠盐溶于水。

【作用与用途】抗菌力较强，对各种感染均有较好疗效，常用于治疗禽霍乱、禽伤寒、禽白痢、住白细胞虫病、弓形虫病等，亦是治疗各种脑部细菌感染的良好药物。

【用法与用量】磺胺嘧啶片，口服，家禽 0.14～0.2 克/千克体重（首次量），以后按 0.07～0.1 克/千克体重（维持量）给药，每日 2 次；磺胺嘧啶钠注射液，静脉或深部肌内注射，家禽 0.05～0.1 克/千克体重，每日 2 次；复方磺胺嘧啶片，口服，家禽 30 毫克/千克体重，每日 2 次；复方磺胺嘧啶钠注射液，肌内注射，禽 0.17～0.2 毫升/千克体重，每日 1～2 次，混饮，家禽 0.2 毫升/升。

【药物相互作用（不良反应）】薄荷醇和冰片具有促进磺胺嘧啶透过血脑屏障作用，可减少对血脑屏障结构的损伤；磺胺嘧啶钠的注射液或水溶液呈碱性，因此不可与酸性较强的药物如维生素 C 等合用；不可与阿米卡星、庆大霉素、卡那霉素、林可霉素、链霉素、四环素、碳酸氢钠、氢化可的松、青霉素 G、氯化钾、氯化钙、葡萄糖酸钙、维生素 B_6、酚磺乙胺、阿托品和红霉素等配伍联用。

【注意事项】应用磺胺类药物治疗全身感染性疾病时，应注意以下几方面内容。

① 首次用药要给予突击量，即大于治疗量 1 倍，使其迅速达到有效血浆浓度（5～10 毫克/100 毫升），以后给予维持量（治疗量）。

② 如有中毒等不良反应出现，要立即停药，并供给充足的饮水，在饮水中可加入 0.5%～1% 碳酸氢钠或 5% 的葡萄糖；也可在饲料中加 0.05% 维生素 K 或在饲料中加倍使用 B 族维生素，均可缓解不良反应。使用磺胺类药物时，可增加一定量的碳酸氢钠，以碱化尿液，促进磺胺类药物及其代谢产物的排泄。

③ 要防止耐药性的产生。细菌对磺胺类药物有交叉耐药性，如使用某种磺胺类药物细菌产生耐药性后，应换用其他类抗生素或喹诺酮类药物。

④ 磺胺类药物只有抑菌作用而无杀菌作用，在用药期间应加强饲养管理，提高机体的抗病力。

2. 磺胺二甲嘧啶（SM_2）

【性状】白色或微黄色结晶或粉末。几乎不溶于水，其钠盐溶于水。

【作用与用途】抗菌力较强，但比磺胺嘧啶稍弱，有抗球虫作用。用于防治巴氏杆菌病、呼吸道和消化道感染、球虫病及禽霍乱、沙门菌病等。

【用法与用量】口服，禽 0.14～0.2 克/千克体重（首次量），以后按 0.07～0.1 克/千克体重（维持量）给药，每日 2 次。混饲，家禽混饲浓度为 0.4%～0.5%，混饮浓度为 0.1%～0.2%，连用 3 天；注射用量同内服。

【药物相互作用（不良反应）】、【注意事项】同磺胺嘧啶。

3. 磺胺甲噁唑（新诺明，SMZ）

【性状】白色结晶性粉末。几乎不溶于水。

【作用与用途】抗菌作用较其他磺胺药强。与抗菌增效剂甲氧苄啶合用，抗菌作用可增强数倍至数十倍。主要用于治疗呼吸道、泌尿道感染，如葡萄球菌病、大肠杆菌病、禽霍乱、禽副伤寒、禽慢性呼吸道病和细菌性痢疾等。

【用法与用量】复方新诺明片，内服，家禽 20～30 毫克/千克体重，每天 2 次，连用 3 天；增效联磺片，口服（以磺胺甲噁唑计），20～25 毫克/千克体重，每日 1～2 次，连用 3～5 天；磺胺甲噁唑注射液，深部肌内注射（以磺胺甲噁唑计），0.05 克/千克体重，每日 2 次。

【药物相互作用（不良反应）】咪康唑与复方磺胺甲噁唑联用，可增强体外抗白色念珠菌的效力；左旋咪唑与复方磺胺甲噁唑配伍联用治疗弓形虫病，可破坏虫体，减少抗原刺激，改善症状；对乙酰氨基酚（扑热息痛）可加强复方磺胺甲噁唑的作用或延长其作用时间，使血药浓度升高，增强药效和减少不良反应；磺胺甲噁唑可使茶碱血药浓度明显增高；本品肾毒性较大，应用时宜与碳酸氢钠同服，并供给充足饮水。

【注意事项】同磺胺嘧啶。

4. 磺胺对甲氧嘧啶（磺胺-5-甲氧嘧啶，消炎磺，SMD）

【性状】白色或微黄色结晶粉。几乎不溶于水，其钠盐溶于水。

【作用与用途】抗菌范围广，但抗菌效力比磺胺间甲氧嘧啶弱。口服吸收迅速而完全，排泄慢，维持有效血药浓度时间长。主要经尿液排泄，尿液中溶解度和浓度均较高，故对尿路感染疗效显著，与磺胺增效剂甲氧苄啶合用，其增效作用较其他磺胺类药物显著。主要用于敏感菌如化脓性链球菌、沙门菌、肺炎球菌和伤寒沙门菌等所引起的生殖道、呼吸道、泌尿道、肠道和皮肤软组织感染，也可用于球虫病的治疗。

【用法与用量】磺胺对甲氧嘧啶，口服，家禽 50～100 毫克/千克体重，每日 1～2 次，连用 3～5 天；混饲，治疗球虫病时用量为 0.5～2 克/千克，预防时用 0.5～1 克/千克，每日 1～2 次，连用 3～5 天。复方磺胺对甲氧嘧啶片，口服（以磺胺对甲氧嘧啶计），家禽 20～25 毫克/千克体重，连用 3～5 天，休药期 28 天。复方敌菌净片，口服（以磺胺对甲氧嘧啶计），家禽 30 毫克/千克体重，每日 1～2 次，连用 3～5 天。复方磺胺对甲氧嘧啶钠注射液，肌内注射，家禽 0.1～0.2 毫升/千克体重，每日 1～2 次；混饮，家禽 0.2 毫升/升。预混剂，混饲（以磺胺对甲氧嘧啶计），家禽 1 克/千克，休药期 28 天。

【药物相互作用（不良反应）】、【注意事项】与甲氧苄啶按 5：1 比例配合，对金黄色葡萄球菌、大肠杆菌、变形杆菌等的抗菌活性可增强 10～30 倍；与二甲氧苄啶合用后的增效较其他磺胺类药物显著。其它同磺胺嘧啶。

5. 磺胺间甲氧嘧啶（磺胺-6-甲氧嘧啶，制菌磺，SMM）

【性状】白色或微黄色结晶粉。几乎不溶于水，其钠盐溶于水。

【作用与用途】是体内外抗菌作用最强的磺胺药，对球虫和弓形虫也有显著作用。用于防治各种敏感菌所致的畜禽呼吸道、消化道、泌尿道感染及球虫病等。与甲氧苄啶合用可增强疗效。

【用法与用量】磺胺间甲氧嘧啶片，口服（磺胺间甲氧嘧啶计），家禽 50～100 毫克/千克体重，每日 1～2 次，连用 3～5 天；混饲，治疗球虫病时用 0.5～2 克/千克，预防时用 0.5～1 克/千克，每日 1～2 次，连用 3～5 天。复方磺胺间甲氧嘧啶片，口服（以磺胺间甲氧嘧啶计），家禽 20～25 毫克/千克体重，每日 1～2 次，连用 3～5 天。

【药物相互作用（不良反应）】、【注意事项】同磺胺嘧啶。

6. 磺胺脒（SG）

【性状】白色针状结晶性粉末。无臭或几乎无臭，无味，遇光易变色。微溶于水。

【作用与用途】内服吸收少，在肠内可保持较高浓度。用于防治肠炎、腹泻等细菌性感染。

【用法与用量】内服，一次量，禽 0.12～0.2 克/千克体重（首次量），维持量 70～100 克/千克体重，每天 2 次。

【药物相互作用（不良反应）】用量过大或肠阻塞、严重脱水等患畜应用易损害肾脏。

【注意事项】成年反刍动物少用。

7. 琥珀酰磺胺噻唑（SST）

【性状】白色或微黄色晶粉。不溶于水。

【作用与用途】内服不易吸收，在肠内经细菌作用后，释放出磺胺噻唑而发挥抗菌作用。抗菌作用比磺胺脒强，副作用也较小。用途同磺胺脒。

【用法与用量】、【药物相互作用（不良反应）】、【注意事项】同磺胺脒。

8. 磺胺噻唑（ST）

【性状】白色或淡黄色结晶、颗粒或粉末。极微溶于水。

【作用与用途】抗菌作用比磺胺嘧啶强，用于敏感菌所致肺炎、出血性败血症、子宫内膜炎及霍乱、沙门菌病等。对感染创可外用其

软膏剂。

【用法与用量】家禽混饲浓度为 0.5%。

【药物相互作用（不良反应）】本品排泄时容易在肾小管析出结晶。

【注意事项】内服时与适量碳酸氢钠合用。

9. 磺胺地索辛（磺胺-2,6-二甲氧嘧啶，SDM）

【性状】白色或乳白色结晶粉，微溶于水。

【作用与用途】抗菌作用与磺胺嘧啶相似，抗原虫作用比磺胺喹恶啉和呋喃唑酮强。主要用于防治霍乱、传染性鼻炎、畜禽球虫病、住白细胞虫病等。

【用法与用量】内服，家禽 0.1～0.2 克/千克体重，每天 1 次。混饲浓度为 0.1%～0.2%，混饮浓度为 0.05%～0.1%，连用 5～7 天。

【药物相互作用（不良反应）】、【注意事项】同磺胺嘧啶。

10. 磺胺多辛（磺胺-5,6-二甲氧嘧啶，周效磺胺，SDM′）

【性状】白色或近白色结晶粉，几乎不溶于水。

【作用与用途】抗菌作用同磺胺嘧啶，但稍弱。内服吸收迅速。主要用于轻度或中度呼吸道、消化道和泌尿道感染，对球虫病和弓形虫病也有疗效。

【用法与用量】内服，0.01～0.1 克/千克体重，每天 1 次；混饲浓度为 0.05%～0.1%，混饮浓度为 0.025%～0.05%，连用 5 天；肌内注射，0.025 克/千克体重，每天 1 次。

【药物相互作用（不良反应）】、【注意事项】同磺胺嘧啶。

二、抗菌增效剂类

1. 甲氧苄啶（甲氧苄氨嘧啶、三甲氧苄氨嘧啶，TMP）

【性状】白色或淡黄色结晶粉末。味微苦。在乙醇中微溶，水中几乎不溶，在冰醋酸中易溶。

【作用与用途】抗菌谱广，甲氧苄啶的抗菌作用与磺胺类药物相似而效力较强。对多种革兰氏阳性菌和革兰氏阴性菌均有抗菌作用，其中较敏感的有溶血性链球菌、葡萄球菌、大肠杆菌、变形杆菌、巴氏杆菌和沙门菌等。但对铜绿假单胞菌、结核杆菌、丹毒杆菌、钩端螺旋体无效。本品与磺胺药的复方制剂合用，对禽球虫病、住白细胞虫病、霍乱、传染性鼻炎、大肠杆菌病等，均有良好的防治效果。

【用法与用量】 内服或肌内注射，各种畜禽 10 毫克/千克体重，每天 2 次。混饲浓度为 0.02%～0.04%，混饮 0.012%～0.02%。

【药物相互作用（不良反应）】 与磺胺类药物配伍联用可增强疗效且不易产生耐药性；与氨基糖苷类药物、利福平、黄连素联用有协同抗菌作用；与大环内酯类药物如红霉素、麦迪霉素等合用在体外试验发现有增效作用；与青霉素、土霉素联用有显著增效作用；与林可霉素有协同作用，可增强抗菌效力，提高疗效，减少药物不良反应；与多西环素联用对少部分菌株有协同和累加抗菌作用，对大部分菌株无增效作用；与黏菌素类药物联用增效作用达 2～32 倍，且对铜绿假单胞菌有协同作用；与喹诺酮类药物联用增效作用显著，药物副作用亦低于单独用药。与四环素联用体外试验无增效作用；与大剂量对乙酰氨基酚长期联用，可引起贫血、血小板降低或白细胞减少。

【注意事项】 单用易产生耐药性，一般不单独作抗菌药使用。

2. 二甲氧苄啶（二甲氧苄氨嘧啶，DVD）

【性状】 白色粉末或微金黄结晶，味微苦，在水、乙醇中不溶，在盐酸中溶解，在稀盐酸中微溶。

【作用与用途】 与甲氧苄啶相同但作用较弱。内服吸收不良，在消化道内可保持较高浓度，因此，用于防治肠道感染的抗菌增效作用比甲氧苄啶强。常与磺胺类药联合，用于防治畜禽球虫病及肠道感染等。

【用法与用量】 内服，各种畜禽 10 毫克/千克体重，每天 2 次。

【药物相互作用（不良反应）】、【注意事项】 同甲氧苄啶。

三、喹诺酮类

1. 恩诺沙星

【性状】 本品为白色结晶性粉末。无臭，味苦。在水中或乙醇中极微溶解，在醋酸、盐酸或氢氧化钠溶液中易溶。其盐酸盐及乳酸盐均易溶于水。

【作用与用途】本品为广谱杀菌药，对支原体有特效。临床上主要用于大肠杆菌、沙门菌、铜绿假单胞菌、嗜血杆菌、巴氏杆菌、葡萄球菌、链球菌、禽败血支原体等引起的呼吸、消化、泌尿系统和皮肤感染及败血症。其抗支原体的效力比泰乐菌素和泰妙菌素强。对耐泰乐菌素、泰妙灵的支原体，本品亦有效。用于防治大肠杆菌病、白痢、霍乱和慢性呼吸道病。

【用法与用量】可溶性粉，混饮（以恩诺沙星计），家禽 25～75 毫克/升，每日 2 次，连用 3～5 天，混饲，家禽 100 毫克/千克体重；针剂，肌内注射（以恩诺沙星计），禽 2.5～5 毫克/千克体重，每日 2 次，连用 3 天，必要时停药 2 天后再连用 3 天。

【药物相互作用（不良反应）】

① 配伍增效。与安普霉素联用抗菌活性增强，呈协同作用；丙磺舒可降低肾清除率，使恩诺沙星的血药浓度升高；与甲氧苄啶等磺胺增效剂配伍联用可使恩诺沙星抗菌活性增强，且减少耐药性产生。

② 配伍禁忌。恩诺沙星有抑制肝药酶作用，与在肝脏中代谢的药物如红霉素、林可霉素等合用，可使其清除率降低，血药浓度升高；氟苯尼考、甲砜霉素可拮抗恩诺沙星的抗菌活性，使其疗效降低；制酸药降低恩诺沙星在胃肠道中的吸收，不宜同用；与利福平联用可使恩诺沙星作用降低；与含金属阳离子如铝离子、镁离子的药物合用可形成不溶性难吸收的络合物。

【注意事项】产蛋期禁用。

2. 环丙沙星

【性状】其盐酸盐和乳酸盐为淡黄色结晶性粉末。易溶于水。

【作用与用途】本品属于广谱杀菌药。对革兰氏阴性菌的抗菌活性是目前兽医临床应用的氟喹诺酮类最强的一种；对革兰氏阳性菌的作用也较强。此外，对支原体、厌氧菌、铜绿假单胞菌亦有较强的抗菌作用。用于全身各系统的感染，对消化道、呼吸道、泌尿生殖道、皮肤软组织感染及支原体感染等均有良效。

【用法与用量】混饮，每升饮水，禽 50 毫克；肌内注射，一次量，每千克体重 5 毫克，2 次/天；片剂，内服，一次量，每千克体重，家禽 5～10 毫克，2 次/天。

【药物相互作用（不良反应）】忌与含铝、镁等金属离子的药物同用。尿碱化剂可降低本品在尿中的溶解度，导致结晶尿和肾毒性；利福平和氯霉素、甲砜霉素、氟苯尼考，均可使本品的抗菌作用降低。可使幼龄动物软骨发生变性，引起跛行及疼痛；消化系统反应有呕吐、腹痛、腹胀；皮肤反应有红斑、瘙痒、荨麻疹及光敏反应等。

【注意事项】产蛋期禁用；本药空腹用效果好。

3. 达氟沙星（达诺沙星）

【性状】其甲磺酸盐为白色至淡黄色结晶性粉末。无臭，味苦。在水中易溶，在甲醇中微溶。

【作用与用途】属于广谱杀菌药。主要用于禽大肠杆菌病、禽霍乱、慢性呼吸道病等。

【用法与用量】可溶性粉，混饮（以达氟沙星计），家禽 25～50 毫克/升，连用 3～5 天；注射液，肌内或皮下注射，1.25 毫克/千克体重或混饮（以达氟沙星计），家禽 25～50 毫克/升，连用 3～5 天；溶液，混饮（以达氟沙星计），家禽 25～50 毫克/升，连用 3～5 天。

【药物相互作用（不良反应）】

① 配伍增效。与青霉素类药物有协同抗菌作用；与头孢菌素类、氨基糖苷类药物有协同抗菌作用，但因肾毒性亦增强，需减少剂量并分别给药。

② 配伍禁忌。与大环内酯类、四环素类药物联用药效降低；与利福平、酰胺醇类药物联用可导致单诺沙星作用降低甚至失效；钙离子、镁离子、氯离子可使本品吸收减少；本品有抑制茶碱代谢作用，联用可提高茶碱血药浓度，延长半衰期，导致茶碱中毒。

【注意事项】产蛋期禁用。

4. 沙拉沙星（福乐星）

【性状】类白色或微黄色结晶性粉末。无臭，味苦。在水中易溶，在甲醇中微溶。

【作用与用途】本品属于广谱杀菌药。本品主要用于细菌性和支原体性感染，如大肠杆菌、沙门菌、巴氏杆菌和葡萄球菌感染。

【用法与用量】混饮，家禽 25～50 毫克/升，连用 3～5 天。肌内注射，一次量，每千克体重，2.5～5 毫克，2 次/天，连用 3～5 天。

【药物相互作用（不良反应）】、**【注意事项】**见恩诺沙星。

5. 二氟沙星（双氟哌酸）

【性状】白色至淡黄色结晶性粉末。无臭，味苦。遇光颜色逐渐变深。在水中易溶，在甲醇中微溶。

【作用与用途】为畜禽专用的氟喹诺酮类药物。主要用于防治禽葡萄球菌病、大肠杆菌病、沙门菌病、禽霍乱和慢性呼吸道病等。

【用法与用量】粉剂，混饮（以盐酸二氟沙星计），家禽 50～100 毫克/升，连用 3～5 天；口服，5～10 毫克/千克体重，每日 2 次，连用 3～5 天。

【药物相互作用（不良反应）】

① 配伍增效。与青霉素类、头孢菌素类药物能产生协同作用；与甲氧苄啶等磺胺增效剂配伍联用可增强抗菌作用，减少耐药性。

② 配伍禁忌。与氨基糖苷类药物联用抗菌作用及毒性均增强；酰胺醇类药物、利福平可导致二氟沙星抗菌活性降低，增加不良反应；与大环内酯类、四环素类、林可胺类药物联用药效降低；与金属阳离子可发生螯合反应，影响吸收，降低疗效；抗胆碱药、抗酸剂可影响二氟沙星在肠道内的吸收。

【注意事项】产蛋期禁用。

6. 氟甲喹

【性状】白色粉末，味微苦，有烧灼感，几乎不溶于水。

【作用与用途】对革兰氏阴性菌有效，对大肠杆菌、沙门菌、克雷伯菌、巴氏杆菌、葡萄球菌、变形杆菌和假单胞菌等均有很强的抗菌作用，对支原体也有一定效果。主要用于革兰氏阴性菌所引起的畜禽消化道和呼吸道感染（包括慢性呼吸道病）。

【用法与用量】混饮（以氟甲喹计），家禽 30～60 毫克/升，连用 3～4 天。

【药物相互作用（不良反应）】、**【注意事项】**参见恩诺沙星。

四、喹噁啉类

乙酰甲喹（痢菌净）

【性状】黄色晶粉，无臭，味微苦，在水中微溶。

【作用与用途】广谱抗菌药，对多数细菌有较强的抑制作用，对革兰氏阴性菌作用更强，对密螺旋体作用尤为突出。可用于预防和治疗禽霍乱、沙门菌病等。

【用法与用量】乙酰甲喹片，口服，5～10毫克/千克体重，每日2次，连用3天；0.5%乙酰甲喹注射液，肌内注射，2.5毫克/千克体重，每日2次，连用3天；乙酰甲喹饮水剂，混饮（以乙酰甲喹计），150毫克/千克。

【药物相互作用（不良反应）】过量使用易造成生长受阻，肾上腺皮质受损，引起高钾血症，甚至出现中毒。家禽对本品较为敏感。

【注意事项】本品只能作为治疗用药，不能用作促生长。雏禽慎用。

五、硝基咪唑类

1. 甲硝唑

【性状】本品为白色或微黄色的结晶或结晶性粉末；有微臭，味苦而略咸。本品在乙醇中略溶，在水或氯仿中微溶，在乙醚中极微溶解。

【作用与用途】本品对毛滴虫有较强的杀灭作用，对球虫和阿米巴原虫也有效，对革兰氏阳性厌氧菌有良好的抗菌作用。临床上主要用于治疗禽毛滴虫病和厌氧菌所致的各种感染（如腹膜炎等），也可用于治疗球虫病、组织滴虫病等。

【用法与用量】甲硝唑片（胶囊），混饲（以甲硝唑计），家禽250克/1000千克，5～7天为1个疗程。甲硝唑注射液，混饮，家禽0.5克/升，连用7天；注射，2.5毫克/千克体重，每天2次，连用3天。可溶性粉，混饮，每100克本品加水200千克，重症加倍使用。

【药物相互作用（不良反应）】与蜂蜜、蜂胶配伍，有协同性抗菌和抗原虫作用；与抗生素配伍，可增强抗感染作用，提高疗效。

不宜与庆大霉素、氨苄西林钠直接配伍，以免药液浑浊、变黄；与土霉素合用，可减弱甲硝唑的抗滴虫效应；与氯喹联用，可出现急性肌张力障碍，两药交替应用，可治疗阿米巴肝脓肿；与西咪替丁合用，可减少甲硝唑从体内排泄；糖皮质激素可使甲硝唑血药浓度下降，联用时须加大甲硝唑剂量。

【注意事项】用量过大可出现震颤、运动失调等不良反应；后备母鸭、产蛋鸭禁用。

2. 地美硝唑（二甲硝唑）

【性状】类白色或微黄色粉末。在乙醇中溶解，在水中微溶。

【作用与用途】具有广谱抗菌和抗原虫作用，不仅能抗大肠弧菌、多型性杆菌、链球菌、葡萄球菌和密螺旋体，且能抗组织滴虫、纤毛虫、阿米巴原虫和六鞭毛虫等。临床上主要用于禽的厌氧菌感染、组织滴虫病和六鞭毛虫病。

【用法与用量】混饲（以地美硝唑计），每千克饲料 200 毫克。

【药物相互作用（不良反应）】同甲硝唑。

【注意事项】产蛋禽禁用；鸭对本品甚为敏感，剂量大会引起平衡失调等神经症状。

六、其它合成抗菌药

盐酸小檗碱（盐酸黄连素）

【性状】黄色结晶性粉末，无臭，味微苦。在热水中溶解，在水或乙醇中微溶。

【作用与用途】小檗碱为黄连及其他同属植物根茎中的主要生物碱，对痢疾杆菌、大肠杆菌、金黄色葡萄球菌等引起的肠道感染（包括细菌性痢疾）等有效；对流感病毒、某些致病性真菌及滴虫等也有抑制作用。

【用法与用量】盐酸小檗碱片和胶囊，口服，家禽每次 0.05～0.25 克。

【药物相互作用（不良反应）】与甲氧苄啶合用有协同作用；含鞣质的中药，其鞣质可与本品生成难溶性鞣酸盐沉淀，降低药效。

【注意事项】不可静脉注射，遇有结晶可温热溶解后再用；家禽连续应用以不超过 10 天为宜，产蛋禽禁用。休药期禽为 3 天。

第四节　常用抗真菌药物的安全使用

1. 制霉菌素

【性状】淡黄色粉末，有吸湿性，不溶于水，略溶于乙醇、甲醇。

【作用与用途】广谱抗真菌药。对念珠菌、曲霉菌、毛癣菌、表皮癣菌、小孢子菌、组织胞浆菌、皮炎芽生菌、球孢子菌等均有抑菌或杀菌作用。主要用于防治曲霉菌病、念珠菌病、冠癣及长期服用广谱抗生素所致的真菌性二重感染。气雾吸入对肺部霉菌感染效果好。

【用法与用量】家禽，每千克饲料添加 50 万～100 万单位，混饲连用 1～3 周。气雾用药，每立方米 50 万单位，吸入 30～40 分钟。内服，雏禽 5000～10000 单位，每日 2 次，连用 3～5 天；成年禽，每千克体重 1 万～2 万单位，每日两次。软膏剂、混悬剂（现用现配）供外用。

【注意事项】内服不易吸收，常规剂量内服或混饲，对全身性真菌感染无明显疗效。

2. 两性霉素 B

【性状】黄色至橙色结晶性粉末。不溶于水。

【作用与用途】抗深部真菌感染药。组织胞浆菌、念珠菌、皮炎芽生菌、球孢子菌等对本品敏感。对曲霉菌病和毛霉菌病亦有一定疗效。对胃肠道、肺部真菌感染宜用内服或气雾吸入，以提高疗效。

【用法与用量】注射用两性霉素 B 粉针，每瓶 5 毫克、25 毫克和 50 毫克，饮水，每日每只 0.1～0.2 毫克。气雾用药，25 毫克/米^3，吸入 30～40 分钟。

【药物相互作用（不良反应）】本品与氨基糖苷类抗生素、氯化钠等合用药效降低，与利福平合用疗效增强。

【注意事项】本品对光热不稳定，应于 15℃ 以下保存；肾功能不全者慎用。

3. 克霉唑（三苯甲咪唑，抗真菌1号）

【性状】白色结晶性粉末。难溶于水。

【作用与用途】广谱抗真菌药。内服适用于治疗各种深部真菌感染，如白色念珠菌病、烟曲霉菌病、真菌性败血症；外用治疗各种浅表真菌病也有良效。

【用法与用量】片剂，每片0.25克、0.5克；软膏，1%、3%；癣药水，8毫升（含0.12克）。拌料，每只每次，雏鸭10～20毫克，雏鹅5～10毫克，每日2次，连用3天。成年禽，每千克体重10～20毫克，每日2次。软膏剂和水剂供外用，前者每天1次，后者每天2～3次。

【药物相互作用（不良反应）】内服对胃肠道有刺激性。

【注意事项】内服易吸收，不易产生抗药性，毒性小，应用价值较高。

4. 伊曲康唑（依他康唑）

【性状】白色结晶性粉末。难溶于水。

【作用与用途】广谱抗真菌药物，对浅部和深部真菌均有明显抑制作用。内服吸收良好，因脂溶性高，在肺、肾等脏器中浓度较高。治疗禽白色念珠菌病及曲霉菌病。

【用法与用量】混饲，每千克饲料，20～40毫克。内服，一次量，2～5毫克/千克体重，每日2次，连用7～10天。

5. 氟康唑

【作用与用途】新型的广谱抗真菌药，对白色念珠菌、烟曲霉菌均有较强抑制作用，对酮康唑治疗无效的病例仍然有效。适用于治疗禽念珠菌病、烟曲霉菌病及禽冠癣。

【用法与用量】混饲：每千克饲料，禽20毫克（治疗念珠菌病），连用1～2周；40毫克（治疗烟曲霉菌病，首日用量加倍），连用5天。

【注意事项】内服易吸收，不易产生抗药性，毒性小，应用价值较高。

第三章

抗寄生虫药物的安全使用

第一节　抗寄生虫药物的概述及安全使用要求

一、抗寄生虫药物的概述

抗寄生虫药物是指用来驱除或杀灭动物体内外寄生虫的物质。抗寄生虫药物种类见图3-1。

抗寄生
虫药物 →
抗蠕虫药　驱线虫药　驱绦虫药　驱吸虫药
抗原虫药　抗球虫药　抗锥虫药　抗梨形虫药　抗滴虫药
杀虫药　有机磷类杀虫剂　拟除虫菊酯类杀虫剂　大环内酯类杀虫药　其它杀虫药

图 3-1 抗寄生虫药物的种类

二、抗寄生虫药物的安全使用要求

1. 准确选择药物

理想的抗寄生虫药应具备安全、高效、价廉、适口性好、使用方便等特点。目前，虽然尚无完全符合以上条件的抗寄生虫药，但仍可根据药品的供应情况、经济条件及发病情况等，选用比较理想的药物来防治寄生虫病。在应用过程中，不仅要了解寄生虫的种类、发育阶段、寄生部位、季节动态、感染强度和范围，而且还要了解药物的理化性状，体内过程，毒、副作用，以及鸭的品种、性别、日龄、营养和体质状况等。总之，必须注意掌握药物、寄生虫和宿主三者之间的关系，根据禽群、禽体状况和寄生虫病的特点，危害程度及本地区、本禽场的具体条件，合理选择和使用适宜的抗寄生虫药物，采用适宜的剂型、剂量、给药方法和疗程，才能收到最佳的防治效果。

2. 选择适宜的剂型、给药途径和剂量

由于抗虫药的毒性较大，为提高驱虫效果、减轻毒性和便于使用，应根据动物的年龄、身体状况确定适宜的给药剂量，兼顾既能有效驱杀虫体，又不引起宿主动物中毒这两方面。如消化道寄生虫可选用内服剂型，消化道外寄生虫可选择注射剂，体表寄生虫可选外用剂型。一般来说，抗寄生虫药物对宿主机体都有一定的毒性，如果用药不当，便可能引起畜禽的中毒，甚至死亡。因此，在使用抗寄生虫药物时，必须十分注意药物剂量不能过大，疗程不可过长。尤其是使用毒性较大、安全范围较小的药物时，更须准确掌握混入饲料或饮水中的药物浓度，确保药物混合均匀，以免部分禽只食入或饮入药物过多而引起中毒和死亡。即使对安全范围较大的药物或在多种现场应用后认为安全的常规用药，在进行大规模驱虫前，也需在禽群中选出少数禽先做驱虫试验，观察用药安全效果，以防止大批禽只用药后中毒或死亡。

3. 做好相应准备工作

驱虫前做好药物、投药器械（注射器、喷雾器等）及栏舍的清理等准备工作；在对大批畜禽进行驱虫治疗或使用数种药物混合感染之前，应先对少数畜禽预试，注意观察反应和药效，确保安全有效后再全面使用。此外，无论是大批投药，还是预试驱虫，均应了解驱虫药物特性，备好相应解毒药品。在使用驱虫药的前后，应加强对畜禽的护理观察，一旦发现体弱、患病的畜禽，应立即隔离、暂停驱虫；投药后发现有异常或中毒的畜禽应及时抢救；要加强对畜禽粪便的无害化处理，以防病原扩散；搞好畜禽圈舍清洁、消毒工作，对用具、饲槽、饮水器等设施定期进行清洁和消毒。

4. 适时投药

禽的寄生虫病主要有原虫病（危害严重的是球虫病，另外有各种

住白细胞虫病、隐孢子病、毛滴虫病等）、蠕虫病（线虫病、绦虫病）和体外寄生虫病。几乎所有抗球虫药物的作用峰期都在球虫发育的第一或第二无性繁殖周期，极少有药物是主要抑制有性周期的。待禽只出现血便等症状时，球虫基本完成了无性生殖而开始进入有性生殖阶段，此时用药只能保护未出现明显症状或未感染的禽，而对出现严重症状的病禽，却很难收到效果。所以，为了避免球虫病的发生，应该在育雏育成阶段使用抗球虫药物进行预防。住白细胞虫病的发生，具有一定的季节性，在炎热季节到来之前应做好药物预防；抗蠕虫药物使用可分为治疗性和预防性驱虫。当发生寄生虫病时可以使用药物进行紧急驱虫，为防止发生，每年在一定时间内进行 1～2 次驱虫。

5. 避免抗寄生虫药物产生耐药性

小剂量或低浓度反复使用或长期使用某种抗寄生虫药物，虫体对该药产生耐药性，甚至对药物结构相似或作用机理相同的同类药物产生交叉耐药性，使驱虫、杀虫效果降低或无效。因此，在防治禽寄生虫病的实际工作中，除精确计量用药剂量或浓度外，应经常更换或交替使用不同类型的抗寄生虫药物，以避免寄生虫耐药性的产生。如球虫对所有的抗球虫药物均可产生耐药性，有些还发生交叉耐药现象。在具体应用中，为了防止耐药性的产生，可以采用以下几种给药方案：一是轮换用药。即季节性地或定期地合理变换用药，如每隔 3～6 个月或在一个肉鸭的饲养期结束后，改换一种抗球虫药。二是穿梭用药。即在同一个饲养期内，反复更换抗球虫药，至少每 6 个月更换抗球虫药 1 次。在轮换或穿梭用药时，一般先使用作用于第一代裂殖体的药物，再换用作用于第二代裂殖体的药物，这样不仅可减少或避免耐药性的产生，而且可提高药物的防治效果。在更换药物时，不能换用属于同一化学结构类型的抗球虫药，也不要换用作用峰期相同的药物。此外，在换用磺胺类药物时，必须慎重，因为从不含磺胺的饲料换用含磺胺饲料时，经常发生中毒现象。三是联合用药。即在同一个饲养期内合用 2 种或 2 种以上抗球虫药物，通过药物间的协同作用，既可延缓耐药虫株的产生，又可增强药效和减少用量。

6. 注意药物的配伍

有些抗寄生虫药物与其他药物存在配伍禁忌，如莫能霉素、盐霉素禁止与泰妙菌素、竹桃霉素并用，否则会造成禽只生长发育受阻，甚至中毒死亡。

7. 严格控制休药期，密切注意药物在肉、蛋中的"残留量"

鸭生产的产品为人们提供肉、蛋食品，但有些抗寄生虫药物残留于肉、蛋中，或使肉、蛋产品产生异味，不宜食用，或残留、蓄积于肉、蛋中的药物被人摄入后，危害人体健康，造成严重公害。因此，为了保证人体健康，不少国家已制定允许残留标准和休药期。不同抗寄生虫药在禽体内的分布和在肉、蛋产品中的残留量及其维持时间长短不同，我国目前虽然尚无有关规定，但本着对人民健康负责的原则和为满足今后养禽业的发展需要，对应用抗寄生虫药物的禽群，严格按照休药期要求停止用药；产蛋禽应投喂安全的、最低药量的药物，禁用的药物一定不能使用。

第二节　抗原虫药物的安全使用

一、聚醚类抗生素

1. 莫能霉素

【性状】结晶粉末。性质稳定。难溶于水，易溶于醇、氯仿等有机溶剂。在酸性介质中易失活，在碱性介质中稳定。

【作用与用途】广谱抗球虫药，对球虫均有抑制作用。主要作用于球虫第一代裂殖体，作用峰期在感染后第二天。

【用法与用量】混饲给药（以莫能霉素计），每 1000 千克饲料，禽 100～125 克，连用 1～2 个月。

【药物相互作用（不良反应）】本品与酰胺醇类（氯霉素类）、磺胺类、多黏菌素、亚硒酸钠等药物有配伍禁忌，不能联用。禁止与地美硝唑、泰乐菌素、泰妙菌素和竹桃霉素同时使用，否则有中毒危险。也不宜与其他抗球虫药物合用，因合用后常使毒性增强。

【注意事项】产蛋期禁用。屠宰动物的休药期为 3 天。

2. 拉沙菌素（拉沙洛西）

【性状】白色粉末，具有特殊臭味，熔点 165～171℃，不溶于水，易溶于甲醇和乙醚等有机溶剂。遮光、密闭保存。

【作用与用途】作用机理与莫能霉素相似，但具有不同的离子亲和力，可接受二价阳离子以及单价阴离子。对多种球虫有效，其中对柔嫩艾美耳球虫作用最强，对毒害艾美耳球虫和堆型艾美耳球虫作用弱些。

【用法与用量】混饲（以拉沙洛西计），禽 75～125 克/1000千克。

【药物相互作用（不良反应）】本品可与泰妙菌素、红霉素、竹桃霉素和磺胺类药物联合应用，具有协同作用。与亚硒酸钠-维生素 E、维生素 AD_3、维生素 B_1、维生素 B_{12} 和维生素 C 联用可降低毒性。禁与其他抗球虫药物联用；饲料中药物浓度超过 150 毫克/千克（以拉沙洛西计），会导致生长抑制和中毒。

【注意事项】产蛋期连续饲喂本品一周，在禽蛋中可出现残留，故禁用于产蛋群。拌料时应注意防护，避免本品与眼、皮肤接触。严格按规定浓度使用。

二、化学合成类抗球虫类药物

1. 地克珠利

【性状】本品为淡黄色粉末，无味，几乎不溶于水，在乙醇、乙醚中的溶解度极差，可溶于二甲基酰胺、二甲基亚砜和四氢呋喃。对光不稳定。

【作用与用途】广谱、高效、低毒的抗球虫药。对鸭球虫的防治效果明显优于其他抗球虫药。本品药效期较短，停药一天，抗球虫作用明显减弱，两天后作用基本消失，因此必须连续用药以防球虫病再度暴发。其作用峰期可能在子孢子和第一代裂殖体早期阶段。兼具促生长和提高饲料利用率的作用。

【用法与用量】混饲连用，鸭每 1000 千克饲料中添加 1 克。混饮，每千克水，0.5～1 毫克（以地克珠利计）。

【药物相互作用（不良反应）】本品对鸡、火鸡、鸭、珍珠鸡、鹌鹑都很安全，治疗浓度均未发生不良反应。

【注意事项】由于用药浓度极低，因此，药料必须充分拌匀。由于本品较易引起球虫的耐药性，甚至交叉耐药性（妥曲珠利），所以，连续应用不得超过 6 个月。轮换用药时亦不宜应用同类药物，如妥曲珠利。

2. 妥曲珠利（百球清）

【性状】澄明黏稠无色或淡黄色液体。性质稳定，在水中的稳定性可维持 48 小时以上。

【作用与用途】广谱、高效抗球虫新药。能有效地杀灭家禽的大多数球虫，并可激发禽体的免疫系统，增强对球虫的免疫力。对球虫的三个发育阶段均有作用，防治效果较好。临床上主要作治疗用药，对鸡、火鸡、鸭、鹅、鸽、兔等畜禽球虫病均有极好的治疗效果，对住肉孢子虫、弓形虫亦有活性。本品在饮水中 48 小时保持稳定。

【用法与用量】混饮（以妥曲珠利计），鸭 25 毫克/升，连用 2 天；妥曲珠利口服液，每 250 毫升兑水 500 千克，稀释饮用，连用 3～5 天。预防量减半。

【药物相互作用（不良反应）】本品与聚醚类抗生素有互补作用；可与所有饲料添加剂及药物合用。

【注意事项】治疗使用时，一般用药 2 天。药物稀释后，须在 48 小时内使用。禽的休药期为 8 天。

3. 氨丙啉

【性状】其盐酸盐为白色粉末至黄褐色结晶粉末，略带酸味，无臭，易溶于水，可溶于乙醇，不溶于氯仿。稍有吸湿性，在室温下储藏 60 天，活性降低 80％。

【作用与用途】本品抗球虫范围不广，与其他抗球虫药合用效果较好。其作用峰期在感染后第 3 天，即主要作用于第一代裂殖体，阻止其形成裂殖子，且对有性周期和子孢子有一定程度的抑制作用。可用于预防和治疗球虫病。

【用法与用量】预防给药浓度为 40～250 毫克/千克，常用 100 毫克/千克，可加入饲料或饮水中投服。治疗给药浓度可采取 250～500 毫克/千克，先连用 1～2 周，然后减半连用 2～4 周。

【药物相互作用（不良反应）】禁止与尼卡巴嗪及聚醚类抗生素如

海南霉素、拉沙洛西等联用。本品多与乙氧酰胺苯甲酯、磺胺喹噁啉等并用，可增强疗效。

由于氨丙啉与硫胺素（维生素 B_1）结构相似，因而能抑制球虫的硫胺代谢而发挥抗球虫作用，若用药浓度过高亦能引起雏鸭维生素 B_1 缺乏症而表现多发性神经炎，增喂维生素 B_1 虽可使鸭群康复，但亦影响氨丙啉的抗球虫活性。

【注意事项】产蛋期禁用。休药期，肉禽 7 日。

4. 尼卡巴嗪（球虫净）

【性状】淡黄色至褐黄色粉末，无臭，无味，不溶于水、乙醇、氯仿和乙醚，微溶于二甲基甲酰胺。在稀酸中很快分解。

【作用与用途】对禽球虫有良好的预防效果。其作用峰期在感染后第 4 天，即对第二代裂殖体作用最强，其杀球虫作用比抑制球虫的作用更强。此外，对氨丙啉表现耐药性的球虫用尼卡巴嗪仍然有效。

【用法与用量】尼卡巴嗪预混剂混饲（以尼卡巴嗪计），125 克/1000 千克；尼卡巴嗪、乙氧酰胺苯甲酯预混剂混饲（以本预混剂计），125 克/1000 千克。

【药物相互作用（不良反应）】本品与乙氧酰胺苯甲酯联用可增强疗效；与甲基盐霉素联用，可提高热应激时肉禽的死亡率。与二甲硫胺、氨丙啉、常山酮、磺胺喹噁啉、二硝托胺、氯羟吡啶、氯苯胍和聚醚类抗生素如海南霉素、拉沙洛西等药物存在配伍禁忌。

【注意事项】禁用于产蛋禽、种禽和幼雏。高热季节不宜使用。

5. 氯苯胍

【性状】本品为白色或淡黄色粉末。无臭，味苦，遇光后颜色逐渐变深。本品在乙醇中略溶，在氯仿中极微溶，在水和乙醚中几乎不溶。盐酸氯苯胍为白色或微黄色结晶粉末，具有不愉快的特异氯臭味。

【作用与用途】具有疗效高、毒性小、适口性好等特点，对急性或慢性球虫病均有良好效果。作用峰期在感染后第 2～3 天，即主要对第一代裂殖体有抑制作用，对第二代裂殖体、子孢子亦有作用，并可抑制卵囊发育。但个别球虫在氯苯胍存在情况下仍能继续生长达

14 天之久，因而过早停药易致球虫病复发。

【用法与用量】片剂口服，禽 10～15 毫克/千克体重。预混剂混饲（以盐酸氯苯胍计），禽类预防用量为 30 克/1000 千克，治疗用量为 60 克/1000 千克。预防时连用 1～2 个月，治疗时连用 3～7 天，以后改预防量予以控制。

【药物相互作用（不良反应）】本品禁止与尼卡巴嗪及聚醚类抗生素如海南霉素、拉沙洛西等联用；与磺胺二甲嘧啶和乙胺嘧啶合用，以降低异臭，提高疗效。

【注意事项】本品毒性较小，安全范围大。长期使用本品，可使部分禽肉和蛋含有异味，故产蛋期禁用，宰前应停药 5～7 天。

6. 磺胺喹噁啉

【性状】淡黄色粉末。无臭。难溶于水，其钠盐易溶于水。

【作用与用途】磺胺类药物，具有抗菌和抗虫的双重作用。磺胺喹噁啉钠的抗球虫机理主要是作用于球虫的无性繁殖期，抑制第二代裂殖体的发育，作用峰期在感染后第 4 天。本品能有效对抗肠球虫，减少卵囊的产生，并增强禽的免疫力，减轻感染的严重性，降低死亡率。主要用于治疗禽的球虫病及白冠病（住白细胞原虫病）、大肠杆菌病、霍乱、伤寒引起的精神沉郁、羽毛蓬松、闭目缩颈、呆立一侧、食欲减退、渴欲增加等。

【用法与用量】预混剂，混饲（以本预混剂计），禽 500 克/1000 千克；磺胺喹噁啉钠可溶性粉，混饮（以本可溶性粉计），禽 3～5 克/升；复方磺胺喹噁啉钠可溶性粉，混饮（以本可溶性粉计），禽 0.4 克/升。常采用间歇投药法，即连续用药 3 天，停药 2 天，再连用 3 天。球克，混饮，治疗球虫病时每 100 克兑水 200 千克，每天 1～2 次，连用 3～5 天，集中饮用，效果更佳；或混饲，治疗球虫病时每 100 克拌料 150 千克，每天 2 次，连用 3～5 天。

【药物相互作用（不良反应）】本品与乙氧酰胺苯甲酯、氨丙啉、二氨嘧啶类合用时，抗球虫作用增强。与盐霉素、尼卡巴嗪不宜联用。其他参见磺胺类药物的临床配伍应用。

【注意事项】连续应用不得超过 5 天；产蛋期和 16 周龄以上种禽禁用。

7. 磺胺氯吡嗪

【性状】白色或淡黄色粉末。无味。难溶于水，其钠盐易溶于水。

【作用与用途】其作用特点与磺胺喹噁啉相同，但具有更强的抗菌作用，且其毒性较磺胺喹噁啉小。主治禽暴发性球虫病及继发性肠炎、血痢、禽霍乱、伤寒等。

【用法与用量】本品 100 克混于 180 千克水中用于治疗；球虫绝，混饮，100 克兑水 300～500 千克，连用 3～5 天，或拌料，100 克拌料 200～300 千克，连用 3～5 天。

【药物相互作用（不良反应）】禁止与酸性药物混饮。其他参见磺胺喹噁啉的临床配伍应用。

【注意事项】本品按推荐饮水浓度连续饮用不得超过 5 天，不得作为饲料添加剂长期使用。禁用于 16 周龄以上禽群和产蛋群。

第三节　抗蠕虫药物的安全使用

一、驱线虫药

1. 依维菌素

【性状】白色结晶性粉末。无臭，无味。几乎不溶于水，溶于甲醇、乙醇、丙酮等溶剂。

【作用与用途】具有广谱、高效、低毒、用量小等优点。对家畜蛔虫、蛲虫、旋毛虫、钩虫、肾虫、心脏丝虫、肺线虫等均有良好的驱虫效果；主要用于禽胃肠线虫病和体外寄生虫病的治疗。

【用法与用量】可皮下注射、内服、灌服、混饲或沿背部浇注，按 0.2 毫克/千克体重。必要时间隔 7～10 天，再用药 1 次。

【药物相互作用（不良反应）】禽类可见死亡、昏睡或食欲减退。剂量过大可引起中毒，无特效解毒药，阿托品能缓解症状。

2. 阿维菌素

【性状】白色或淡黄色结晶性粉末，无味。在醋酸乙酯、丙酮、氯仿中易溶。在甲醇、乙醇中略溶，在正己烷、石油醚中微溶，在水中几乎不溶。熔点 157～162℃。

【作用与用途】、【用法与用量】、【药物相互作用（不良反应）】见依维菌素。

【注意事项】阿维菌素的毒性较依维菌素稍强，敏感动物慎用。

3. 左旋咪唑

【性状】白色结晶性粉末。易溶于水。在碱性水溶液中易水解失效，应密封保存。

【作用与用途】广谱、高效、低毒驱线虫药，临床上广泛用于驱除各种畜禽消化道和呼吸道的多种线虫成虫和幼虫及肾虫、心丝虫、脑脊髓丝虫、眼虫等，效果良好，并具有明显的免疫增强作用。

【用法与用量】内服、混饲、饮水、皮下或肌内注射、皮肤涂擦、点眼给药均可，依药物剂型和治疗目的不同选择用法。不同剂型、不同给药途径的驱虫效果相同。内服，家禽 20～40 毫克/千克体重，饮水或拌料，一次量；皮下注射或肌内注射，25 毫克/千克体重。

【药物相互作用（不良反应）】与环丙沙星合用可以提高后者体内抗菌活性。小剂量口服，可以提高疫苗的免疫效果；与抗真菌类药物联用，可增强疗效。本品与含乙醇的药物合用，会导致严重的不良反应。

【注意事项】内服安全范围大，注射给药易中毒，中毒时可用阿托品解毒。

4. 甲苯达唑（甲苯咪唑）

【性状】白色或微黄色粉末。无臭。不溶于水，易溶于甲酸和乙酸。

【作用与用途】广谱驱蠕虫药，对各种消化道线虫、旋毛虫和绦虫均有良好的驱除效果，较大剂量对肝片形吸虫亦有效。用于治疗家禽的线虫病和绦虫病。

【用法与用量】家禽 30～100 毫克/千克体重，一次内服；混饲按 0.125% 浓度，连用 3 天。

【药物相互作用（不良反应）】常用量不良反应较轻，少数有头昏、恶心、腹痛、腹泻。大剂量偶致变态反应、中性粒细胞减少、脱发等。个别病例服药后因蛔虫游走而造成吐虫，同时服用噻嘧啶或改用复方甲苯咪唑可避免。

【注意事项】肝脏、肾脏功能不良的禽禁用。

5. 丙硫咪唑（阿苯达唑，抗蠕敏）

【性状】白色或浅黄色粉末。无臭，无味。不溶于水，易溶于冰醋酸。

【作用与用途】广谱、高效、低毒驱蠕虫药，对多种动物的各种线虫和绦虫均有良好效果，对绦虫卵和吸虫亦有较好效果，对棘头虫亦有效。用于禽类绦虫、线虫和吸虫的治疗。

【用法与用量】粉剂、片剂可内服或混饲，粉剂亦可配成灭菌油悬液肌内注射。内服，禽20～30毫克/千克体重。

【药物相互作用（不良反应）】吡喹酮与本品联用，可提高本品在血浆中的浓度；副作用轻微而短暂，少数有口干、乏力、腹泻等，可自行缓解。长期用药可提高血浆转氨酶浓度，偶致黄疸。有胚胎毒和致畸作用，孕畜禁用。肝、肾功能不全，溃疡病畜慎用。

【注意事项】该药对马裸头绦虫、姜片形吸虫和细颈囊尾蚴无效。

6. 枸橼酸哌嗪（驱蛔灵）

【性状】白色结晶状粉末或半透明结晶性颗粒，无臭，味酸，微有吸湿性。在水中易溶，在甲醇中极微溶解，在乙醇中不溶。

【作用与用途】窄谱驱线虫药物，对禽类蛔虫、鹅裂口线虫有效，主要用于治疗禽类蛔虫病。

【用法与用量】枸橼酸哌嗪片，口服，家禽0.25克/千克体重。

【注意事项】硫双二氯酚、左旋咪唑与本品联用有协同作用；哌嗪的各种盐制剂给畜禽混饮或混饲时，必须在8～12小时内用完。

7. 氧苯达唑（奥苯达唑、丙氧苯咪唑）

【性状】白色或类白色结晶粉末，无臭，无味，在甲醇、乙醇、三氯甲烷中微溶，在水中不溶，在冰醋酸中溶解。

【适应证】高效、低毒、窄谱的苯并咪唑类驱虫药，主要对胃肠道线虫有高效，对禽蛔虫的成虫、幼虫及异刺线虫有效率接近100%，对卷棘口吸虫的效果也很好，但对钩状唇旋线虫、毛细线虫无效。临床上用于防治家禽胃肠道线虫病。

【制剂与规格】氧苯达唑片。25毫克/片，50毫克/片，100毫克/片。

【用法与用量】口服，家禽35～40毫克/千克体重。

【注意事项】对噻苯达唑耐药的蠕虫，可能对本品存在交叉耐药性。临床上配伍应用参见丙硫咪唑。

二、驱绦虫药

1. 吡喹酮

【性状】本品为白色或类白色结晶性粉末，味苦，微溶于水，溶于乙醇、氯仿等有机溶剂。密封保存。

【作用与用途】广谱、高效、低毒驱蠕虫药。对各种动物的大多数绦虫成虫和未成熟虫体均具有良好的驱杀效果；对各种血吸虫病、矛形双腔吸虫病等也有较好的疗效。

【用法与用量】内服，驱绦虫，家禽20毫克/千克体重。

【药物相互作用（不良反应）】本品与阿苯达唑合用时，血药浓度降低；毒性虽极低，但高剂量偶可使动物血清谷丙转氨酶轻度升高；治疗血吸虫病时，个别会出现体温升高、肌震颤和瘤胃膨胀等现象。

2. 硫双二氯酚（别丁）

【性状】白色或灰白色结晶粉末。略有酚味。难溶于水，可溶于乙醇等有机溶剂。

【作用与用途】对畜禽的多种绦虫和吸虫（包括胆道吸虫）均有很好的驱除效果，是一种广泛应用的驱虫药。

【用法与用量】每千克体重50～60毫克均匀拌入饲料中，一次服用。

【注意事项】禽对本品敏感性差。剂量大时，部分家禽会出现腹泻、精神沉郁、产蛋下降等，停药几天后可逐渐消失。

3. 氯硝柳胺（灭绦灵、育米生）

【性状】淡黄色粉末，无味，在乙醇、三氯甲烷或乙醚中溶解，几乎不溶于水。

【作用与用途】口服不易吸收，在肠道中可保持较高浓度。对禽多种绦虫和部分吸虫（如棘口吸虫）有效，能驱除绦虫头节和体节。死亡虫体与肠壁脱离后随粪便排出，常被肠道蛋白酶分解，难于检出完整的虫体。

【用法与用量】口服，60～120毫克/千克体重，均匀拌料，一次喂服。

【注意事项】使用时注意在给药前应禁食12小时；本品可以与噻苯达唑合用，毒性小，安全范围广，但对鱼类毒性强。

第四节　杀虫药物的安全使用

1. 氰戊菊酯

【性状】浅黄色结晶。难溶于水，易溶于二甲苯等多数有机溶剂，对光稳定。

【作用与用途】接触毒杀虫剂，兼有胃毒和杀卵作用。对蜱、螨、虱、蚤、蚊、蝇等畜禽体外寄生虫均有良好杀灭作用，属高效、广谱拟除虫菊酯杀虫剂。

【用法与用量】治疗禽膝螨病，用1000～2500倍液；灭疥螨、痒螨、皮蝇蛆、蝇用500～1000倍液；灭硬蜱、软蜱、蚊、蚤用2500～5000倍液；灭刺皮螨、虱用4000～5000倍液。以药浴法、喷洒法、患部涂擦法施药均可。一般用药1～2次，间隔7～10天。

【药物相互作用（不良反应）】忌与碱性药物配合使用或同用。对黏膜有轻微刺激作用，接触时表现鼻塞、流涕、流泪、口干等不适，但短时间内可自行恢复。

【注意事项】用水稀释本药时，水温超过25℃药效降低，超过50℃则失效。配制的药液可保持2个月效力不降。

2. 溴氰菊酯

【性状】白色结晶粉末。无味。难溶于水，易溶于有机溶剂。

【作用与用途】与氰戊菊酯相似。对杀灭畜禽体外各种寄生虫均有良好效果，而且对蟑螂、蚂蚁等害虫有很强的杀灭作用。

【用法与用量】2.5%溴氰菊酯乳油剂，防治硬蜱、疥螨、痒螨，可用 250～500 倍稀释液；灭软蜱、虱、蚤用 500 倍液，用水稀释后喷洒、药浴、直接涂擦均可，隔 8～10 天再用药 1 次，效果更好。2.5% 可湿性粉剂，多用于滞留喷撒灭蚊、蝇等多翅目昆虫，按 10～15 毫克/米^2 喷撒畜禽笼舍及用具、墙壁等，灭蝇效力可维持数月，灭蚊等效果可维持 1 个月左右。

【药物相互作用（不良反应）】、【注意事项】同氰戊菊酯。

3. 氯菊酯

【性状】无色结晶。稍具芳香味。难溶于水，易溶于有机溶剂，在碱性溶液中易分解失效。

【作用与用途】与氰戊菊酯相同。对畜禽各种体外寄生虫均有杀灭作用，具有广谱、高效、击倒快、残效长等特点。

【用法与用量】10% 乳油剂。杀灭畜禽体虱、蚤，用水稀释 1000～2000 倍喷洒，或用 2 万～4 万倍液洗浴；防治疥螨、痒螨用 500～1000 倍液喷洒、药浴或局部涂擦，一般用药后 10～15 天再用 1 次；环境喷洒灭蚊、蝇等用 2000～3000 倍液。

【药物相互作用（不良反应）】、【注意事项】同氰戊菊酯。

4. 敌百虫

【性状】纯品为白色结晶性粉末，溶于水、氯仿，不溶于汽油。

【作用与用途】广谱驱虫杀虫药，可用于驱除家畜消化道线虫和体外寄生虫。外用为杀虫药，可用于杀灭蝇蛆、螨、蜱、虱、蚤等。

【用法与用量】0.1%～0.15% 浓度，喷洒，杀蜱、虱、蚤、蚊、蝇等昆虫。0.1%～0.15% 浓度浸洗外部杀螨。

【药物相互作用（不良反应）】忌与碱性药物、禁与胆碱酯酶抑制药配伍应用，否则毒性大为增强。

【注意事项】家禽对敌百虫敏感，易中毒，应慎用，绝对不能内服驱虫。若发生中毒，可用阿托品解毒。

5. 甲基吡啶磷

【性状】白色或类白色结晶性粉末，有特臭，微溶于水。

【作用与用途】高效、低毒的新型有机磷杀虫药，主要以胃毒为主，兼有触杀作用，能杀灭苍蝇、蟑螂、蚂蚁、跳蚤、臭虫及部分昆虫的成虫。主要用于杀灭禽舍等处的成蝇，也用于居室、餐厅等灭蝇、灭蟑螂。

【用法与用量】甲基吡啶磷可湿性粉（含甲基吡啶磷 10% 和诱致剂 0.05%），用水配成 10% 混悬液，每平方米地面、墙壁、天花板等处喷洒 50 毫升；1% 甲基吡啶磷颗粒剂，每平方米取本品 2 克，用水湿润后撒布于成蝇、蟑螂聚集处。

【注意事项】本品对眼有轻微刺激性，喷洒时须注意。加水稀释后应当日用完。混悬液停放 30 分钟后，宜重新搅拌均匀再用。对人、畜的毒性较大，易被皮肤吸收发生中毒，使用时应慎重。

第四章
中毒解救药物的安全使用

第一节　概述

中毒解救药也为解毒药，是指在物理与化学性质上或药理作用上能阻止毒物吸收、降低毒物毒性、除去附着于体表或胃肠内的毒物、对抗毒物毒性的药物。主要种类见表4-1。

表 4-1　中毒解救药的种类

分类	特点
根据作用特点及疗效	非特异性解毒药：用以阻止毒物继续被吸收和促进其排出的药物，如吸附药、泻药和利尿药。非特异性解毒药对多种毒物或药物中毒均可应用，但由于不具特异性，且效能较低，仅用作解毒的辅助治疗
	特异性解毒药：本类药物可特异性地对抗或阻断毒物或药物的效应，而本身并不具有与毒物相反的效应。特异性强，如能及时应用，则解毒效果好，在中毒的治疗中占有重要地位
根据毒物或药物的性质	金属络合剂、胆碱酯酶复活剂、高铁血红蛋白还原剂、氰化物解毒剂和其他解毒剂

鸭的中毒是由于食入了变质、劣质或毒性饲料以及饮水引起的一类疾病，规模化养鸭中虽不及传染病和代谢病多见，但也是常见的一类疾病。由于引起中毒的原因多样而复杂，因此在采取急救措施时要查找直接原因，并及时采取措施防止毒物继续进入体内、阻止毒物进一步吸收、加速毒物排出。尽早采用特效解毒药，并配合非特效解毒

药进行对症治疗、缓解症状。

第二节　特效解毒药物的安全使用

一、有机磷酸酯类中毒解毒药

1. 阿托品

【性状】无色结晶或白色结晶性粉末，无臭，极易溶于水，易溶于乙醇。

【作用与用途】具有解除平滑肌痉挛、抑制腺体分泌等作用，可用于胃肠平滑肌痉挛和有机磷中毒的解救等。

【用法与用量】皮下注射，0.5毫克/次；内服，每只 0.1～0.25 毫克，必要时根据病情加大剂量。

【注意事项】愈早用药效果愈好。

2. 碘磷定（解磷定）

【性状】黄色颗粒状结晶或晶粉。无臭，味苦，遇光易变质。可溶于水。

【作用与用途】本品为胆碱酯酶复活剂。碘磷定具有强大的亲磷酸酯作用，能将结合在胆碱酯酶上的磷酰基夺过来，恢复酶的活性。碘磷定亦能直接与体内游离的有机磷结合，使之成为无毒物质由尿排出，从而阻止游离的有机磷继续抑制胆碱酯酶。可用于有机磷农药中毒。

【用法与用量】肌内注射，每只鸭 35～45 毫克。

【药物相互作用（不良反应）】在碱性溶液中易水解成氰化物，具剧毒，忌与碱性药物配合注射。

【注意事项】本品用于解救有机磷中毒时，中毒早期疗效较好，若延误用药时间，磷酰化胆碱酯酶老化后则难以复活。治疗慢性中毒无效。本品在体内迅速分解，作用维持时间短，必要时 2 小时后重复给药；抢救中毒或重度中毒时，必须同时使用阿托品。

二、重金属及类金属中毒解毒药

二巯基丙醇

【性状】无色易流动的澄明液体，极易溶于乙醇，在水中溶解，不溶于脂肪。

【作用与用途】能与金属或类金属离子结合，形成无毒、难以解离的络合物由尿排出。主要用于解救砷、汞、锑的中毒，也用于解救铋、锌、铜等中毒。

【用法与用量】肌内注射，一次量，$2.5\sim5.0$ 毫克/千克体重。

【药物相互作用（不良反应）】与硒、铁形成的络合物，对肾脏的毒性比这些金属本身的毒性更大，故禁用于硒、铁中毒。

【注意事项】本品虽能使抑制的巯基酶恢复活性，但也能抑制机体的其他酶系统（如过氧化氢酶、碳酸酐酶等）的活性和细胞色素 C 的氧化率，而且其氧化产物又能抑制巯基酶，对肝脏也有一定的毒害。局部用药具有刺激性，可引起疼痛、肿胀。这些缺点都限制了二巯基丙醇的应用。

三、有机氟中毒解毒药

解氟灵（乙酰胺）

【性状】白色结晶性粉末，无臭，可溶于水。

【作用与用途】为氟乙酰胺（一种有机氟杀虫农药）、氟乙酸钠中毒的解毒剂，具有延长中毒潜伏期、减轻发病症状或制止发病的作用。其解毒机制可能是由于本品的化学结构和氟乙酰胺相似，故能竞争夺取某些酶（如酰胺酶）使不产生氟乙酸，从而消除氟乙酸对机体三羧酸循环的毒性作用。

【用法与用量】肌内注射，一次量，0.1 克/千克体重。

【注意事项】本品酸性强，肌注时有局部疼痛，可配合应用普鲁卡因或利多卡因，以减轻疼痛；使用越早效果越好，剂量要足够。

四、氰化物中毒解毒药

硫代硫酸钠（大苏打）

【性状】无色透明的结晶或晶粉，无臭、味咸。极易溶于水，水溶液显微碱性。不溶于乙醇。

【作用与用途】本品在体内可分解出硫离子，与体内氰离子结合形成无毒且较稳定的硫氰化物由尿排出。但作用较慢，常与亚硝酸钠或亚甲蓝配合，解救氰化物中毒。

【用法与用量】肌内注射，每只 0.32 克。常配成 10％浓度应用。

【注意事项】用于重金属中毒，疗效不如二巯基丙醇，用于氰化物中毒与亚硝酸盐配合疗效好。

第三节　非特效解毒药物的安全使用

非特效解毒药作用广泛，可用于多种毒物中毒，但无特效解毒作用，疗效低，多作辅助治疗。常用的药物如表 4-2。

表 4-2　常用非特效解毒药物

名称	用法
葡萄糖注射液	5％～10％的低渗溶液可经嗉囊（食管膨大部）或泄殖腔注射,每只鸭 30～50 毫升;25％高渗溶液可经腹腔注射,每只 8～15 毫升,可吸附或稀释毒物,促进毒物排出
维生素 C	因其具有还原性,可配合特效解毒药或单独用于多种中毒症状,尤其是服用某些药物过量时引起的药物中毒、重金属中毒等。维生素 C 片剂或粉剂,每只鸭 50 毫克;注射液,每只成年禽 80～125 毫克
氯化钠注射液	0.68％的氯化钠注射液可用于鸭中毒的解救,经口或泄殖腔灌服 30～50 毫升,可稀释毒物,刺激肠道蠕动,促进肠道内毒物排出
保护剂	当重金属,如汞、铅、银和腐蚀性毒物中毒时,可以用牛奶、蛋白液、豆浆等蛋白质含量高的物质解毒,其可与毒物结合而沉淀,减少吸收,保护黏膜

第五章
作用于机体各系统的药物及其他药物的安全使用

第一节　作用于机体各系统药物

家禽消化系统、呼吸系统和泌尿系统疾病的发生，可以选择作用于消化系统的药物（泻药、止泻药）、呼吸系统的药物（祛痰药、平喘药）和泌尿系统的药物（利尿药）进行治疗或辅助治疗；其它系统发生疾病有时也需要使用这些药物进行辅助治疗。常用的作用于机体各系统药物见表5-1。

表5-1　常用作用于机体各系统药物

类型	名称	性状	适应证	用法与用量	注意事项
消化系统药物	泻药 硫酸钠（芒硝）	无色透明的柱形结晶，味咸苦，易溶于水。经风化失去结晶水时成为无水硫酸钠，为白色粉末，又名元明粉，有吸湿性，应密闭保存	导泻作用剧烈，故临床上主要用于排出肠内毒物及某些驱肠虫药服后连虫带药一起排出。可用于阻塞性黄疸、慢性肿囊炎	导泻：内服，禽 2～4 克	浓度一般 4%～6%，不可过高；超过8%刺激肠黏膜过度，注意补液；硫酸钠不适用于小肠便秘、继发性胃扩张；硫酸钠禁同钙剂联用
	止泻药 鞣酸蛋白	鞣酸蛋白为淡黄色粉末，无味无臭，不溶于水及酸	内服无刺激性，其蛋白成分在肠内消化后释出鞣酸，起收敛止泻作用。常用于急性肠炎与非细菌性腹泻	内服，一次量，禽 0.15～0.3 克	遮光、密闭保存

续表

类型	名称	性状	适应证	用法与用量	注意事项
消化系统药物	止泻药 碱式硝酸铋	白色结晶性粉末,无臭无味,不溶于水及醇,但溶于酸或碱,遇光易变质,应密封保存	胃肠内小部分缓慢地解离出铋离子,与蛋白质结合,呈收敛保护黏膜作用。用于肠炎和腹泻,并能收敛与抑菌	内服,一次量,禽 0.1～0.3 克	由病原菌引起的腹泻,应先用抗微生物药控制其感染后再用本品。次硝酸铋在肠内溶解后,可产生亚硝酸盐,量大时能引起吸收中毒
	盐酸地芬诺酯	白色或几乎白色的粉末或结晶性粉末;无臭。本品在氯仿中易溶,在甲醇中溶解,在乙醇或丙酮中略溶,在水或乙醚中几乎不溶	属非特异性止泻药。能抑制肠黏膜感受器,减弱肠蠕动,同时增强肠道的节段性收缩,延迟内容物后移,以利于水分的吸收。大剂量呈镇痛作用。主要用于急慢性功能性腹泻、慢性肠炎等对症治疗	内服,一次量,每千克体重,禽 0.25～0.5 毫克。每天 2 次	长期使用能产生依赖性,若与阿托品配伍应用可减少依赖性发生
呼吸系统药物	祛痰药 氯化铵	无色或白色结晶性粉末,味咸而凉,易溶于水,难溶于乙醇,露置空气中微有吸湿性,应置于密封干燥处保存	能反射性地使气管、支气管腺体分泌增加,使痰液变稀,部分氯化铵从呼吸道黏膜排出,借渗透压的作用带出水分,使痰液稀释,易于咳出。适用于急慢性支气管炎及痰多不易咳出的患畜。此外,因本品为酸性盐,故服后有酸化体液和尿液的作用,可用于纠正碱中毒	祛痰:混饮,每升水,1～2 克	忌与碱性药物(碳酸氢钠)、磺胺类药物配合应用,因为氯化铵能增加尿的酸性,而使磺胺析出结晶,引起泌尿道损害(如尿闭、血尿);肝肾功能异常的患畜,内服氯化铵容易引起高血氯性酸中毒和血氨增高,甚至肝昏迷,应慎用或禁用

续表

类型	名称	性状	适应证	用法与用量	注意事项
呼吸系统药物	平喘药	氨茶碱	白色或淡黄色粉末,味苦,有氨臭,在空气中能吸收二氧化碳,析出茶碱。易溶于水,水溶液呈碱性反应	对支气管平滑肌具有直接舒张作用,当支气管平滑肌处于痉挛状态时,氨茶碱的作用更为明显,因而可用于治疗痉挛性支气管炎。临床上主要用于痉挛性支气管炎、支气管哮喘等	混饮,150～200毫克/升。混饲,300～400毫克/千克。内服,一次量,30～40毫克/千克体重	注射液为碱性溶液,禁与维生素C以及盐酸肾上腺素、四环素类盐酸盐等酸性药物配伍,以免发生沉淀;氨茶碱的局部刺激性较强,应作深部肌内注射。避光密闭保存
泌尿系统药物	利尿药	呋塞米(呋喃苯胺酸、速尿)	白色或微黄色结晶性粉末,无臭,无味。不溶于水,可溶于乙醇、甲醇、丙酮及碱性溶液,略溶于乙醚、氯仿。本品具有酸性,其pH为3.9	呋塞米为强效利尿剂,利尿作用强大,迅速而短暂。临床上主要用于肉禽腹水症的治疗,多配合维生素C使用	混饲,每千克饲料,50～100毫克	本品可提高茶碱的药效;本品可增大氨基糖苷类抗生素的耳毒性、肾毒性;本品与肾上腺皮质激素、促肾上腺皮质激素或两性霉素B合用,低钾血症发生率提高;长期重复使用可导致低氯血症、低钾血性碱血症及低钠血症、低血容量等水和电解质紊乱。长期应用,应注意补钾
		氢氯噻嗪(双氢克尿塞)	白色结晶性粉末;无臭,味微苦。微溶于水,溶于氢氧化钠溶液和乙醇,而在氯仿及乙醚中不溶	属中效利尿药。临床上主要用于肉禽腹水症的治疗,多配合维生素C使用	混饲,每千克饲料,50～100毫克	忌与洋地黄配合使用;若长期应用,应配用氯化钾,以防低钾血症和低氯血症的出现。本品宜在室温密闭保存

第二节　醒抱药物

母禽的就巢性（抱窝）是家禽生理上的一种正常现象，是由于其体内孕酮促使脑垂体前叶分泌催乳素，同时阻止促性腺激素的分泌而导致的生理现象。有的母禽受遗传基因的影响没有就巢行为，也有的一年发生多次就巢行为，影响产蛋，特别是在炎热夏季发生时，还会感染虱、螨等体外寄生虫。此时，可使用相应具有醒抱作用的药物使具有就巢性的母禽离巢。常用醒抱药如表5-2。

表5-2　常用醒抱药

名称	性状	制剂与规格	用法与用量	注意事项
丙酸睾酮（丙酸睾丸素）	白色结晶或类白色结晶性粉末，无臭，不溶于水，能溶于油	丙酸睾酮注射液，有10毫克/毫升、25毫克/毫升、50毫克/毫升和100毫克/毫升	肌内注射，鸭25毫克/只。一般在用药后24小时左右见效，1次未醒抱的，可隔日再注射1次，剂量减半	对母鸭效果好；可抑制排卵甚至发生雄性变异，影响产蛋，故产蛋期禁用。注射液如析出结晶，可微温溶解后使用。休药期为21天
异烟肼（雷米封）	无色结晶或白色至类白色结晶性粉末，无臭，味微甜后苦，在水中易溶	异烟肼片，规格为50毫克/片或100毫克/片	口服，100毫克/只，隔日1次，一般2次即可醒抱	本品与麻黄碱联用可使不良反应增多，应予注意
盐酸麻黄碱	白色针状结晶或结晶性粉末，无臭，味苦，易溶于水，见光易分解	片剂，25毫克/片；注射液，规格为30毫克/毫升和150毫克/5毫升	口服，50毫克/只，每日2次；肌内注射，1毫升/只	与肾上腺素相似，可直接与肾上腺素受体结合，产生拟肾上腺素作用。同时，可促进去甲肾上腺素的释放，发挥间接拟肾上腺素作用，使中枢神经系统兴奋而醒抱

第三节　灭鼠药物

灭鼠药物是指用于防治有害的啮齿类动物的化学毒物。常用的可以分为急性、慢性和生物毒素 3 类。使用灭鼠药,一要购买国家规定可使用的药物;二要合理地投放,注意用量和投放地点及方法;三要加强管理,不能同食物、饲料和饮水等混放,灭鼠后及时回收剩余药物和死鼠,集中处理,防止人、畜误食中毒。急性灭鼠药物危害较大,容易引起二次中毒,生产中很少使用。常见的灭鼠药物见表 5-3。

表 5-3　常用的灭鼠药物

名称	特性	作用特点	用法	注意事项
敌鼠钠盐	黄色粉末,无臭,无味,溶于沸水、乙醇、丙酮,性质稳定	作用较慢,能阻碍凝血酶原在鼠体内的合成,使凝血时间延长,而且其能损坏毛细血管,增加血管的通透性,引起内脏和皮下出血,最后死于内脏大量出血。一般在投药 1～2 天出现死鼠,第 5～8 天死鼠量达到高峰,死鼠可延续 10 多天	①敌鼠钠盐毒饵:取敌鼠钠盐 5 克,加沸水 2 升搅匀,再加 10 千克杂粮,浸泡至毒水全部吸收后,加入适量植物油拌匀,晾干备用。②混合毒饵:将敌鼠钠盐加入面粉或滑石粉中制成 1%毒粉,再取毒粉 1 份,倒入 19 份切碎的鲜菜中拌匀即成。③毒水:用 1%敌鼠钠盐 1 份,加水 20 份即可	对人、畜、禽毒性较低,但对猫、犬、兔、猪毒性较强,可引起二次中毒。在使用过程中要加强管理,以防家畜误食中毒或发生二次中毒。如发现中毒,可使用维生素 K 解救
氯敌鼠(又名氯鼠酮)	黄色结晶性粉末,无臭,无味,溶于油脂等有机溶剂,不溶于水,性质稳定	敌鼠钠盐的同类化合物,但对鼠的毒性作用比敌鼠钠盐强,为广谱灭鼠剂,而且适口性好,不易产生拒食性。主要用于毒杀家鼠和野栖鼠,尤其是可制成蜡块剂,用于毒杀下水道鼠类。灭鼠时将毒饵投在鼠洞或鼠活动的区域即可	有 90%原药粉、0.25%母粉、0.5%油剂 3 种剂型。使用时可配制成如下毒饵。①0.005%水质毒饵:取 90%原药粉 3 克,溶于适量热水中,待凉后,拌于 50 千克饵料中,晒干后使用。②0.005%油质毒饵:取 90%原药粉 3 克,溶于 1 千克热食油中,冷却至常温,洒于 50 千克饵料中拌匀即可。③0.005%粉剂毒饵:取 0.25%母粉 1 克,加入 50 千克饵料中,加少许植物油,充分混合拌匀即成	

续表

名称	特性	作用特点	用法	注意事项
杀鼠灵（又名华法令）	白色粉末，无味，难溶于水，其钠盐溶于水，性质稳定	属香豆素类抗凝血灭鼠剂，一次投药灭鼠效果较差，少量多次投放灭鼠效果好。鼠类对其毒饵接受性好，甚至出现中毒症状时仍采食	毒饵配制方法如下。①0.025%毒米：取2.5%母粉1份、植物油2份、米渣97份，混合均匀即成。②0.025%面丸：取2.5%母粉1份，与99份面粉拌匀，再加适量水和少许植物油，制成每粒1克重的面丸即可。以上毒饵使用时，将毒饵投放在鼠类活动的地方，每堆约39克，连投3～4天	对人、畜和家禽毒性很小，中毒时维生素K_1为有效解毒剂
杀鼠迷	黄色结晶粉末，无臭，无味，不溶于水，溶于有机溶剂	属香豆素类抗凝血杀鼠剂，适口性好，毒杀力强，二次中毒极少，是当前较为理想的杀鼠药物之一，主要用于杀灭家鼠和野栖鼠类	市售有0.75%的母粉和3.75%的水剂。使用时，将10千克饵料煮至半熟，加适量植物油，取0.75%杀鼠迷母粉0.5千克，撒于饵料中拌匀即可。毒饵一般分2次投放，每堆10～20克。水剂可配成0.0375%饵剂使用	
杀它仗	白灰色结晶粉末，微溶于乙醇，几乎不溶于水	对各种鼠类都有很好的毒杀作用。适用于杀灭室内和农田的各种鼠类。适口性好，急性毒力大，1个致死剂量被吸收后3～10天就发生死亡，一次投药即可	用0.005%杀它仗稻谷毒饵，杀黄毛鼠有效率可达98%，杀室内褐家鼠有效率可达93.4%，一般一次投饵即可	其他动物对该药不敏感，但犬很敏感

第六章

中兽药方剂的安全使用

第一节　概述

使用中药防治畜禽疾病具有双向调节作用，即扶正祛邪作用。其低毒无害，不易产生耐药性、药源性疾病和毒副作用，在畜禽产品中很少有残留，具有广阔的前景。中药有单味中药和成方制剂。单味中药即单方，成方制剂是根据临床常见的病症定下的治疗法则，将两味以上的中药配伍起来，经过加工制成不同的剂型以提高疗效，方便使用。单味中药在养鸭生产中使用较少，有些成方制剂可以在疾病防治中发挥一定作用。

中兽医讲"有成方，没成病"，意思是说配方是固定的，而疾病是在不断发展变化的。因此在集约化饲养场应用中成药制剂进行传染病的群体治疗时要认真进行辨证。在一个患病群体中具体到每头（只）来讲发病总是有先有后，出现的证候不尽相同，应通过辨证分清哪种证候是主要的，做好对证选药（在不同配方的同类产品中进行选择），这样才能取得满意的疗效。

第二节　常用中兽药方剂的安全使用

一、解表方剂

解表方剂见表 6-1。

表 6-1 解表方剂

名称	成分	性状	作用与用途	用法与用量
荆防败毒散	荆芥 45 克,防风 30 克,羌活 25 克,独活 25 克,柴胡 30 克,前胡 25 克,枳壳 30 克,茯苓 45 克,桔梗 30 克,川芎 25 克,甘草 15 克,薄荷 15 克	本品为淡灰黄色至淡灰棕色的粗粉。气微辛,味甘苦	具有辛温解表、疏风祛湿功能。用于畜禽风寒感冒、流感	禽类混饲。每 100 千克饲料 1～1.5 千克,连用 3～5 天
银翘散	金银花 60 克,连翘 45 克,薄荷 30 克,荆芥 30 克,淡豆豉 30 克,牛蒡子 45 克,桔梗 25 克,淡竹叶 20 克,甘草 20 克,芦根 30 克	本品为棕褐色的粗粉。气芳香,味微甘、苦、辛	具有辛凉解表、清热解毒功能。用于畜禽风寒感冒、瘟病初起,如流行性感冒、肺炎等	禽 1～2 克,开水或芦根汤冲调,候温灌服

二、清热方剂

清热方剂见表 6-2。

表 6-2 清热方剂

名称	成分	性状	适应证	用法与用量
清瘟败毒散	石膏 120 克,地黄 30 克,水牛角 60 克,黄连 20 克,栀子 30 克,牡丹皮 20 克,黄芩 25 克,赤芍 25 克,玄参 25 克,知母 30 克,连翘 30 克,桔梗 25 克,甘草 15 克,淡竹叶 25 克	灰黄色的粗粉。气微香,味苦、微甜	具有泻火解毒、凉血养阴功能。用于禽霍乱、鸭瘟、大肠杆菌病	家禽按 1.0%～1.2%比例混饲或按家禽每千克体重每日 0.8 克喂给。连用 3～5 天
肝复康散	大青叶 60 克,茵陈 30 克,栀子 45 克,虎杖 30 克,大黄 20 克,车前草 35 克等	浅灰色粗粉。气清香,味苦	具有清热解毒、疏肝、利湿退黄功能。用于禽包涵体肝炎、弧菌性肝炎、盲肠肝炎、鸭肝炎及肉鸭腹水综合征	混饲。每 100 千克饲料 0.5～1.0 千克

名称	成分	性状	适应证	用法与用量
特效霍乱灵散（片）	黄芩 15 克，马齿苋 15 克，地榆 20 克，鱼腥草 20 克，山楂 10 克，蒲公英 10 克，穿心莲 10 克，甘草 5 克	本品为黄棕色粗粉。气清香，味苦	具有清热解毒、利湿止痢功能。用于鸡、鸭、鹅的霍乱、细菌性痢疾与猪、兔的细菌性痢疾、消化不良等	禽类混饲，1 千克/100 千克；连续给药 3～5 天。预防量减半
鸡病灵片	黄连 150 克，黄芩 150 克，白头翁 150 克，板蓝根 150 克，苦参 150 克，滑石 450 克，木香 75 克，厚朴 75 克，神曲 75 克，甘草 75 克	淡灰黄色片。气香，味苦	具有杀菌消炎、抗病毒功能。用于禽霍乱、沙门菌病及其他消化道疾病	口投或拌料。预防量 1 次 2 片（每片 0.3 克）。治疗量 1 次 5 片，1 日 2 次，连用 3～5 天
苍术香连散	黄连 30 克，木香 20 克，苍术 60 克	棕黄色的粗粉。气香，味苦	具有清热燥湿功能。用于白痢、禽伤寒、禽出血性败血症、衣原体病、慢性呼吸道病、肿头综合征、链球菌病、鸭传染性浆膜炎等有"包心包肝"特征的禽类疾病	混饲。每 100 千克饲料 0.5 千克，连用 3～5 天
白头翁散	白头翁 60 克，黄连 30 克，黄柏 45 克，秦皮 60 克	浅灰黄色的粗粉。气香，味苦	具有清热解毒、凉血止痢功能。用于家畜湿热泄泻、下痢脓血、里急后重，雏禽白痢、禽霍乱，大肠杆菌病	家禽按0.8%～1.2%比例拌料混饲或用片剂口投给药，每只每次 1 片（片剂 0.3 克/片），1 日 2 次

续表

名称	成分	性状	适应证	用法与用量
解暑星散	香薷 60 克,藿香 40 克,薄荷 30 克,冰片 2 克,金银花 45 克,木通 40 克,麦冬 30 克,白扁豆 15 克等	浅灰黄色粗粉。气香窜,味辛、甘、微苦	具有清热祛暑功能。用于畜禽中暑	禽混饲:每 100 千克饲料 1～1.5 千克
增蛋散	黄连 5 克,神曲 10 克,黄芪 15 克,陈皮 10 克,女贞子 20 克	灰褐色至灰黄色的粗粉,气清香,味苦	具有清热、养血、柔肝、健脾、增强机体产蛋机能,提高产蛋率的功能。用于病理性与机能性引起的减蛋综合征	混饲。0.5%～0.8% 的比例混料,自由采食,连用 3～5 天。未发病情况下,按 0.1% 拌料服用,可提高产蛋率
肝病消	大青叶 250 克,茵陈 100 克,柴胡 50 克,大黄 50 克,益母草 100 克等	黄棕色粗粉,气微香,味苦	具有抗菌抗病毒,保肝利胆,抗炎消肿,止血制渗,杀虫抑虫,清热解毒,抗应激,增强机体免疫力的功能。对细菌、病毒、组织滴虫及饲料营养不合理等引起的肝脏肿大、肝炎、肝脏质地变硬或易碎、肝脏出血、肝变性坏死等疾病,具有显著的预防治疗功效	治疗:按 0.4% 混料 1～2 天,后按 0.2% 混料连用 3 天。预防(继往发病日龄前后):0.1% 拌料,连用 4～5 天。遮光干燥处密封存放
黄连解毒散	黄连 30 克,黄芩、黄柏各 60 克,栀子 45 克	黄褐色的粉末,味苦	泻火解毒,主治三焦热盛。可用于败血症、脓毒败血症、痢疾、肺炎等	禽 1～2 克,煎汤去渣,候温灌服

三、消导方剂

消导方剂见表 6-3。

表 6-3 消导方剂

名称	成分	性状	适应证	用法与用量
大黄末	大黄	黄棕色的粉末,气清香,味苦、微涩	具有健胃消食,泻热通肠,凉血解毒,破积行淤的功能。用于食欲不振,实热便秘,结症,疮黄疔毒,目赤肿痛,烧伤烫伤,跌打损伤	内服:禽1~3克。外用适量,调敷患处
龙胆末	龙胆	淡黄棕色的粉末,气微苦,味甚苦	具有健胃功能。用于食欲不振	内服。禽1.5~3克

四、祛湿方剂

祛湿方剂见表 6-4。

表 6-4 祛湿方剂

名称	成分	性状	适应证	用法与用量
肾肿康片	黄柏50克,知母50克,黄芩50克,黄连50克,苦参35克,猪苓65克,茯苓30克,桔梗40克,甘草75克,滑石50克	灰黄色片,气香,味苦	具有清热解毒,滋肾消肿,利湿通便的功能。用于肾型传染性支气管炎,传染性法氏囊炎,内脏病及各种内外毒素性疾病引起的肾脏肿胀,尿酸盐沉积,排白色灰渣样黏液样粪便	口投或拌料:轻症或预防用,每只1~2片,重症加倍,连用3~5天为一疗程

五、祛痰止咳平喘方剂

祛痰止咳平喘方剂见表6-5。

表6-5　祛痰止咳平喘方剂

名称	成分	性状	适应证	用法与用量
康星Ⅱ号	金银花30克，连翘15克，板蓝根10克，桔梗10克，百部10克，儿茶5克，蟾酥0.1克，牛黄0.1克等	浅灰褐色粉末，微甜而后苦	具有清热解毒，平喘止咳，改善呼吸困难的功能。用于家禽病毒性、细菌性、支原体性呼吸道疾病以及上述病原体所致的呼吸道混合感染	家禽按0.5%拌料，连用3～5天，预防量减半

六、补益方剂

补益方剂见表6-6。

表6-6　补益方剂

名称	成分	性状	适应证	用法与用量
健鸡散	党参20克，黄芪20克，茯苓20克，六神曲10克，麦芽10克，炒山楂10克，甘草5克，炒槟榔5克	浅黄色粗粉，气香，味甘	具有益气健脾，消食开胃，抗应激的功能。用于食欲不振，生长迟缓，应激反应	混饲：每100千克饲料加2千克，连喂3～7天
补中益气散	炙黄芪75克，党参60克，白术（炒）60克，炙甘草30克，当归30克，陈皮20克，升麻20克，柴胡20克	淡黄棕色粗粉，味辛、甘、微苦	具有补中益气，升阳举陷的功能。用于脾胃气虚，久泻，脱肛，子宫脱垂	混饲：每100千克饲料加2千克，连喂3～7天

七、固涩方剂

固涩方剂见表6-7。

表6-7　固涩方剂

名称	成分	性状	适应证	用法与用量
康星Ⅰ号	黄连20克,白头翁20克,秦皮20克,甘草15克等	浅灰黄色粉末,气香,味苦	具有抗菌消炎,清热解毒,凉血止痢,涩肠止泻的功能。用于家禽细菌性、病毒性、球虫性腹泻,肠炎痢疾	家禽按0.5%拌料,连用3～5天;预防量酌减

八、胎产方剂

胎产方剂见表6-8。

表6-8　胎产方剂

名称	成分	性状	适应证	用法与用量
康星旺达	淫羊藿5克,阳起石(酒淬)5克,益母草5克,菟丝子4克,当归4克,香附5克等	淡灰色粉末,气香,微苦	具有催情排卵,兴奋繁殖机能,促进生殖器官创伤愈合的功能。用于蛋禽产蛋率低,产蛋高峰期持续时间短,发病后产蛋不回升,母禽产畸形蛋	家禽按0.5%～1%拌料,连用3～5天。预防量酌减

第七章
消毒防腐药物的安全使用

第一节　消毒防腐药物的概述及安全使用要求

一、消毒防腐药物的概述

1. 概念

消毒药物是指杀灭病原微生物的化学药物，主要用于环境、圈舍、动物及排泄物、设备用具等消毒；防腐药物是指抑制病原微生物生长繁殖的化学药物，主要用于抑制生物体表（皮肤、黏膜和创面等）的微生物感染。消毒药物和防腐药物统称为消毒防腐药。

2. 种类

消毒药物的种类见表 7-1。

表 7-1　消毒药物的种类

分类方法	种类及特点
按作用水平分类	高效消毒剂：可杀灭一切细菌繁殖体（包括分枝杆菌）、病毒、真菌及其孢子等，对细菌芽孢也有一定杀灭作用，达到高水平消毒要求的制剂。包括含氯消毒剂、臭氧、醛类、过氧乙酸、双链季铵盐等
	中效消毒剂：可杀灭除细菌芽孢以外的分枝杆菌、真菌、病毒及细菌繁殖体等微生物，达到消毒要求的制剂。包括含碘消毒剂、醇类消毒剂、酚类消毒剂等
	低效消毒剂：不能杀灭细菌芽孢、真菌和结核杆菌，也不能杀灭如肝炎病毒等抵抗力强的病毒和抵抗力强的细菌繁殖体，仅可杀灭抵抗力比较弱的细菌繁殖体和亲脂病毒，达到消毒要求的制剂。包括苯扎溴铵等季铵盐类消毒剂、洗必泰等二胍类消毒剂，汞、银、铜等金属离子类消毒剂和中草药消毒剂

续表

分类方法	种类及特点
按照化学性质分类	可分十类：酚类、醇类、酸类、碱类、卤素类、过氧化物类、染料类、重金属类、季铵盐类和醛类

二、消毒防腐药物的安全使用要求

消毒工作是畜禽传染病防控的主要手段之一。消毒的方法多种多样，如物理方法、化学方法、生物学方法等，化学方法生产中比较常用，需要化学药物（消毒药物）才能进行。保证良好的消毒效果，必须注意如下方面。

1. 选择消毒药物要准确和注重效果

根据消毒对象和消毒目的准确地选择消毒药物。如要杀灭病毒，则选择杀灭病毒的消毒药；如要杀灭某些病原菌，则选择杀灭细菌的消毒药。许多情况下，还要将杀灭病毒和细菌甚至真菌、虫卵等几者兼顾考虑，选择抗毒抗菌谱广的消毒药，这样才能做到有的放矢；如对禽舍周围环境和道路消毒，可以选择价廉和消毒效果好的碱类和醛类消毒剂，如带禽消毒，应选择高效、无毒和无刺激性的消毒剂，如氯制剂、表面活性剂等。同时，还应考虑是平时预防性的，还是扑灭正在发生的疫情，或周围正处于某种疫病流行高峰期而本养殖场受到威胁时的消毒，以此来选择药物及稀释浓度，以保证消毒的效果。

2. 药物的配制和使用的方法要合理

目前，许多消毒药是不宜用井水稀释配制的，因为井水大多为含钙离子、镁离子较多的硬水，会与消毒药中释放出来的阳离子、阴离子或酸性、碱性离子发生化学反应，从而使药效降低。因此，在稀释消毒药时一般应使用自来水或白开水。

3. 药物应现用现配

配好的消毒药应一次用完。许多消毒药具有氧化性或还原性，还有的药物见光遇热后分解加快，须在一定时间内用完，否则，很容易失效而造成人力物力的浪费。因此，在进行配制消毒药时，应认真根据药物说明书和要消毒的面积来测算用量，尽可能将配制的药液在完成消毒面积后用完。

4. 消毒前先清洁

先将环境清洁后再进行消毒，这是保证消毒效果的前提和基础，因为畜禽的排泄物、分泌物、灰尘、粪便和污物等有机物，不仅可阻隔消毒药，使之不能接触病原体，而且有机物还能与许多种消毒药发生化学反应，明显地降低消毒药物的药效。

5. 必须注意消毒药的理化性质

一要注意消毒药的酸碱性。酚类、酸类两大类消毒药一般不宜与碱性环境、脂类和皂类物质接触，否则明显降低其消毒效果。反过来，碱类、碱性氧化物类消毒药不宜与酸类、酚类物质接触，防止其降低杀菌效果。酚类消毒药一般不宜与碘、溴、高锰酸钾、过氧化物等配伍，防止化学反应发生而影响消毒效果。二要注意消毒药的氧化性和还原性。氧化物类、碱类、酸类消毒药不宜与重金属、盐类及卤素类消毒药接触，防止发生氧化还原反应和置换反应，不仅使消毒效果降低，而且还容易对畜禽机体产生毒害作用。三要注意消毒药的可燃性和可爆性。氧化剂中的高锰酸钾不宜与还原剂接触，如高锰酸钾晶体在遇到甘油时可发生燃烧，在与活性炭研磨时可发生爆炸。四要注意消毒药的配伍禁忌。重金属类消毒药忌与酸、碱、碘和银盐等配伍，防止沉淀或置换反应发生。表面活性剂类消毒药中，阳离子和阴离子表面活性剂的作用互相抵消，因此不可同时使用。表面活性剂忌与碘、碘化钾和过氧化物等配伍使用，不可与肥皂配伍。凡能潮解释放出初生态氧或活性氯、溴等如氧化剂、卤素类等消毒药，不可与易燃易爆物品放在一起，防止发生意外事故。五要注意消毒药的特殊气味。酚类、醛类消毒药由于具有特殊气味或臭味，因而不能用于畜禽肉品、屠宰场及其加工用具的消毒。

6. 消毒药应定期更换

任何消毒药，在一个地区、一个畜禽场都不宜长期使用。因为动物机体对几乎所有的药物（当然包括消毒药）都会产生耐药性。长期使用单一的消毒药，容易使动物体内及饲养场内外环境中的病原体，由于多次频繁地接触这种消毒药而形成耐药菌株，其对药物的敏感性下降甚至消失，使药物对这些病原体的杀灭能力下降甚至完全无效，致使疫病发生和流行。

7. 保证人畜安全

一是强酸类、强碱类及强氧化剂类，对人畜均有很强的腐蚀性，因此，在使用这几类消毒药消毒过的地面、墙壁等最好用清水冲刷之后，再将动物放进来，防止灼伤动物（尤其是幼畜）。二是凡实施熏蒸消毒时，其产生的消毒气体和烟雾，均对人畜有毒害作用，就是熏蒸后遗留的废气，也会对人畜的眼结膜、呼吸道黏膜造成伤害，故必须将废气彻底排净后，方可放进畜禽；带畜禽消毒时不宜选择熏蒸消毒。三是凡有毒的消毒药均不能进行饮水消毒。酚类、酸类、醛类和碱类消毒药，均具有不同程度的毒性。因此，这几类消毒药不宜用于饮水消毒，也不宜使用这几类消毒药来消毒肉品（过氧乙酸除外）。四是用作饮水消毒的消毒药其配制浓度要准确。能用作饮水消毒的消毒药主要有卤素类、表面活性剂类和氧化剂类等几类消毒药中的大部分品种。其配制浓度很重要，浓度高了则会对动物机体造成损害或引起中毒，浓度低了则起不到消毒杀菌的作用。

第二节　常用消毒药物的安全使用

一、酚类

酚类是以羟基取代苯环上的氢原子而形成的化合物，可损害菌体细胞膜，较高浓度时也是蛋白质变性剂，故有杀菌作用。酚类亦可和其他类型的消毒药混合制成复合型消毒剂，从而明显提高消毒效果。适当浓度下，酚类对大多数不产生芽孢的繁殖型细菌和真菌均有杀灭作用，但对芽孢和病毒作用不强。酚类的抗菌活性不易受环境中有机物和细菌数目的影响，故可用于消毒排泄物等。酚类的化学性质稳定，因而贮存或遇热等不会改变药效。目前销售的酚类消毒药大多含两种或两种以上具有协同作用的化合物，以扩大其抗菌作用范围。一般酚类化合物仅用于环境及用具消毒。由于酚类污染环境，故低毒高效的酚类消毒药的研究开发受到重视。

1. 苯酚 (石炭酸)

【性状】无色或微红色针状结晶或结晶性块，有特殊臭味，水溶液显弱酸性反应；遇光或在空气中色渐变深。本品在乙醇、氯仿、乙醚、甘油、脂肪油或挥发油中易溶，在液体石蜡中略溶。

【作用与用途】苯酚可使蛋白质变性，故有杀菌作用。用于器具、厩舍、排泄物和污物等消毒。本品在 0.1% ～ 1% 的浓度范围内可抑制一般细菌的生长，1% 浓度时可杀死细菌，但要杀灭葡萄球菌、链球菌则需 3% 浓度，杀死霉菌需 1.3% 以上浓度；由于其对组织有腐蚀性和刺激性，故已被更有效且毒性低的酚类衍生物所代替。

【制剂与用法】石炭酸水溶液；喷洒或浸泡。常用 1% ～ 5% 浓度做房屋、禽 (畜) 舍、场地等环境的消毒；3% ～ 5% 浓度做用具、器械消毒，作用时间 30 ～ 40 分钟以上，食槽、饮水器浸泡消毒后应用水冲洗后，方能使用。

【药物相互作用 (不良反应)】

① 碱性环境、脂类、皂类等能减弱其杀菌作用；本品忌与碘、溴、高锰酸钾、过氧化氢等配伍应用。

② 1% 的苯酚即可麻痹皮肤、黏膜的神经末梢，高浓度时会产生腐蚀作用，且易透过皮肤、黏膜吸收而引起中毒，其中毒症状是中枢神经系统先兴奋后抑制，最后可引起呼吸中枢麻痹而死亡。

【注意事项】

① 因芽孢和病毒对本品的耐受性很强，使用本品一般无效；苯酚的杀菌效果与温度呈正相关；因有特殊臭味，肉、蛋的运输车辆及贮藏仓库不宜使用。

② 皮肤、黏膜接触部位可用 50% 乙醇或者水、甘油或植物油清洗。眼可先用温水冲洗 1 遍，再用 3% 硼酸液冲洗。

2. 煤酚皂溶液 (来苏儿)

【性状】黄棕色至红棕色的黏稠澄清液体，有甲酚的臭味，能溶于水和醇，含甲酚 50%。

【作用与用途】本品用于手、器械、环境消毒及处理排泄物。杀菌力比苯酚强二倍，对大多数病原菌有强大的杀灭作用，也能杀死某些病毒及寄生虫，但对细菌的芽孢无效。对机体毒性比苯酚小。

【制剂与用法】50％甲酚肥皂乳化液即煤酚皂溶液（又称来苏儿）。用其水溶液浸泡、喷洒或擦抹污染物体表面，使用浓度为1％～5％，作用时间为30～60分钟。对结核杆菌使用5％浓度，作用1～2小时。为加强杀菌作用，可加热药液至40～50℃。对皮肤的消毒浓度为1％～2％。消毒敷料、器械及处理排泄物用5％～10％水溶液。

【药物相互作用（不良反应）】本品对皮肤有一定刺激作用和腐蚀作用，正逐渐被其他消毒剂取代。

【注意事项】与苯酚相比，甲酚杀菌作用较强，毒性较低，价格便宜，应用广泛；有特异臭味，不宜用于肉库、蛋或肉库、蛋库的消毒；有颜色，故不宜用于棉毛织品的消毒。

3. 克辽林（臭药水、煤焦油皂溶液）

【性状】本品系粗制煤酚中加入肥皂、树脂和氢氧化钠少许，温热制成。暗褐色液体，用水稀释时呈乳白色或咖啡乳白色乳状。

【作用与用途】本品用于手、器械、环境消毒及处理排泄物。杀菌力比苯酚强二倍，对大多数病原菌有强大的杀灭作用，也能杀死某些病毒及寄生虫，但对细菌的芽孢无效。对机体毒性比苯酚小。

【制剂与用法】乳剂，含酚9％～11％。常用3％～5％浓度的水溶液消毒禽舍、用具及排泄物。以10％浓度的水溶液浸泡治疗禽的石灰脚病。

【药物相互作用（不良反应）】本品毒性低。

【注意事项】由于有臭味，不用于肉品、蛋品的消毒。

4. 复合酚（菌毒敌、畜禽灵）

【性状】酚及酸类复合型消毒剂，含酚41％～49％，醋酸22％～26％，深红褐色黏稠液体，有特异臭味。

【作用与用途】广谱、高效、新型消毒剂。主要用于畜（禽）舍、笼具、饲养场地、运输工具及排泄物的消毒。可杀灭细菌、霉菌和病毒，对多种寄生虫卵也有杀灭作用。还能抑制蚊、蝇等昆虫和鼠害的滋生。通常用药后药效可维持1周。

【制剂与用法】液体剂型，是由苯酚（41%～49%）和醋酸（22%～26%）加十二烷基苯磺酸等配制而成的水溶性混合物。喷洒消毒时用0.35%～1%的水溶液，浸洗消毒时用1.6%～2%的水溶液。稀释用水的温度应不低于8℃。在环境较脏、污染较严重时，可适当增加药物浓度和用药次数。

【药物相互作用（不良反应）】避免与其他消毒药或碱性药物混合应用；对皮肤、黏膜有刺激性和腐蚀性。

【注意事项】

① 严禁使用喷洒过农药的喷雾器械喷洒本品，以免引起畜（禽）意外中毒。

② 接触的皮肤或黏膜部位可用50%酒精或水、甘油或植物油清洗。动物意外吞服中毒时，可用植物油洗胃，内服硫酸镁导泻。

5. 复方煤焦油酸溶液（农福、农富）

【性状】淡色或淡黑色黏性液体。其中含高沸点煤焦油酸39%～43%，醋酸18.5%～20.5%，十二烷基苯磺酸23.5%～25.5%，具有煤焦油和醋酸的特异酸臭味。

【作用与用途】同复合酚。

【制剂与用法】溶液，500克（高沸点煤焦油酸205克＋醋酸97克＋十二烷基苯磺酸123克）/瓶。多以喷雾法和浸洗法应用。1%～1.5%的水溶液用于喷洒畜（禽）舍的墙壁、地面，1.5%～2%的水溶液用于器具的浸泡及车辆的浸洗或用于种蛋的消毒。使用方法见表7-2。

表7-2 农福的适用范围和用法

适用范围	稀释比例	使用方法
干净或无疫情时	1：1000	采用喷雾器或其它设备,每平方米均匀喷洒稀释液300毫升
有重大疫情时	1：200～400	采用喷雾器或其它设备,每平方米均匀喷洒稀释液300毫升
足底或车轮浸泡消毒	1：200	至少每周更换一次,或泥多时更换

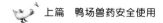

续表

适用范围	稀释比例	使用方法
运输工具	1∶200～400	所有进入养殖场的车辆,均需通过车轮浸泡池,至少每周更换一次,或泥多时更换
装卸场	1∶200～400	用后洗净,再用农福消毒
设备	1∶200～400	尽量不要移动设备。定期高压冲洗并消毒

【药物相互作用（不良反应）】与碱类物质混存或合并使用药效降低,对皮肤有刺激作用。

【注意事项】

① 在处理浓缩液过程中避免与眼睛和皮肤接触；本品不得靠近热源,应远离易燃易爆物品；避光阴凉处保存,避免太阳直射。

② 使用本品时,应戴上适当的口（面）罩。如将本品或其稀释液不慎溅入眼中,应立即用大量清水冲洗,并尽快请医生检查。

6. 氯甲酚溶液（宝乐酚）

【性状】无色或淡黄色透明液体,有特殊臭味,水溶液呈乳白色。主要成分是10%的4-氯-3-甲基苯酚和表面活性剂。

【作用与用途】主要用于畜禽栏舍、门口消毒池、通道、车轮、带畜体表的喷洒消毒。氯甲酚能损害菌体细胞膜,使菌体内含物逸出并使蛋白质变性,呈现杀菌作用；还可通过抑制细菌脱氢酶和氧化酶等酶的活性,呈现抑菌作用。其杀菌作用比非卤化酚类强20倍。

【制剂与用法】溶液。日常喷洒稀释200～400倍；暴发疾病时紧急喷洒,稀释66～100倍。

【药物相互作用（不良反应）】对皮肤及黏膜有腐蚀性。

【注意事项】本品安全、高效、低毒；现用现配,稀释后不宜久置。

二、酸类

酸类消毒药包括无机酸和有机酸两类。无机酸的杀菌作用取决于离解的氢离子,2%的硝酸溶液具有很强的抑菌和杀菌作用,但浓度大时有很强的腐蚀性,使用时应特别注意。硼酸的杀菌作用较弱,常用其1％～2％浓度用于黏膜如眼结膜等部位的消毒。有机酸的杀菌作用是通过不电离的分子透过细菌的细胞膜而对细菌起杀灭作用。

1. 过醋酸（过氧乙酸）

【性状】无色透明液体，具有很强的醋酸臭味，易溶于水、酒精和硫酸。易挥发，有腐蚀性。当过热、遇有机物或杂质时本品容易分解。急剧分解时可发生爆炸，但浓度在40％以下时，于室温贮存不易爆炸。

【作用与用途】具有高效、速效、广谱抑菌和灭菌作用。对细菌的繁殖体、芽孢、真菌和病毒均具有杀死作用。作为消毒防腐剂，其作用范围广，毒性低，使用方便，对畜禽刺激性小，除金属制品外，可用于大多数器具和物品的消毒，常用于带畜（禽）消毒，也可用于饲养人员手臂消毒。

【制剂与用法】溶液，500毫升/瓶。市售消毒用过氧乙酸有20％浓度的制剂和AB二元包装消毒液。

① 20％浓度的制剂用法见表7-3。

表7-3　过醋酸（20％浓度）的用法

用途	用法
浸泡消毒	0.04％～0.2％溶液用于饲养用具和饲养人员手臂消毒
冲洗、滴眼	0.02％溶液用于黏膜消毒
空气消毒	可直接用20％成品，每立方米空间1～3毫升。最好将20％成品稀释成4％～5％溶液后，加热熏蒸
喷雾消毒	5％浓度用于实验室、无菌室或仓库的喷雾消毒，每立方米2～5毫升
喷洒消毒	用0.5％浓度，对室内空气和墙壁、地面、门窗、笼具等表面进行喷洒消毒
带禽消毒	0.3％浓度用于带畜（禽）消毒，每立方米30毫升
饮水消毒	每升饮水加20％过氧乙酸溶液1毫升，让畜（禽）饮服，30分钟用完

② 过氧乙酸AB二元包装消毒液用法。A液与B液按10：8（体积比）混合后溶液中过氧乙酸含量为16％～17.5％，可杀灭肠道致

病菌和化脓性球菌，混合后放 48 小时即可配制使用（A 液可能呈红褐色，但与 B 液混合后即呈无色或微黄色，不影响混合后过氧乙酸的质量）。配制时应先加入水随后倒入药液。

【药物相互作用（不良反应）】金属离子和还原性物质可加速药物的分解，对金属有腐蚀性；有漂白作用。稀溶液对呼吸道和眼结膜有刺激性；浓度较高的溶液对皮肤有强烈刺激性，若高浓度药液不慎溅入眼内或皮肤、衣服上，应立即用水冲洗。

【注意事项】

① 本品应置于阴凉、干燥、通风处保存。性质不稳定，容易自然分解，因此水溶液应新鲜配制，一般配制后可使用 3 天。

② 因增加湿度可增强本品杀菌效果，因此进行空气消毒时应增加孵化器（室）或畜（禽）舍内相对湿度。当温度为 15℃ 时以 60%～80% 的相对湿度为宜；当温度为 0～5℃，相对湿度应为 90%～100%。进行空气和喷雾消毒时应密闭孵化器（室）、禽舍或无菌室的门窗、气孔和通道，空气消毒密封 1～2 小时，喷雾消毒密封 30～60 分钟。

③ 有机物可降低其杀菌效力；需用洁净水配制新鲜药液。

④ 皮肤或黏膜消毒用药液的浓度不能超过 0.2% 或 0.02%。

2. 硼酸

【性状】由天然的硼砂（硼酸钠）与酸作用而得。无色微带珍珠状光泽的鳞片状固体或白色疏松固体粉末，无臭，易溶于水、醇、甘油等，水溶液呈弱酸性。

【作用与用途】抑制细菌生长，无杀菌作用。因刺激性较小，又不损伤组织，临床上常用于冲洗消毒较敏感的组织如眼结膜、口腔黏膜等。

【制剂与用法】溶液或软膏。用 2%～4% 的溶液冲洗眼、口腔黏膜等。3%～5% 溶液冲洗新鲜未化脓的创口。3% 硼酸甘油（31：100）治疗口、鼻黏膜炎症；硼酸磺胺粉（1：1）治疗鸭鹅翅、胸部、爪趾等部创伤；5% 硼酸软膏治疗禽冠等处溃疡、褥疮等。

【药物相互作用（不良反应）】忌与碱类药物配伍；外用毒性不大，但用于大面积损害时，吸收后可发生急性中毒，早期症状为呕吐、腹泻、中枢神经系统先兴奋后抑制，严重时发生循环衰竭或休克。由于本品排泄慢，反复应用可产生蓄积，导致慢性中毒。

3. 醋酸

【性状】 无色透明的液体，味极酸，有刺鼻臭味，能与水、醇或甘油任意混合。

【作用与用途】 对细菌、芽孢、真菌和病毒均有较强的杀灭作用。杀菌、抑菌作用与乳酸相同，但消毒效果不如乳酸。刺激性小，消毒时畜禽不需移出室外。用于空气消毒，可预防感冒和流感。

【制剂与用法】 市售醋酸含纯醋酸 $36\% \sim 37\%$，每立方米空间 $5 \sim 10$ 毫升，加等量水，加热蒸发消毒房间空气。烯醋酸含纯醋酸 $5.7\% \sim 6.3\%$，每立方米空间 $20 \sim 40$ 毫升，加热蒸发用于空气消毒。

【药物相互作用（不良反应）】 与金属器械接触产生腐蚀作用；与碱性药物配伍可发生中和反应而失效；有刺激性，高浓度时对皮肤、黏膜有腐蚀性。

【注意事项】 避免与眼睛接触，如果与高浓度醋酸接触，立即用清水冲洗。

4. 水杨酸

【性状】 白色针状结晶或微细结晶性粉末，无臭，味微甜。微溶于水，水溶液显酸性，易溶于酒精。

【作用与用途】 杀菌作用较弱，但有良好的杀灭和抑制霉菌作用，还有溶解角质的作用。

【制剂与用法】 $5\% \sim 10\%$ 水杨酸酒精溶液，用于治疗霉菌性皮肤病；5% 水杨酸酒精溶液或纯品用于治疗蹄叉腐烂等；$5\% \sim 20\%$ 溶液，用于溶解角质，促进坏死组织脱落。水杨酸能促进表皮生长和角质增生，常制成 1% 软膏用于肉芽创的治疗。

【药物相互作用（不良反应）】 水杨酸遇铁呈紫色，遇铜呈绿色。多种金属离子能促使水杨酸氧化为醌式结构的有色物质，故本品的配制及贮存时，禁与金属器皿接触。本品可经皮肤吸收，出现毒性表现。

【注意事项】 避免在生殖器部位、黏膜、眼睛和非病区（如疣周围）皮肤应用。炎症和感染的皮肤损伤上勿使用；勿与其他外用痤疮制剂或含有剥脱作用的药物合用；不宜长期使用，不宜作大面积应用。

5. 苯甲酸

【性状】白色或黄色细鳞片或针状结晶，无臭或微有香气，易挥发。在冷水中溶解度小，易溶于沸水和酒精。

【作用与用途】有抑制霉菌作用，可用于治疗霉菌性皮肤病或黏膜病。在酸性环境中，1％即有抑菌作用，但在碱性环境中成盐而效力大减。在 pH 小于 5 时杀菌效力最大。

【制剂与用法】常与水杨酸等配成复方苯甲酸软膏或复方苯甲酸涂剂等，治疗霉菌性皮肤病。

【药物相互作用（不良反应）】本品与铁盐和重金属盐有配伍禁忌。

【注意事项】对环境有危害，对水体和大气可造成污染；具刺激性；遇明火、高热可燃。

6. 乳酸

【性状】无色或淡黄色澄明油状液体，无臭，味酸，能与水或醇任意混合。露置空气中有吸湿性，应密闭保存。

【作用与用途】对伤寒沙门菌、大肠杆菌等革兰氏阴性菌和葡萄球菌、链球菌等革兰氏阳性菌均具有杀灭和抑制作用，它的蒸气或喷雾用于消毒空气，能杀死流感病毒及某些细菌。乳酸空气消毒有廉价、毒性低的优点，但杀菌力不够强。

【制剂与用法】溶液。以本品的蒸气或喷雾作空气消毒，用量为每 100 立方米空间用 6～12 毫升，将本品加水 24～48 毫升，使其稀释为 20％浓度，消毒 30～60 分钟。用乳酸蒸气消毒仓库或孵化器（室），用量为每 100 立方米空间 10 毫升乳酸，加水 10～12 毫升，使其稀释为 33％～50％浓度，加热蒸发。室舍门窗应封闭，作用 30～60 分钟。

【药物相互作用（不良反应）】本品对皮肤黏膜有刺激性和腐蚀性，避免接触眼睛。

7. 十一烯酸

【性状】 黄色油状液体，难溶于水，易溶于酒精，容易和油类混合。

【作用与用途】 主要具有抗霉菌作用。

【制剂与用法】 常用 5％～10％酒精溶液或 20％软膏，治疗家禽皮肤霉菌感染。

【药物相互作用（不良反应）】 局部外用可引起接触性皮炎。

【注意事项】 本品为外用药不可内服，当浓度过大时对组织有刺激性。

三、碱类

碱类的杀菌作用取决于离解的氢氧根离子浓度，浓度越大，杀灭作用越强。由于氢氧根离子可以水解蛋白质和核酸，使微生物的结构和酶系统受到损害，同时还可以分解菌体中的糖类，因此碱类对微生物有较强的杀灭作用，尤其是对病毒和革兰氏阴性杆菌的杀灭作用更强。预防病毒性传染病较常用。

1. 氢氧化钠（苛性钠）

【性状】 白色块状、棒状或片状结晶，吸湿性强，容易吸收空气中的二氧化碳气体形成碳酸钠或碳酸氢钠，应密封保存。极易溶于水，易溶于酒精。

【作用与用途】 对细菌的繁殖体、芽孢和病毒都有很强的杀灭作用，对寄生虫卵也有杀灭作用，浓度增加和温度升高可明显增强杀菌作用，但低浓度时对组织有刺激性，高浓度有腐蚀性。常用于预防病毒性或细菌性传染病的环境消毒或污染畜（禽）场的消毒。

【制剂与用法】 粗制烧碱或固体碱含氢氧化钠 94％左右，25 千克/袋。2％热溶液用于被病毒和细菌污染的畜（禽）舍、饲槽和运输车船等的消毒。3％～5％溶液用于炭疽杆菌的消毒。5％溶液亦可用于腐蚀皮肤赘生物、新生角质等。

【药物相互作用（不良反应）】 高浓度氢氧化钠溶液可灼伤组织，对铝制品、棉毛织物、漆面等具有损坏作用。

【注意事项】一般用工业碱代替精制氢氧化钠作消毒剂应用，价格低廉，效果良好。

2. 氢氧化钾（苛性钾）

本品的理化性质、作用、用途与用量均与氢氧化钠大致相同。因新鲜草木灰中含有氢氧化钾及碳酸钾，故可代替本品使用。通常用30千克新鲜草木灰加水100升，煮沸1小时后去渣，再加水至100升，得到的溶液用来代替氢氧化钾进行消毒。可用于畜（禽）舍地面、出入口处等部位的消毒，宜在70℃以上喷洒，隔18小时后再喷洒1次。

3. 生石灰（氧化钙）

【性状】白色或灰白色块状或粉末，无臭，主要成分为氧化钙，易吸水，加水后即成为氢氧化钙，俗称熟石灰或消石灰。消石灰属强碱，吸湿性强，吸收空气中二氧化碳后变成坚硬的碳酸钙失去消毒作用。

【作用与用途】本品对大多数细菌的繁殖体有效，但对细菌的芽孢和抵抗力较强的细菌如结核杆菌无效。因此常用于地面、墙壁、粪池和粪堆以及人通道或污水沟的消毒。氧化钙加水后，生成氢氧化钙，其消毒作用与解离的氢氧根离子和钙离子浓度有关。氢氧根离子对微生物蛋白质具有破坏作用，钙离子也使细菌蛋白质变性而起到抑制或杀灭病原微生物的作用。

【制剂与用法】固体。一般加水配成10%～20%石灰乳，涂刷畜（禽）舍墙壁、畜栏和地面消毒。氧化钙1千克加水350毫升，生成消石灰的粉末，可撒布在阴湿地面、粪池周围及污水沟等处消毒。

【注意事项】生石灰应干燥保存，以免潮解失效；石灰乳宜现用现配，配好后最好当天用完，否则会吸收空气中二氧化碳变成碳酸钙而失效。

四、醇类

醇类具有杀菌作用，随分子量增加，杀菌作用增强。如乙醇的杀菌作用比甲醇强2倍，丙醇比乙醇强2.5倍，但醇分子量再继续增加、水溶性降低，难以使用。实际生活中应用最广泛的是乙醇即酒精。

乙醇（酒精）

【性状】无色透明的液体，易挥发、易燃烧，应在冷暗处避火保存，无水乙醇含量为99％以上，医用或工业用乙醇含量为95％以上，能与水、醚、甘油、氯仿、挥发油等任意混合。

【作用与用途】乙醇主要通过使细菌菌体蛋白凝固并脱水而挥发杀菌或抑菌作用。以70％～75％乙醇杀菌能力最强，可杀死一般病原菌的繁殖体，但对细菌芽孢无效。浓度超过75％时，由于菌体表层蛋白质迅速凝固而妨碍乙醇向内渗透，杀菌作用反而降低。

【制剂与用法】液体，医用酒精含量95％；常用70％～75％乙醇用于皮肤、手臂、注射部位、注射针头及小型医疗器械的消毒，不仅能迅速杀灭细菌，还具有清洁局部皮肤，溶解皮脂的作用。

【药物相互作用（不良反应）】偶有皮肤刺激性。

【注意事项】乙醇可使蛋白质沉淀。将乙醇涂于皮肤，短时间内不会造成损伤。但如果时间太长，则会刺激皮肤。将乙醇涂于伤口或破损的皮面，不仅会加剧损伤而且会形成凝块，导致凝块下面的细菌繁殖起来，因此不能用于无感染的暴露伤口。

五、醛类

醛类作用与醇类相似，主要通过使蛋白质变性，发挥杀菌作用，但其杀菌作用较醇类强，其中以甲醛的杀菌作用最强。

1. 甲醛溶液

【性状】纯甲醛为无色气体，易溶于水，水溶液为无色或几乎无色的透明液体。40％的甲醛溶液即福尔马林。有刺激性臭味，与水或乙醇能任意混合。长期存放在冷处（9℃以下）会因聚合作用而浑浊，常加入10％～12％甲醇或乙醇可防止聚合变性。

【作用与用途】甲醛在气态或溶液状态下，均能凝固细菌菌体蛋白和溶解类脂，还能与蛋白质的氨基酸结合而使蛋白质变性，是一种广泛使用的防腐消毒剂。本品杀菌谱广泛且作用强，对细菌繁殖体及芽孢、病毒和真菌均有杀灭作用。主要用于畜（禽）舍、孵化器、种蛋、鱼（蚕、蜂）具、仓库及器械消毒，还因有硬化组织的作用，可用于固定生物标本、保存尸体。

【制剂与用法】甲醛溶液。5%甲醛酒精溶液，用于术部消毒；10%～20%甲醛溶液，用于治疗蹄叉腐烂；10%甲醛溶液，用于固定标本和尸体；2%～5%甲醛溶液，用于器具喷洒消毒；40%甲醛溶液，用于浸泡消毒或熏蒸消毒。熏蒸消毒生产中比较常用，具体使用方法见表7-4。

表7-4　福尔马林的熏蒸消毒方法

用途	方法
禽舍	禽舍空间可用福尔马林和高锰酸钾混合熏蒸，每立方米空间福尔马林14毫升、高锰酸钾7克(或福尔马林28毫升、高锰酸钾14克，或福尔马林42毫升、高锰酸钾21克。根据禽舍污浊程度确定比例)，室温不低于12～15℃，相对湿度为60%～80%，消毒时间为24～48小时
雏禽体表	每立方米空间用福尔马林7毫升、水3.5毫升、高锰酸钾3.5克，熏蒸1小时
种蛋	对刚产下的种蛋每立方米空间用福尔马林42毫升、高锰酸钾21克、水7毫升，熏蒸消毒20分钟。对洗涤室、垫料、运雏箱则需熏蒸消毒30分钟。入孵第一天的种蛋用福尔马林28毫升、高锰酸钾14克、水5毫升，熏蒸20分钟

【药物相互作用（不良反应）】皮肤接触福尔马林将引起刺激、灼伤、腐蚀及过敏反应。此外对黏膜有刺激性。

【注意事项】

① 用甲醛溶液熏蒸消毒时，与高锰酸钾混合立即发生反应，沸腾并产生大量气泡，所以，使用的容器容积要比应加甲醛的容积大10倍以上；使用时应先加高锰酸钾，再加甲醛溶液，而不要把高锰酸钾加到甲醛溶液中；熏蒸时消毒人员应离开消毒场所，将消毒场所密封。此外，甲醛的消毒作用与甲醛的浓度、温度、作用时间、相对湿度和有机物的存在量有直接关系。在熏蒸消毒时，应先把欲消毒的室（器）内清洗干净，排净室内其他污浊气体，再关闭门窗或排气孔，并保持25℃左右温度、60%～80%相对湿度。

② 药液污染皮肤，应立即用肥皂和水清洗；动物误服大量甲醛溶液，应迅速灌服稀氨水解毒。

2. 聚甲醛（多聚甲醛）

【性状】甲醛的聚合物，带甲醛臭味，系白色疏松粉末，熔点 120～170℃，不溶或难溶于水，但可溶于稀酸和稀碱溶液。

【作用与用途】聚甲醛本身无消毒作用，但在常温下可缓慢放出甲醛分子呈杀菌作用。如加热至 80～100℃ 时即释放大量甲醛分子（气体），呈强大杀菌作用。由于本品使用方便，近年来较多应用。常用于杀灭细菌、真菌和病毒。

【制剂与用法】多用于熏蒸消毒，常用量为每立方米 3～5 克，消毒时间为 10 小时。如用于大面积禽舍和孵化室时可增加用量至每立方米 10 克。

【药物相互作用（不良反应）】见甲醛溶液。

【注意事项】消毒时室内温度最好在 18℃ 以上，湿度最好在 80％～90％，不应低于 50％。

3. 戊二醛

【性状】油状液体，沸点 187～189℃，易溶于水和酒精，呈酸性反应。

【作用与用途】对繁殖型革兰氏阳性菌和阴性菌作用迅速，对耐酸菌、芽孢、某些霉菌和病毒也有抑制作用。在酸性溶液中较为稳定，在碱性环境尤其是当 pH 为 5～8.5 时杀菌作用最强。用于浸泡橡胶或塑料等不宜加热的器械或制品，也用于动物厩舍及器具的消毒。

【制剂与用法】20％或 25％的戊二醛水溶液，2％的戊二醛水溶液；常用 2％碱性溶液（加 0.3％碳酸氢钠），浸泡橡胶或塑料等不宜加热消毒的器械或制品，浸泡 10～20 分钟即可达到消毒目的。

也可加入双链季铵盐阳离子表面活性剂，作为增效剂配成复方戊二醛溶液，主要用于动物厩舍及器具的消毒。

【药物相互作用（不良反应）】本品在碱性溶液中杀菌作用强，但稳定性差，2 周后即失效；与金属器具可以发生反应。

【注意事项】避免接触皮肤和黏膜，接触后应立即用清水冲洗干净。

六、氧化剂类

氧化剂是一些含不稳定结合氧的化合物，遇有机物或酶即释出初生态氧，破坏菌体蛋白或酶呈杀菌作用，但同时对组织、细胞也有不同程度的损伤和腐蚀作用。本类药物主要对厌氧菌作用强，其次是对革兰氏阳性菌和某些螺旋体。

1. 氧化氢溶液（双氧水）

【性状】本品为含3%过氧化氢的无色澄明液体。味微酸。遇有机物可迅速分解产生泡沫，加热或遇光即分解变质，故应密封避光阴凉处保存。通常保存的浓双氧水为含27.5%～31%的浓过氧化氢溶液，临用时再稀释成3%的浓度。

【作用与用途】过氧化氢与组织中过氧化氢酶接触后即分解出初生态氧而呈杀菌作用，具有消毒、防腐、除臭的功能。但作用时间短、穿透力弱、易受有机物影响。主要用于清洗创面、窦道或瘘管等。

【制剂与用法】2.5%～3.5%过氧化氢溶液或26.0%～28.0%过氧化氢溶液。清洗化脓创面用1%～3%溶液，冲洗口腔黏膜用0.3%～1%溶液。3%以上高浓度溶液对组织有刺激性和腐蚀性。

【药物相互作用（不良反应）】与有机物、碱、生物碱、碘化物、高锰酸钾或其他较强氧化剂有配伍禁忌。

【注意事项】避免用手直接接触高浓度过氧化氢溶液，因可发生刺激性灼伤。

2. 高锰酸钾

【性状】黑紫色结晶，无臭，易溶于水，溶液以其浓度不同而呈粉红色至暗紫色。与还原剂（如甘油）研合可发生爆炸、燃烧。

【作用与用途】强氧化剂，遇有机物即放出初生态氧而呈杀菌作用，因无游离状氧原子放出，故不出现气泡。本品的抗菌除臭作用比过氧化氢溶液强而持久，但其作用极易因有机物的存在而减弱。本品还原后所生成的二氧化锰，能与蛋白质结合成盐，在低浓度时呈收敛作用，高浓度时有刺激和腐蚀作用。

低浓度高锰酸钾溶液（0.1％）可杀死多数细菌的繁殖体，高浓度时（2％～5％）在 24 小时内可杀死细菌芽孢。在酸性条件下可明显提高杀菌作用，如在 1％的高锰酸钾溶液中加入 1％盐酸，30 秒即可杀死许多细菌芽孢。可用于饮水、用具消毒和冲洗伤口。

【制剂与用法】固体。0.1％溶液可用于禽群饮水消毒，杀灭肠道病原微生物；本品与福尔马林合用可用于畜（禽）舍、孵化室等空气熏蒸消毒；2％～5％溶液用于浸泡消毒病禽污染的食桶、饮水器、器械等；0.1％溶液外用冲洗黏膜及皮肤创伤、溃疡等；1％溶液冲洗毒蛇咬伤的伤口；用 0.01％～0.05％溶液洗胃，用于某些有机物中毒。

【药物相互作用（不良反应）】高锰酸钾溶液遇有机物如酒精等易失效，遇氨水及其制剂可产生沉淀。本品粉末遇福尔马林、甘油等易发生剧烈燃烧，当它与活性炭或碘等还原型物质共同研合时可发生爆炸；高浓度对组织和皮肤有刺激和腐蚀作用。

【注意事项】水溶液宜现配现用，避光保存，久置变棕色而失效。

七、卤素类

卤素类中，能作消毒防腐药的主要是氯、碘，以及能释放出氯、碘的化合物。它们能氧化细菌原浆蛋白质活性基团，并和蛋白质的氨基酸结合而使其变性。

1. 碘

【性状】灰黑色带金属光泽的片状结晶，有挥发性，难溶于水，溶于乙醇及甘油，在碘化钾的水溶液或酒精溶液中易溶解。

【作用与用途】碘通过氧化和卤化作用而呈现强大的杀菌作用，可杀死细菌、芽孢、霉菌和病毒。碘对黏膜和皮肤有强烈的刺激作用，可使局部组织充血，促进炎性产物的吸收。

【制剂与用法】见表 7-5。

表 7-5　碘制剂及其用法

制剂名称	组成	用法
5％碘酊	碘 50 克、碘化钾 10 克、蒸馏水 10 毫升，加 75％酒精至 1000 毫升	主要用于手术部位及注射部位等消毒
10％浓碘酊	碘 100 克、碘化钾 20 克、蒸馏水 20 毫升，加 75％酒精至 1000 毫升	主要作为皮肤刺激药，用于慢性肌腱炎、关节炎等
1％碘甘油	将 1 克碘化钾加少量水溶解后，加 1 克碘，搅拌溶解后加甘油至 100 毫升	可用于禽痘的局部涂擦
5％碘甘油	碘 50 克、碘化钾 100 克、甘油 200 毫升，加蒸馏水至 1000 毫升	常用于治疗黏膜的各种炎症，刺激性小，作用时间较长
复方碘溶液（卢戈液）	碘 50 克、碘化钾 100 克，加蒸馏水至 1000 毫升	用于治疗黏膜的各种炎症，或向关节腔、瘘管等内注入

【药物相互作用（不良反应）】长时间浸泡金属器械，产生腐蚀性。各种含汞药物（包括中成药）无论以何种途径用药，如与碘剂（碘化钾、碘酊、含碘食物海带和海藻等）相遇，均可产生碘化汞而呈现毒性作用。

【注意事项】

① 对碘过敏（涂抹后曾引起全身性皮疹）的动物禁用；碘酊须涂于干燥的皮肤上，如涂于湿皮肤上不仅杀菌效力降低，且易引起发泡和皮炎。

② 配制碘液时，若碘化物过量（超过等量）加入，可使游离碘变为过碘化物，反而导致碘失去杀菌作用。

③ 碘可着色，天然纤维织物沾有碘液不易洗除。

④ 配制的碘液应存放在密闭容器内。若存放时间过久，颜色变淡（碘可在室温下升华），应测定碘含量，并将碘浓度补足后再使用。

2. 聚乙烯酮碘（吡咯烷酮碘）

【性状】1-乙烯基-2-吡咯烷酮与碘的复合物。黄棕色无定形粉末或片状固体，微有特臭，可溶于水，水溶液呈酸性。

【作用与用途】遇组织中还原物时，本品缓慢放出游离碘。对病毒、细菌、芽孢均有杀灭作用，毒性低、作用持久。除用作环境消毒剂外，还可用于皮肤和黏膜的消毒。

【制剂与用法】0.5％溶液作为喷雾剂外用。1％洗剂、软膏剂、0.75％溶液用于手术部位消毒。使用方法见表7-6。

表7-6　聚乙烯酮碘的使用方法

适用范围	稀释倍数		消毒方法
	常规	疫期	
养殖场、公共场合	1∶500	1∶200	喷洒
带畜消毒	1∶600	1∶300	喷雾
饮水消毒	1∶2000	1∶500	喷洒
皮肤消毒和治疗皮肤病	不稀释		直接涂擦或清洗
黏膜及创伤	1∶20		冲洗

【药物相互作用（不良反应）】与金属和季铵盐类消毒剂发生反应。

【注意事项】避免在阳光下使用，应放在密闭的容器中，当溶液变成白色或黄色时即失去消毒作用。

3. 碘伏（强力碘）

【性状】碘、碘化钾、硫酸、磷酸等配成的水溶液。棕红色液体，具有亲水、亲脂两重性。溶解度大，无味，无刺激性。

【作用与用途】碘伏系表面活性剂与碘络合的产物，杀菌作用持久，能杀死病毒、细菌及其芽孢、真菌及原虫等。在有效碘为每升50毫克时，10分钟能杀死各种细菌；有效碘为每升150毫克时，90分钟可杀死芽孢和病毒。可用于畜禽舍、饲槽、饮水、皮肤和器械等的消毒。

【制剂与用法】溶液，有效碘含量6％。5％溶液喷洒消毒畜禽舍，用量3～9毫升/米³；5％～10％溶液洗刷或浸泡消毒室用具、孵化用具、手术器械、种蛋等；饮水添加15～20毫升/升，饮水3天，防治禽类肠道传染病。

【药物相互作用（不良反应）】禁止与红汞等拮抗药物同用。

【注意事项】长时间浸泡金属器械，会产生腐蚀性。

4. 速效碘

【性状】碘、强力络合剂和增效剂络合而成的无毒液体。

【作用与用途】新型的含碘消毒液。具有高效（比常规碘消毒剂效力高5～7倍）、速效（在每升含25毫克浓度时，60秒内即杀灭一般常见病原微生物）、广谱（对细菌、真菌、病毒等均有效）、对人畜无害（无毒、无刺激、无腐蚀、无残留）等特点，用于环境、用具、畜禽体表、手术器械等多方面的消毒。

【制剂与用法】速效碘具有两种制剂，即 SI-Ⅰ 型（含有效碘1%）、SI-Ⅱ 型（含有效碘0.35%）。具体使用方法及剂量见表7-7。

表7-7 速效碘的使用方法

使用范围	稀释比例(1：X)		使用方法	作用时间/分
	SI-Ⅰ	SI-Ⅱ		
饮水	500～1000	150～300	直接饮用	—
畜禽舍	300～400	100～200	喷雾、喷洒	5～30
禽笼、饲槽、水槽	350～500	100～250	喷雾、洗刷	5～20
蛋盘、蛋箱、器具	350～500	100～250	浸泡、洗刷	5
带禽、带畜	350～450	100～250	喷雾	5～30
传染病高峰期	150～200	50～100	喷雾同时饮水	5～30
孵化室	300～400	100～250	喷雾	5～10
种蛋	500～800	200～300	浸泡	1
沙门菌病、大肠杆菌病	400～800	120～300	饮水（免疫前后3天停止）	1～5
鸭瘟、传染性法氏囊病	300～500	150～250	喷雾	5～10
创伤	20～30	5～10	涂擦	—
手术器械	200～300	50～100	浸泡、擦拭	5～10

【药物相互作用（不良反应）】忌与碱性药物同时使用。

【注意事项】污染严重的环境酌情加量；有效期为2年，应避光存放于-40~-20℃处。

5. 雅好生 (复合碘溶液、强效百毒杀)

【性状】碘、碘化物与磷酸配制而成的水溶液,褐红色黏性液体,未稀释液体可存放数年,稀释后应尽快用完。

【作用与用途】有较强的杀菌消毒作用,对大多数细菌、霉菌、病毒有杀灭作用。可用于畜 (禽) 舍、运输工具、饮水器皿、孵化器 (室)、器械消毒和污物处理等。

【制剂与用法】溶液 (含活性碘 1.8%~2.0%,磷酸 16.0%~18.0%),100 毫升/瓶或 500 毫升/瓶;用法见表 7-8。

表 7-8 复合碘溶液使用方法

使用范围	使用方法
孵化器(室)及设备消毒	第一次应用 0.45% 溶液消毒,待干燥后,再应用 0.15% 的溶液消毒一次即可
产蛋房、箱,禽舍地面消毒	用 0.45% 溶液喷洒或喷雾消毒,消毒后应定时再用清水冲洗
饮水消毒	饮水器应用 0.5% 溶液定期消毒,饮水可每 10 升水加 3 毫升复合碘溶液消毒
畜(禽)舍入口的消毒池	配制成 3% 溶液放入消毒池内
运输工具、器皿、器械消毒	应将消毒物品用清水彻底冲洗干净,然后用 1% 溶液喷洒消毒

【药物相互作用 (不良反应) 】不能与强碱性药物及肥皂水混合使用;不应与含汞药物配伍。

【注意事项】本品在低温时,消毒效果显著,应用时温度不能高于 40℃。

6. 百菌消 (碘酸混合液)

【性状】碘、碘化物、硫酸及磷酸制成的水溶液,深棕色的液体,有碘特臭,易挥发。

【作用与用途】有较强的杀灭细菌、病毒及真菌的作用。用于外科手术部位、畜 (禽) 舍、畜产品加工场所及用具等的消毒。

【制剂与用法】溶液 (含活性碘 2.75%~2.8%,磷酸 28.0%~

29.5%)，1000 毫升/瓶或 2000 毫升/瓶；用 1：100～1：300 浓度溶液杀灭病毒，1：300 浓度用于手术室及伤口消毒，1：400～1：600 浓度用于畜（禽）舍及用具消毒，1：500 浓度用于牧草消毒，1：2500 浓度用于畜禽饮水消毒。

【药物相互作用（不良反应）】与其他化学药物会发生反应。刺激皮肤和眼睛，出现过敏现象。

【注意事项】禁止接触皮肤和眼睛；稀释时，不宜使用超过 43℃ 的热水。

7. 漂白粉（含氯石灰）

【性状】本品系次氯酸钙、氯化钙与氢氧化钙的混合物，为白色颗粒粉状末，有氯臭，微溶于水和乙醇，遇酸分解，外露在空气中能吸收水和二氧化碳而分解失效，故应密封保存。

【作用与用途】本品的有效成分为氯，国家规定漂白粉中有效氯的含量不得少于 20%。漂白粉水解后产生次氯酸，而次氯酸又可以放出活性氯和初生态氯，呈现抗菌作用，并能破坏各种有机质。对细菌、芽孢、病毒及真菌都有杀灭作用。本品杀菌作用强，但不持久，在酸性环境中杀菌作用强，在碱性环境中杀菌作用弱。此外，杀菌作用与温度亦有重要关系，温度升高时增强。主要用于畜（禽）舍、饮水、用具、车辆及排泄物的消毒，及水生生物的细菌性疾病防治。

【制剂与用法】粉剂和溶液。饮水消毒，每 1000 升水加粉剂 6～10 克拌匀，30 分钟后可饮用。喷洒消毒，1%～3%澄清液可用于饲槽、饮水槽（器）及其他非金属用品的消毒；10%～20%乳剂可用于畜（禽）舍和排泄物的消毒。撒布消毒，直接用干粉撒布或与病畜粪便、排泄物按 1：5 比例均匀混合，进行消毒。

【药物相互作用（不良反应）】本品忌与酸、铵盐、硫黄和许多有机化合物配伍，遇盐酸释放氯气（有毒）。

【注意事项】密闭贮存于阴凉干燥处，不可与易燃易爆物品放在一起；使用时，正确计算用药量，现用现配，宜在阴天或傍晚施药，避免接触眼睛和皮肤，避免使用金属器具。

8. 氯胺-T（氯亚明）

【性状】白色或淡黄色晶状粉末，有氯臭，露置空气中逐渐失去氯而变黄色，含有效氯 $24\%\sim26\%$。溶于水，遇醇分解。

【作用与用途】本品遇有机物可缓慢放出氯而呈现杀菌作用，杀菌谱广。对细菌繁殖体、芽孢、病毒、真菌孢子都有杀灭作用，作用较弱但持久，对组织刺激性也弱；特别是加入铵盐，可加速氯的释放，增强杀菌效果。

【制剂与用法】粉剂。用于饮水消毒时，用量为每 1000 升水加入 $2\sim4$ 克；$0.2\%\sim0.3\%$ 溶液可用作黏膜消毒；$0.5\%\sim2\%$ 溶液可用于皮肤和创伤的消毒；3% 溶液用于排泄物的消毒。

【药物相互作用（不良反应）】与任何裸露的金属容器接触，降低药效和产生药害。

【注意事项】本品应避光、密闭、阴凉处保存。储存超过 3 年时，使用前应进行有效氯测定。

9. 二氯异氰尿酸钠（优氯净）

【性状】白色晶粉，有氯臭，含有效氯约 60%，性质稳定，室内保存半年后仅降低有效氯含量 0.16%。易溶于水，水溶液稳定性较差，在 $20℃$ 左右下，一周内有效氯约丧失 20%；在紫外线作用下更加速其有效氯的丧失。

【作用与用途】新型高效消毒药，对细菌繁殖体、芽孢、病毒、真菌孢子均有较强的杀灭作用。可采用喷洒、浸泡和擦拭方法消毒，也可用其干粉直接处理排泄物或其他污染物品，也可饮水消毒。

【制剂与用法】二氯异氰尿酸钠消毒粉（10 克/袋）。具体用法见表 7-9。

表 7-9　优氯净的使用方法

使用范围	使用方法
喷洒、浸泡、刷拭消毒	杀灭一般细菌用 $0.5\%\sim1\%$ 溶液。杀灭细菌芽孢用 $5\%\sim10\%$ 溶液
饮水消毒	每立方米饮水用干粉 10 克，作用 30 分钟
撒布消毒	用干粉直接撒布禽舍地面或运动场，每平方米 $10\sim20$ 克，作用 $2\sim4$ 小时（冬季每平方米加 50 毫克）
粪便消毒	用干粉按 1∶5 与病禽粪便或排泄物混合

续表

使用范围	使用方法
病毒污染物的消毒	1∶250 浸泡、冲洗消毒，作用时间 30 分钟
细菌繁殖体污染物的消毒	1∶1000 浸泡、擦洗和喷雾消毒，作用 30 分钟

【药物相互作用（不良反应）】溅入眼内要立即冲洗，对金属有腐蚀作用，对织物有漂白和腐蚀作用。

【注意事项】吸潮性强，储存时间过久应测定有效氯含量。

10. 三氯异氰尿酸

【性状】学名为三氯均三嗪-2,4,6-三酮，简称 TCCA，是氯代异氰酸系列产品之一。为白色结晶性粉末或粒状固体，具有强烈的氯气刺激味，含有效氯在 85％以上，在水中溶解度为 1.2 克/100 克，遇酸或碱易分解。

【作用与用途】一种极强的氯化剂和氧化剂，具有高效、广谱、安全等特点，对球虫卵囊也有一定的杀灭作用。主要用于养殖场所（如畜禽圈舍、走廊）、器具、种蛋、饮水等消毒以及带禽消毒。

【制剂与用法】三氯异氰尿酸消毒片［100 片（每片含 1 克）/瓶］。熏蒸消毒按 1 克/米^3 点燃熏蒸 30 分钟，密闭 24 小时，通风 1 小时；喷雾、浸泡消毒按 1∶500 稀释；饮水消毒按 1∶2500 稀释。

【药物相互作用（不良反应）】与液氨、氨水等含有氨、胺、铵的无机盐和有机物混放，易爆炸或燃烧。与非离子表面活性剂接触，易燃烧；不可和氧化剂、还原剂混贮；对金属有腐蚀作用。

【注意事项】宜现配现用；本品为外用消毒片，不得口服。本品应置于阴凉、通风干燥处保存。

11. 次氯酸钠

【性状】澄明微黄的水溶液，含 5％次氯酸钠，性质不稳定，见光易分解，应避光密封保存。

【作用与用途】有强大的杀菌作用，对组织有较大的刺激性，故不用作创伤消毒剂。如饮用水消毒、疫源地消毒、污水处理、畜禽养殖场消毒。

【制剂与用法】次氯酸钠是液体氯消毒剂。0.01%～0.02%水溶液用于畜禽用具、器械的浸泡消毒，消毒时间为5～10分钟；0.3%水溶液每立方米空间30～50毫升用于禽舍内带禽气雾消毒；1%水溶液每立方米空间200毫升用于畜禽舍及周围环境喷洒消毒。

【药物相互作用（不良反应）】次氯酸钠对金属等有腐蚀作用。

【注意事项】

① 使用次氯酸钠消毒要选用适宜的杀菌浓度，谨防走入"浓度越高效果越好"的误区，因为高温、高浓度可使其迅速衰减，影响消毒效果。

② 次氯酸钠消毒受水pH的影响，水的pH越高，其消毒效果越差。

③ 次氯酸钠不宜长时间贮存。受光照、温度等因素的影响，有效氯容易挥发。市面上有一种次氯酸钠发生器，能够有效地提高消毒效果。

④ 使用次氯酸钠消毒，要清除物件表面上的有机物，因为有机物可能消耗有效氯，降低消毒效果。

12. 抗毒威

【性状】新型含氯混合广谱消毒剂，白色粉末，易溶于水，水溶液呈中性，性质稳定，毒性低，对人畜无害。

【作用与用途】可有效杀灭多种病毒以及支原体、大肠杆菌、沙门菌、葡萄球菌及巴氏杆菌等禽场常见致病菌。常用于禽场内地面、器具、种蛋和饮水消毒，预防各种病毒或病原菌引起的传染病。

【制剂与用法】粉剂。按1:400比例稀释用于喷洒禽舍或运动场地面、笼具、仓库等的消毒；可带禽消毒，每5～7天消毒一次，每平方米地面用1升水溶液；亦可用该浓度浸泡种蛋、饲养器具等，作用10分钟。可将粉剂按1:1000比例拌匀于饲料中饲喂，以抑制消化道病原菌生长繁殖。饮水消毒可按1:5000比例加到饮水中经常让禽群饮用，亦可抑制消化道病原菌生长。

【药物相互作用（不良反应）】抗毒威用于拌料或饮水消毒时，结合应用抗生素，控制病情效果更好；对金属有腐蚀作用，对织物有漂白和腐蚀作用。

【注意事项】

① 抗毒威为预防性消毒剂，可长期使用。

② 因抗毒威对细菌和病毒均有杀灭作用，因此在接种活疫苗前后两天，不宜使用，两天后可恢复正常使用。

③ 抗毒威用于疫病污染的禽群时，应适当加大药物浓度。病区喷洒或冲洗可用1:200稀释液，全面消毒，每日2次。病禽饮水可按1:500稀释，让禽只自由饮水，最好配以有关抗生素或抗病毒制剂。

13. 二氧化氯

【性状】 本品在常温下为淡黄色气体，具有强烈的刺激性气味，其有效氯含量高达26.3%。常温下本品在水中的饱和溶解度为5.7克/100克，是氯气的5～10倍，且在水中不发生水解。

【作用与用途】 本品为广谱杀菌消毒剂、水质净化剂，安全无毒、无致畸致癌作用。其主要作用是氧化作用。对病毒、芽孢、真菌、原虫等，均有强大的杀灭作用，并且有除臭、漂白、防霉、改良水质等作用。主要用于畜（禽）舍、饮水、环境、排泄物、用具、车辆、种蛋消毒。

【制剂与用法】 养殖业中应用的二氧化氯有两类：一类是稳定的二氧化氯溶液（即加有稳定剂的合剂），无色、无味、无臭的透明水溶液，腐蚀性小，不易燃，不挥发，在-5～95℃下较稳定，不易分解。含量一般为5%～10%，用时需加入固体活化剂（酸活化），即释放出二氧化氯。另一类是固体二氧化氯，为二元包装，其中一包为亚氯酸钠，另一包为增效剂及活化剂，用时分别溶于水后混合，即迅速产生二氧化氯。用法见表7-10。

表7-10　二氧化氯的使用方法

制剂	特性	使用方法
稳定性二氧化氯溶液，也叫复合亚氯酸钠	含二氧化氯10%，临用时与等量活化剂混合应用，单独使用无效	空间消毒：按1:250浓度，每立方米10毫升喷洒，使地面保持潮湿30分钟；饮水消毒：每100千克水加5毫升，搅拌均匀，作用30分钟后即可饮用；排泄物、粪便除臭消毒：每100千克水加本制剂5毫升，对污染严重的可适当加大剂量；禽肠道细菌病辅助治疗：按1:500～1:1000浓度混饮，连用1～2天

续表

制剂	特性	使用方法
固体二氧化氯	A、B两袋,规格分别为100克、200克,内装A、B袋药各50克、100克	按A、B两袋各50克,分别混水1000毫升、500毫升,搅拌溶解制成A液、B液,再将A液与B液混合静置5～10分钟,即得红黄色液体作母液。母液的稀释浓度为:畜禽舍1:600～1:800喷洒或喷雾消毒;器具1:100～1:200浸泡、擦洗;常规饮用水处理,1:3000～1:4000,连饮1～2天

【药物相互作用（不良反应）】忌与酸类、有机物、易燃物混放；配制溶液时，不宜用金属容器。

【注意事项】消毒液宜现配现用，久置无效；宜在露天阴凉处配制消毒液，配制时面部避开消毒液。

14. 强力消毒王

【性状】强力消毒王是一种新型复方含氯消毒剂。主要成分为二氯异氰尿酸钠，并加入阴离子表面活性剂等。本品有效氯含量≥20%。

【作用与用途】本品消毒杀菌力强，易溶于水，正常使用时对人、畜无害，对皮肤、黏膜无刺激性、无腐蚀性，并具有防霉、去污、除臭的效果，且性质稳定，持久，耐贮存；可带畜、带禽喷雾消毒或拌料饮水，也可进行环境、用具和设备等消毒。

【制剂与用法】根据消毒范围及对象，参考规定比例称取一定量的药品，先用少量水溶解成悬浊液，再加水逐渐稀释到规定比例。具体配比和用法见表7-11。

表7-11　强力消毒王的使用方法

消毒范围	配比浓度	方法及用量	作用时间/分
畜禽舍	1:800	喷雾;50毫升/米^3	30
带畜	1:1000	喷雾;30毫升/米^3	15
鸭瘟	1:500	喷雾;500毫升	10
禽霍乱、传染性法氏囊病	1:800	喷雾,50毫升/米^3;饮水	喷雾;30;连续饮水3～5天
沙门菌感染、大肠杆菌、球虫病	1:4000	饮水	常规预防,连续饮水2～3天
种蛋	1:1000	浸泡	10

【药物相互作用（不良反应）】勿与有机物、有害农药、还原剂混用，严禁使用喷洒过有害农药的喷雾器具喷洒本药。

【注意事项】现用现配。

八、表面活性剂类

表面活性剂是一类能降低水和油表面张力的物质，又称除污剂或清洁剂。此外，此类物质能吸附于细菌表面，改变菌体细胞膜的通透性，使菌体内的酶、辅酶和代谢中间产物逸出，因而呈杀菌作用。

这类药物分为阳离子表面活性剂、阴离子表面活性剂与不游离的非离子表面活性剂3种。常用的为阳离子表面活性剂，其抗菌谱较广，显效快，并对组织无刺激性，能杀死多种革兰氏阳性菌和阴性菌，对多种真菌和病毒也有作用。阳离子表面活性剂抗菌作用在碱性环境中作用强，在酸性环境中作用弱，故应用时不能与酸类消毒剂及肥皂、合成洗涤剂合用。阴离子表面活性剂仅能杀死革兰氏阳性菌。非离子表面活性剂无杀菌作用，只有除污和清洁作用。

1. 新洁尔灭（苯扎溴铵）

【性状】为季铵盐消毒剂，是溴化二甲基苄基烃铵的混合物。无色或淡黄色胶状液体，低温时可逐渐形成蜡状固体，味极苦，易溶于水，水溶液为碱性，摇时可产生大量泡沫。易溶于乙醇，微溶于丙酮，不溶于乙醚和苯。耐加热加压，性质稳定，可保存较长时间效力不变。对金属、橡胶、塑料制品无腐蚀作用。

【作用与用途】有较强的消毒作用，对多数革兰氏阳性菌和阴性菌，接触数分钟即能杀死。对病毒效力差，不能杀死结核杆菌、霉菌和炭疽杆菌芽孢。可用于术前手臂皮肤、黏膜、器械、养禽用具、种蛋等的消毒。

【制剂与用法】有3种制剂分别为1%、5%和10%浓度，瓶装分为500毫升和1000毫升2种。0.1%溶液消毒手臂、手指，应将手浸泡5分钟，亦可浸泡消毒手术器械、玻璃、搪瓷等，浸泡时间为30分钟。0.1%溶液以喷雾或洗涤消毒蛋壳，药液温度为40～43℃，浸泡时间最长为3分钟；0.15%～2%溶液可用于禽舍内空间的喷雾消毒；0.01%～0.05%溶液用于黏膜（阴道、膀胱等）及深部感染伤口的冲洗。

【药物相互作用（不良反应）】忌与碘、碘化钾、过氧化物盐类消毒药及其他阴离子活性剂等配伍应用。不可与普通肥皂配伍，术者用肥皂洗手后，务必用水冲洗干净后再用本品。

【注意事项】浸泡器械时应加入 0.5％亚硝酸钠，以防生锈。不适用于消毒粪便、污水、皮革等，其水溶液不得贮存于聚乙烯制作的容器内，以避免药物失效。本品有时会引起人体药物过敏。

2. 洗必泰

【性状】有醋酸洗必泰和盐酸洗必泰两种，均为白色结晶性粉末，无臭，有苦味，微溶于水（1∶400）及酒精，水溶液呈强碱性。

【作用与用途】有广谱抑菌、杀菌作用，对革兰氏阳性菌和阴性菌及真菌、霉菌均有杀灭作用，毒性低，无局部刺激性。用于手术前消毒、创伤冲洗、烧伤感染，亦可用于食品厂器具、禽舍、手术室等环境消毒，本品与新洁尔灭联用对大肠杆菌有协同杀菌作用，两药的混合液呈相加消毒效力。

【制剂与用法】醋酸或盐酸洗必泰粉剂，每瓶 50 克；片剂，每片5 毫克。0.02％溶液用于术前泡手，3 分钟即可达消毒目的；0.05％溶液用于冲洗创伤；0.05％酒精溶液用于术前皮肤消毒；0.1％溶液浸泡器械（其中应加 0.5％亚硝酸钠），一般浸泡 10 分钟以上；0.5％溶液喷雾或涂擦无菌室、手术室、禽舍、用具等。

【药物相互作用（不良反应）】本品遇肥皂、碱、金属物质和某些阴离子药物活性降低，并忌与碘、甲醛、重碳酸盐、碳酸盐、氯化物、硼酸盐、枸橼酸盐、磷酸盐和硫酸配伍，因可能生成低溶解度的盐类而沉淀。浓溶液对结合膜、黏膜等敏感组织有刺激性。

【注意事项】药液使用过程中效力可减弱，一般应每两周换一次。长时间加热可发生分解。其他注意事项同新洁尔灭。

3. 消毒净

【性状】白色结晶性粉末，无臭，味苦，微有刺激性，易受潮，易溶于水和酒精，水溶液易起泡沫，对热稳定，应密封保存。

【作用与用途】抗菌谱同洗必泰，但消毒力较洗必泰弱而较新洁尔灭强。常用于手、皮肤、黏膜、器械、禽舍等的消毒。

【制剂与用法】 0.05％溶液可用于冲洗黏膜，0.1％溶液用于手和皮肤的消毒，亦可浸泡消毒器械（如为金属器械，应加入 0.5％亚硝酸钠）。

【药物相互作用（不良反应）】 不可与合成洗涤剂或阴离子表面活性剂接触，以免失效。亦不可与普通肥皂配伍（因普通肥皂为阴离子皂）。

【注意事项】 在水质硬度过高的地区应用时，药物浓度应适当提高。

4. 度米芬（消毒宁）

【性状】 白色或微黄色片状结晶，味极苦，能溶于水及酒精，振荡水溶液会产生泡沫。

【作用与用途】 表面活性广谱杀菌剂。由于能扰乱细菌的新陈代谢而产生杀菌作用。对革兰氏阳性菌及阴性菌均有杀灭作用，对芽孢、抗酸杆菌、病毒效果不明显，有抗真菌作用。在碱性溶液中效力增强，在酸性、有机物、脓、血存在条件下则减弱。用于口腔感染的辅助治疗和皮肤消毒。

【制剂与用法】 0.02％～1％溶液用于皮肤、黏膜消毒及局部感染湿敷。0.05％溶液用于器械消毒，还可用于食品厂、奶牛场用具设备的贮藏消毒。

【药物相互作用（不良反应）】 禁与肥皂、盐类和无机碱配伍。

【注意事项】 避免使用铝制容器盛装；消毒金属器械时需加入 0.5％亚硝酸钠防锈；可能引起人接触性皮炎。

5. 创必龙

【性状】 白色结晶性粉末，几乎无臭，有吸湿性，在空气中稳定，易溶于乙醇和氯仿，几乎不溶于水。

【作用与用途】 双链季铵盐阳离子表面活性剂，对使用一般抗生素无效的葡萄球菌、链球菌和念珠菌以及皮肤癣菌等均有抑制作用。

【制剂与用法】 0.1％乳剂或 0.1％油膏用于防治烧伤后感染、术后创口感染及白色念珠菌感染等。

【**药物相互作用（不良反应）**】不能与酸类消毒剂及肥皂、合成洗涤剂合用。

【**注意事项**】局部应用对皮肤产生刺激性，偶有皮肤过敏反应。

6. 菌毒清（环中菌毒清、辛氨乙甘酸溶液）

【**性状**】是甘氨酸取代衍生物加适量的助剂配制而成。黄色透明液体，有微腥臭，味微苦，强力振摇时产生大量泡沫。

【**作用与用途**】为双离子表面活性剂，是一种高效、低毒、广谱杀菌剂（作用机理是凝固病菌蛋白质，破坏细胞膜，抑制病菌呼吸，使细菌酶系统变性，从而杀死细菌。对化脓性球菌、肠道杆菌及真菌有良好的杀灭作用，对细菌芽孢无杀灭作用。对结核杆菌，1%的溶液需作用 12 小时。杀菌效果不受血清等有机物的影响）。用于环境、器械、种蛋和手的消毒。能在常温下低浓度快速杀灭引起流行性感冒、传染性法氏囊病、大肠杆菌病、球虫病、肠炎等的各种致病微生物。

【**制剂与用法**】溶液。将本品用水稀释后喷洒、浸泡或擦拭表面。使用方法见表 7-12。

表 7-12　菌毒清的用法

使用范围	用法用量
常规消毒	每 1000 毫升加水 1000 千克，每周一次
疫区消毒	每 1000 毫升加水 500 千克，每天一次，连用一周
鸭舍空舍消毒	每 1000 毫升加水 500 千克，按每立方米 0.5 升全舍喷洒，清理粪便、垃圾，然后用高压水进行全舍冲洗。干燥后，每立方米 1.5 升全舍喷雾消毒。曾发生过传染病或其他疾病的鸭舍，干燥后再用喷雾消毒一次（每立方米 1.5 升消毒溶液）
鸭舍带鸭消毒	舍内清洁后用 500 倍稀释液喷雾消毒。平时每隔 1～2 周带鸭消毒一次
设备、器具消毒	食槽、饮水器先用清水洗刷干净，然后用 500 倍稀释液浸泡 10 分钟；育雏器（室）、运雏箱、运蛋箱等先用水冲刷干净，然后用 500 倍稀释液喷雾消毒，待干燥后再进行喷雾消毒一次；运输工具用 500 倍稀释液喷雾消毒一次即可

使用范围	用法用量
种蛋消毒	种蛋于孵化前用 500 倍稀释液,在 41～43℃温度下浸洗 2～3 分钟即可
饮水消毒	每 1000 毫升加水 5000 千克,自由饮用
病鸭治疗	将本品用清水稀释 1000～1500 倍,供鸭饮水或拌料饲喂
器械消毒	每 1000 毫升加水 1000 千克,浸泡 2 小时

【药物相互作用（不良反应）】与其他消毒剂合用效果降低。

【注意事项】不能直接接触食物；不适用于粪便及排泄物的消毒；应贮存于 9℃以上的阴冷干燥处，因气温较低出现沉淀时，应加温溶解再用。密封保存。

7. 癸甲溴铵溶液（博灭特）

【性状】主要成分是溴化二甲基二癸基烃铵，为无色或微黄色的黏稠性液体，振摇时产生泡沫，味极苦。

【作用与用途】是一种双链季铵盐消毒剂，对多数细菌、真菌、病毒有杀灭作用。作用机制是解离出季铵盐阳离子，与细菌胞浆膜磷脂中带负电荷的磷酸基结合，从而低浓度时抑菌，高浓度时杀菌。溴离子使分子的亲水性和亲脂性大大增加，可迅速渗透到胞浆膜脂质层及蛋白质层，改变膜的通透性，起到杀菌作用。广泛应用于厩舍、饲喂器具、孵化室、种蛋、饮水和环境等的消毒。

【制剂与用法】10％癸甲溴铵溶液。以癸甲溴铵计：厩舍、器具消毒 0.015％～0.05％溶液（即本品稀释 200～600 倍）；饮水消毒 0.0025％～0.005％溶液（即本品稀释 2000～4000 倍）。

【药物相互作用（不良反应）】原液对皮肤、眼睛有刺激性，避免与眼睛、皮肤和衣服直接接触。

【注意事项】不可口服，一旦误服，饮用大量水或牛奶，并尽快就医；使用时小心操作，原液如溅及眼部和皮肤立即以大量清水冲洗至少 15 分钟。

九、其他消毒防腐剂

1. 环氧乙烷

【性状】 本品在低温时为无色透明液体，易挥发（沸点 10.7℃）。遇明火易燃烧、易爆炸，在空气中，其蒸气达 3％以上就能引起燃烧。能溶于水和大部分有机溶剂。有毒。

【作用与用途】 为广谱、高效杀菌剂，对细菌、芽孢、真菌、立克次体和病毒，以及昆虫和虫卵都有杀灭作用。同时，还具有穿透力强、易扩散、消除快、对物品无损害无腐蚀等优点。主要适用于忌热、忌湿物品的消毒，如精密仪器、医疗器械、生物制品、皮革、饲料、谷物等的消毒，亦可用于畜禽舍、仓库、无菌室、孵化室等空间消毒。

【制剂与用法】 因其在空气中浓度超过 3％可引起燃烧爆炸，一般使用二氧化碳或卤烷作稀释剂，防止燃烧爆炸，其制剂是 10％的环氧乙烷与 90％的二氧化碳或卤烷混合而成。杀灭繁殖型细菌，每立方米用 300～400 克，作用 8 小时；消毒芽孢和霉菌污染的物品，每立方米用 700～950 克，作用 24 小时。一般置消毒袋内进行消毒。消毒时相对湿度为 30％～50％，温度不低于 18℃，最适温度为 38～54℃。

【药物相互作用（不良反应）】 环氧乙烷对大多数消毒物品无损害，可破坏食物中的某些成分，如维生素 B_1、维生素 B_2、维生素 B_6 和叶酸，消毒后食物中组氨酸、甲硫氨酸、赖氨酸等含量降低。链霉素经环氧乙烷灭菌后效力降低 35％，但对青霉素无灭活作用。因本品可导致红细胞溶解、补体灭活和凝血酶原破坏，不能用作血液灭菌；对眼、呼吸道有腐蚀性，可导致呕吐、恶心、腹泻、头痛、中枢抑制、呼吸困难、肺水肿等，还可出现肝、肾损害和溶血现象。皮肤过度接触环氧乙烷液体或溶液，会产生灼烧感，出现水疱、皮炎等，若经皮肤吸收可能出现系统反应。环氧乙烷属烷基化剂，有致癌可能。

【注意事项】 贮存或消毒时禁止有火源，应将 1 份环氧乙烷和 9 份二氧化碳的混合物贮于高压钢瓶中备用。

2. 溴化甲烷

【性状】本品在室温下为气体，低温下为液体，沸点为 4.6℃。在水中的溶解度为 1.8 克/100 克，气体的穿透力强，不易燃烧和爆炸。

【作用与用途】是一种广谱杀菌剂，可以杀灭细菌繁殖体、芽孢、真菌和病毒，但其杀菌作用较弱。作用机制为非特异性烷基化作用，与环氧乙烷的作用机制相似。常用于粮食的消毒和预防病毒性或细菌性传染病的环境消毒，及污染毒（禽）场的消毒。

【制剂与用法】一般用 3400～3900 毫克/升的浓度，在 40%～70%相对湿度下，作用 24～26 小时，可达到灭菌目的。

【药物相互作用（不良反应）】对眼和呼吸道有刺激作用。

【注意事项】溴化甲烷是一种高毒气体，中毒的表现症状为中枢神经系统损害，有头痛、无力、恶心等症状。

3. 硫柳汞

【性状】本品是黄色或微黄色结晶性粉末，稍有臭味，遇光易变质。在乙醚或苯中几乎不溶，乙醇中溶解，水中易溶解。

【作用与用途】本品是一种有机汞（含乙基汞）消毒防腐药，对细菌和真菌都有抑制生长的作用。可用于皮肤、黏膜的消毒，如皮肤伤口、眼鼻黏膜炎症、皮肤真菌感染的消毒，刺激性小。也常用于生物制品（如疫苗）的防腐，浓度为 0.05%～0.2%。

【制剂与用法】硫柳汞酊（每 1000 毫升含硫柳汞 1 克、曙红 0.6 克、乙醇胺 1 克、乙二胺 0.28 克、乙醇 600 毫升、蒸馏水适量）。0.1%酊剂用于手术前皮肤消毒；0.1%溶液用于剖面消毒；0.01%～0.02%溶液用于眼、鼻及尿道冲洗；0.1%乳膏用于治疗霉菌性皮肤感染；0.01%～0.02%用于生物制品作抑菌剂。

【药物相互作用（不良反应）】与酸、碘、铝等重金属盐或生物碱不能配伍。可引起接触性皮炎、变应性结膜炎、耳毒性。

【注意事项】避光，密闭保存。

第八章

生物制品的安全使用

第一节　生物制品的概述及安全使用要求

一、生物制品的概述

1. 概念

生物制品是利用免疫学原理，用微生物（细菌、病毒、立克次体）及其毒素等、动物血液、动物组织制成的，用以预防、治疗以及诊断畜禽传染病的一类物质。

2. 种类

生物制品的种类见表8-1。

表8-1　生物制品的种类

类别	种类	特性
预防类	菌苗	按抗原菌株的处理，分为死菌苗和活菌苗。活菌苗具有接种剂量小，接种次数少，免疫期长的特点；死菌苗性质稳定，安全性高，但免疫力不及活菌苗
	疫苗	用病毒和立克次体，接种于动物、鸡胚或经组织培养液培养后，加以处理而成的。疫苗分为弱毒疫苗和死毒疫苗（灭活苗）
	类毒素	用细菌产生的外毒素加入甲醛处理后，变为无毒性但仍有免疫原性的制剂

续表

类别	种类	特性
治疗类	免疫血清	指经过多次免疫的动物血清。包括抗菌血清、抗病毒血清和抗毒素。抗菌血清使用较少
	高免卵黄	多次免疫的禽蛋(即高免蛋)经无菌操作采取蛋黄稀释加工而成。主要用于禽类病毒病的治疗
	免疫增效剂	通过影响机体免疫应答反应、病理反应而增强机体免疫功能的药物。家禽免疫增效剂一般有维生素类(维生素 A、维生素 E、维生素 C)、硒、左旋咪唑、黄芪多糖、微生物制剂(乳酸菌、双歧杆菌)、中草药等
诊断类	诊断抗原	用已知微生物和寄生虫及其组分或浸出物、代谢产物、感染动物组织制成,用以检测血清中的相应抗体。如鸭疫里默杆菌平板凝集抗原
	诊断血清	含有经标定的已知抗体,用以检查可疑畜禽组织内有无该病特异性抗原(病原微生物及其代谢产物)的存在。如沙门菌阳性血清

二、生物制品（疫苗）的安全使用要求

生物制品中使用最频繁、最重要的是疫苗（生产中一般把菌苗、疫苗和类毒素统称为疫苗）。使用疫苗免疫接种是增强家禽特异性抵抗力，减少疫病发生的重要手段。疫苗的科学安全使用至关重要，具体要求如下。

1. 科学选购、运输和使用疫苗

疫苗选择和使用影响免疫效果，应选择优质疫苗并科学使用。购买的疫苗应是国家指定的有生产批文的兽药生物制品生产单位经检验证明免疫性好的疫苗。不同生产单位生产的疫苗，免疫效果可能会有差异，选购时要注意生产单位（图 8-1）；要检查疫苗，有瓶签和说明书，不过期，瓶完好无损，瓶塞不松动，瓶内疫苗性状与说明书一致时才能购买，否则不能购买（图 8-2）。

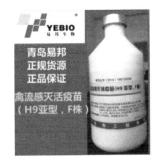

图 8-1 青岛易邦的禽流感疫苗

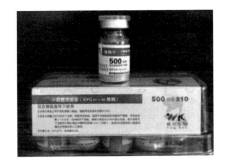

图 8-2 附有说明且封闭良好的疫苗

疫苗是生物药品，有严格的贮存条件及有效期。如果不按规定进行运输与保存，就会直接影响疫苗的质量和免疫效果，降低疫苗效价，从而不能产生足够的免疫保护，甚至导致免疫失败。所有的冻干活疫苗均应在低温条件下保存和运输，其目的是保持疫苗毒的活性。给家禽接种适量的活毒疫苗，其能在体内一过性繁殖，可诱导产生部分或坚强的免疫力，有些毒株还可诱导干扰素的产生。冻干活疫苗保存运输温度愈低，疫苗毒的活性（保存期）就愈长，但如果疫苗长时间放置于常温环境，疫苗毒的活性就会受到很大影响，冻干活疫苗就可能变成普通死苗了，其免疫效果可想而知。通常情况下，冻干活疫苗保存在-15℃以下，保存期可达 1～2 年；0～4℃，保存期为 8 个月；25℃，保存期不超过 15 天。油乳剂苗应保存在 4～8℃的环境下，此温度既能较好地保持疫苗毒株的抗原性，也可使油乳剂苗保持相对的稳定（不破乳、不分层）。油乳剂苗保存及运输应注重两个问题：一是切勿冻结。如果油乳剂苗冻结保存、运输，使用前解冻，会出现破乳和分层现象。二是虽然油乳剂苗属于灭活苗，但也不宜保存在常温或较高温度的环境中，否则对疫苗毒的抗原性会产生很大影响（图 8-3、图 8-4）。

冻干疫苗使用前均需用稀释液进行稀释，除马立克苗使用专用稀释液和禽霍乱苗及其联苗用铝胶水稀释外（图 8-5），其他活苗均可用灭菌生理盐水、蒸馏水或冷开水稀释。稀释用水不得含有任何消毒剂及消毒离子；不得用自来水直接稀释疫苗，应通过去离子处理；不得用污染病原微生物的井水直接稀释疫苗，应煮沸后充分冷却再使用。

图 8-3 疫苗包装和运输

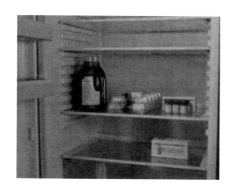

图 8-4 疫苗的保存

图 8-5 专用稀释液

【注意】疫苗使用前要检查名称、有效期、剂量、封口是否严密、是否破损和吸湿等。无真空和潮解的疫苗禁用。瓶塞有松动，瓶有破裂的以及药品的色泽和性状与说明不符的不得使用。稀释过程中一般应分级进行，对疫苗瓶一般应用稀释液冲洗 2～3 次，疫苗放入稀释器皿中要上下振摇，力求稀释均匀；稀释好的疫苗应尽快用完，尚未使用的疫苗也应放在冰箱或冰水桶中冷藏。

2. 制订科学免疫程序

① 根据本地（或本场）疫病流行情况而定。根据当地疫病发生

【小知识】对疫苗的具体要求

一是疫苗毒株应有良好的免疫原性和反应原性。免疫原性是抗原能刺激机体产生抗体及致敏淋巴细胞的能力;反应原性是抗原能与该致敏淋巴细胞或相应抗体发生特异性结合的能力。二是疫苗应绝对安全并有较高的毒价(含毒量)。抗原必须达到一定的剂量,才能刺激机体产生抗体。一般活病毒及细菌的抗原性(毒价)较灭活病毒及细菌的强。三是疫苗毒性应纯粹不含外源病原微生物。疫苗内不应含其他病原微生物,否则会产生各自相应的抗体而相互抑制,降低疫苗的使用效果。

情况,确定疫苗的免疫时间和免疫种类。对当前未发生过的疾病切忌盲目接种,避免传播。禽痘、禽流感免疫最好在该病突发前 1 个月左右免疫,这样可以适当减少接种次数和对禽只的应激。

② 根据雏禽母源抗体高低及均匀来确定。母源抗体的高低将直接影响到疫苗的接种效果,母源抗体愈高,接种效果愈差,甚至会造成无效接种;母源抗体愈低(或消失),接种效果愈好,但此时受到外源病原微生物威胁也愈大。应根据母源抗体衰减规律,选择一个适当首免日龄,这样,接种疫苗能产生部分免疫力,同时又能抗野毒的侵袭。如鸭病毒性肝炎,有母源抗体的雏鸭,可在 7～10 日龄肌内注射鸭病毒性肝炎弱毒疫苗,无母源抗体的雏鸭就必须在 1 日龄进行免疫接种;雏禽抵抗力弱,且免疫机制不健全,所选用疫苗的毒力应从弱至较弱再到中毒力。

③ 根据疫苗间的干扰情况科学安排不同疫苗的免疫时间。同时使用两种或多种弱毒苗往往会产生干扰现象,因此,使用弱毒苗要注意有适当的间隔时间。

④ 根据疫苗说明要求科学选择疫苗的接种途径和确定疫苗剂量及稀释量。

3. 正确操作

根据不同疫苗特点选择最佳的接种途径。按照不同接种途径的要求进行正确操作。

(1)肌内或皮下注射

① 方法及特点。肌内或皮下注射剂量准确、效果确实,但劳动强度大,应激反应强。

肌内注射是将疫苗注射于肌肉内,是常用的一种免疫方法。要注意针头的合适长度,以保证疫苗确实注入肌肉内。鸭在胸肌、腿肌或翅膀根部肌肉进行注射。胸肌注射时，用 7 号短针头并要注射在浅层，进针方向要与胸肌呈 15°～30°。腿肌注射要在大腿外侧进行。肌内注射时抗原可以缓慢而稳定地被吸收（图 8-6）。

图 8-6　肌内注射

翅膀根部无血管处肌内注射（左图）；腿部肌内注射（中图）；胸部肌内注射（右图）

【注意】胸部肌内注射时，针头方向应与胸骨大致平行，插入深度雏鸭为 0.5～1 厘米，日龄较大的鸭可为 1～2 厘米。

皮下注射是将疫苗注入皮下组织，经毛细血管吸收进入血液，通过血液循环进入动物淋巴组织，从而刺激免疫系统产生免疫应答。油乳剂灭活苗多采用此方。皮下组织吸收比较缓慢而均匀，注射部位多选在颈部皮下（图 8-7）。

图 8-7　鸭的颈部皮下注射

【注意】颈部皮下注射时，针头方向应向后向下，针头方向与颈部纵轴基本平行。雏鸭的插入深度为 0.5～1 厘米，日龄较大的鸭可为 1～2 厘米。

② 操作注意点。一是稀释液中不能加入药物。疫苗稀释液应是

经消毒而无菌的，一般不要随便加入抗菌药物。二是疫苗注射量适宜。疫苗的稀释量和注射量应适当，量太小则操作时误差较大，量太大则操作麻烦，根据不同日龄应控制在 0.2～1 毫升/只为宜。三是注射量准确。使用连续注射器注射时，应经常核对注射器刻度容量和实际容量之间的误差，以免实际注射量出现偏差。注意注射器及针头用前均应消毒。四是注射部位准确。皮下注射的部位一般选在颈部背侧，肌内注射部位一般选在胸肌或肩关节附近的肌肉丰满处。五是正确操作。在将疫苗液推入后，针头应慢慢拔出，以免疫苗液漏出。在注射过程中，应边注射边摇动疫苗瓶，力求疫苗的均匀。六是注意接种顺序。在接种过程中，应先注射健康群，再接种假定健康群，最后接种有病的鸭群。七是注射针头和部位的消毒问题。关于是否一只鸭一个针头及注射部位是否消毒，可根据实际情况而定。但吸取疫苗的针头和注射鸭的针头则绝对要分开，尽量注意卫生以防止经免疫注射而引起疾病的传播或引起接种部位的局部感染。

（2）点眼滴鼻　点眼滴鼻接种属于黏膜免疫的一种方式，可以避免被母源抗体中和，既可刺激机体产生局部免疫，亦可对侵入局部的病原体产生高效的体液免疫反应和细胞免疫反应。它比较适合幼雏，缺点是抓禽时会产生较大的应激反应。

① 方法及特点。点眼滴鼻免疫是将稀释好的疫苗用滴管滴入鸭雏禽的鼻孔或眼睛内（左手握住雏禽，用左手食指与中指夹住头部固定，平放拇指将禽只的眼睑打开，右手持吸有已经稀释好疫苗的滴管，将疫苗液滴入眼内 1 滴，同时滴入鼻孔 1 滴。在滴鼻时应注意用中指堵住对侧的鼻孔。待眼内和鼻孔内疫苗吸入后方可松手）。该方法如果操作得当，效果比较确实，尤其是对一些嗜呼吸道疾病的疫苗，经点眼滴鼻可以产生局部免疫抗体，免疫效果较好。但需要逐只抓鸭，劳动强度大，易引起鸭的应激，操作稍有马虎，往往达不到预期的目的（图 8-8）。

② 操作注意点。一是稀释液选择及用量。稀释液必须用蒸馏水或生理盐水，最低限度应用冷开水，不要随便加入抗生素；稀释液的用量应尽量准确，最好根据自己所用的滴管或针头事先滴试，确定每毫升多少滴，然后再计算实际使用疫苗稀释液的用量。二是操作准

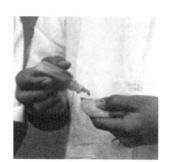

图 8-8 小鸭的点眼滴鼻免疫

确。为了操作的准确无误，一手一次只能抓一只鸭，不能一手同时抓几只鸭；在滴入疫苗之前，应把鸭的头颈摆成水平的位置（一侧眼鼻朝天，另一侧眼鼻朝地），并用一只手指按住向地面一侧鼻孔；在将疫苗液滴加到眼和鼻上以后，应稍停片刻，待疫苗液确已吸入后再将鸭轻轻放回地面。三是避免混乱。应注意做好已接种和未接种鸭之间的隔离，以免走乱。四是减轻应激。为减轻应激，最好在晚上接种，如天气阴凉也可在白天适当关闭门窗后，在稍暗的光线下抓鸭接种。

（3）饮水免疫

① 方法及特点。将一定量疫苗放入深井水或凉开水中保持适当的浓度，让鸭自由饮用，吞咽后的疫苗经腭、鼻腔、肠道，产生局部免疫及全身免疫。疫苗用量一般应高于其他途径免疫用量的 2～3 倍，饮水免疫稀释疫苗的用水量应根据鸭的日龄和季节来确定，冬季可适量少用，炎热夏季可多用。对于数量大的鸭群逐只进行免疫接种，费时费力，且不能在短时间内完成全群免疫，为避免惊扰鸭群，常采用群体免疫法。

② 操作注意点。一是疫苗用量应加倍，免疫前可加免疫增效剂；二是免疫前后 3 天不能饮水消毒；三是免疫前后 2 天禁止使用抗病毒药物；四是免疫前视季节和舍温情况限水 2～3 小时，以便鸭只能及时饮取疫苗，并在短时间内饮完；五是在水中加入 $0.2\%～0.3\%$ 的脱脂奶粉，不能使用金属器皿，稀释疫苗用水量要适当，使用清洁不含氯、铁等离子的水稀释。

4. 禁用药物

有的药物会影响免疫效果，有的药物（庆大霉素、金霉素等）能产生免疫抑制。在接种病毒疫苗时，免疫前后的鸭群不使用抗病毒药物，疫苗内也不要加入抗生素，虽然不影响抗原，但影响到稀释液的酸碱度，而会影响免疫效果；接种弱毒细菌疫苗时，免疫前后不应使用抗生素。

5. 免疫后管理

免疫后的疫苗瓶和剩余的疫苗要进行无害化处理。使用过的用具和设备要消毒；免疫后注意观察鸭群的表现，确定有无异常。

第二节　常用生物制品的安全使用

一、常用的疫苗

1. 重组禽流感病毒灭活疫苗（H5N1 亚型，Re-5 株）

【性状】乳白色乳状液。

【作用与用途】用于预防 H5 亚型禽流感病毒引起的鸭、鹅的禽流感。接种后 14 日产生免疫力，鸭、鹅加强接种一次，免疫期为 4 个月。

【用法与用量】乳剂；250 毫升/瓶、500 毫升/瓶。颈部皮下或胸部肌内注射。鸭 0.5 毫升/只；5 周龄以上，鸭 1.0 毫升/只。

【药物相互作用（不良反应）】一般无可见的不良反应。

【注意事项】禽流感感染禽或健康状况异常的禽切忌使用本品；严禁冻结；如出现破损、异物或破乳分层等异常现象，切勿使用；使用前应将疫苗恢复至常温并充分摇匀；接种时应及时更换针头，最好 1 只禽 1 个针头；疫苗启封后，限当日用完；屠宰前 28 日内禁止使用；2～8℃保存，有效期为 12 个月。

2. 重组禽流感病毒灭活疫苗（H5N1 亚型，Re-1 株）

【性状】乳白色乳状液。疫苗中含灭活的重组禽流感病毒 H5N1 亚型 Re-1 株。

【作用与用途】用于预防 H5 亚型禽流感病毒引起的鸭、鹅的禽流感。接种后 14 日产生免疫力，鸭、鹅加强接种 1 次，免疫期为 4 个月。

【用法与用量】乳剂；250 毫升/瓶、500 毫升/瓶。颈部皮下或胸部肌内注射。2～4 周龄鸭和鹅，每只 0.5 毫升；5 周龄以上鸭，每只 1.0 毫升；5 周龄以上鹅，每只 1.5 毫升。

【药物相互作用（不良反应）】、【注意事项】参见重组禽流感病毒灭活疫苗（H5N1 亚型，Re-5 株）。

3. 鸭瘟活疫苗

【性状】淡红色海绵状疏松团块，易与瓶壁脱离，加稀释液后迅速溶解。

【作用与用途】用于预防鸭瘟和鹅的鸭瘟。注射后 3～4 天产生免疫力，2 月龄以上鸭，免疫期为 9 个月。对初生鸭也可应用，免疫期为 1 个月。

【用法与用量】冻干剂；200 羽份/瓶、400 羽份/瓶、500 羽份/瓶。肌内注射。按瓶签注明羽份，用生理盐水稀释，成年鸭 1 毫升，雏鸭腿肌注射 0.25 毫升，均含 1 羽份。种鹅每年注射 2 次，20～22 日龄小鹅首次免疫，3 月龄加强免疫一次。

【药物相互作用（不良反应）】一般无可见的不良反应。

【注意事项】疫苗稀释后应放冷暗处，必须在 4 小时内用完；接种时，应做局部消毒处理；用过的疫苗瓶、器具和未用完的疫苗等应进行消毒处理（疫苗消毒后不再使用）；－15℃ 以下，有效期为 24 个月。

4. 雏番鸭细小病毒病活疫苗

【性状】液体苗为淡红色透明液体；冻干苗为微黄色海绵状疏松团块，加汉克氏液或生理盐水后迅速溶解，呈均匀混悬液。

【作用与用途】用于预防雏番鸭细小病毒病。注射疫苗后 7 日产生免疫力，免疫期为 6 个月。

【用法与用量】液体或冻干剂；500 羽份/瓶。腿部肌内注射。按瓶签注明羽份，冻干苗用生理盐水或汉克氏液稀释，液体苗待融化后，每只雏番鸭 0.2 毫升。

【药物相互作用（不良反应）】一般无可见的不良反应。

【注意事项】冻干苗随用随稀释；冻干苗稀释后、液体苗融化后，应放冷暗处，必须当日用完；液体苗融化后，如发现沉淀或异物应废弃；雏番鸭群发生该病流行时，不宜注射该疫苗；雏番鸭群发生鸭疫巴氏杆菌病、小鸭病毒性肝炎等疫病时，不宜注射该疫苗。冻干苗在 −20℃保存，有效期为 3 年；在 2～8℃保存，有效期为 2 年。液体苗在 −20℃保存，有效期为 1 年 6 个月。

5. 雏鸭肝炎弱毒疫苗

【性状】呈乳白色海绵状疏松团块，加稀释液后迅速溶解。本品采用雏鸭肝炎鸡胚化或鸭胚化弱毒株，接种 12～14 日龄鸭胚或 9～10 日龄鸡胚尿囊腔，收获 48～96 小时内死亡胚尿囊液，加入 5% 蔗糖脱脂乳冻干，经冷冻真空干燥制成。

【作用与用途】本品用于预防雏鸭肝炎。1 日龄雏鸭接种疫苗，免疫期约 1 个月。

【用法与用量】冻干剂；250 羽份/瓶、500 羽份/瓶。按瓶签注明剂量，加生理盐水或灭菌蒸馏水按 1：100 稀释，1 日龄雏鸭皮下注射 0.1 毫升。也可用于种鸭免疫，母鸭产蛋前 10 天，肌内注射 0.5 毫升，3～4 个月后重复注射一次，可使雏鸭通过被动免疫，预防雏鸭肝炎。

【药物相互作用（不良反应）】一般无可见的不良反应。

【注意事项】在 −15℃以下保存，有效期 1 年。

6. 鸭瘟-鸭病毒性肝炎二联弱毒活疫苗

【性状】用鸭瘟鸡胚化弱毒（C-KCE 株）、鸭病毒性肝炎鸡胚化弱毒（QL$_{79}$ 株）接种 SPF 鸡胚，收获感染的鸡胚液、胎儿、羊水及绒毛尿囊膜，混合研磨，加适宜稳定剂，经冷冻真空干燥制成。

【作用与用途】用于预防成年鸭鸭瘟并为子代雏鸭提供鸭病毒性肝炎母源抗体保护。

【用法与用量】冻干剂；250 羽份/瓶、500 羽份/瓶。皮下注射或饮水；4 周龄鸭首次免疫，22～23 周龄鸭加强免疫一次，对鸭瘟免疫期 9 个月，为下一代雏鸭提供 5 个月的母源抗体免疫保护。

7. 鸡痘活疫苗（鹌鹑化弱毒株）

【性状】本品为微黄色海绵状疏松团块，易与瓶壁脱离，加稀释液后迅速溶解。

【作用与用途】用于预防鸭痘。仅用于接种健康禽。

【用法与用量】冻干剂；200 羽份/瓶、300 羽份/瓶、500 羽份/瓶、1000 羽份/瓶。雏鸭鹅 1 周龄内（最好是 1 日龄）进行首免，在鸭鹅翅内侧薄膜无血管处刺种 1～2 次，经 4～6 天，刺种部位出现"痘疹"，表示刺种成功。检查 20～50 只鸭鹅，如果发现多数刺种部位不发生反应，应考虑重新刺种。种鸭鹅可在首免后 3～4 个月进行二免。

【药物相互作用（不良反应）】一般无可见的不良反应。

【注意事项】疫苗稀释后应放冷暗处，必须在 4 小时内用完；刺种后一周应逐个检查刺种部位，刺种无反应的，应重新补种；用过的疫苗瓶、器具和未用完的疫苗等应进行消毒处理（疫苗消毒后不再使用）；－15℃以下保存，有效期为 18 个月。

8. 鸭传染性浆膜炎灭活疫苗

【性状】白色或淡黄色乳剂。含血清 1 型鸭疫里默氏杆菌（RACH-1 株），灭活菌数≥$1.0×10^{10}$ CFU/毫升。

【作用与用途】用于预防血清 1 型鸭疫里默氏杆菌引起的鸭传染性浆膜炎。仅用于接种健康鸭。免疫期为 3 个月。

【用法与用量】乳剂；100 毫升/瓶、250 毫升/瓶。颈部皮下注射。3～7 日龄鸭，每只 0.25 毫升；8～30 日龄鸭，每只 0.50 毫升。

【药物相互作用（不良反应）】一般无明显的不良反应。

【注意事项】疫苗使用前应认真检查，如出现破乳、变色、瓶有裂纹等均不可使用；疫苗应在标明的有效期内使用。使用前必须摇匀，疫苗一旦开启应当时用完；切忌冻结和高温；本疫苗在疫区或非疫区均可使用，不受季节限制；2～8℃保存，有效期为 12 个月。

9. 鸭传染性浆膜炎二价灭活疫苗（1 型 SG4 株+ 2 型 ZZY7 株）

【性状】乳白色均匀乳剂。疫苗中含有灭活的鸭疫里默杆菌血清

1 型 SG4 株和血清 2 型 ZZY7 株，各菌株含量均≥4.0×10^{10} CFU/毫升。

【作用与用途】用于预防由血清 1 型和 2 型鸭疫里默杆菌引起的鸭传染性浆膜炎。免疫期为 6 周。

【用法与用量】250 毫升/瓶。颈部皮下注射，5～10 日龄健康雏鸭，每羽 0.25 毫升。

【药物相互作用（不良反应）】一般无明显不良反应。

【注意事项】仅用于接种健康鸭；疫苗使用前应认真检查，如出现破乳、变色、瓶有裂纹等均不可使用；疫苗应在标明的有效期内使用。使用前必须摇匀，疫苗一旦开启应当时用完；切忌冻结和高温；注射疫苗后的器具应消毒处理；用过的疫苗瓶、器具和未用完的疫苗等应进行无害化处理；屠宰前 28 日内禁止使用；2～8℃保存，有效期为 12 个月。

10. 鸭传染性浆膜炎三价灭活疫苗（1 型 ZJ01 株＋2 型 HN01 株＋7 型 YC03 株）

【性状】乳白色均匀乳剂。疫苗中含有灭活的鸭疫里默杆菌血清 1 型 ZJ01 株（灭活菌数≥2.5×10^{9} CFU/毫升）、血清 2 型 HN01 株（灭活菌数≥5.0×10^{9} CFU/毫升）和血清 7 型 YC03 株（灭活菌数≥2.5×10^{9} CFU/毫升）。

【作用与用途】用于预防由血清 1 型、血清 2 型和血清 7 型鸭疫里默杆菌引起的鸭传染性浆膜炎。免疫期为 3 个月。

【用法与用量】20 毫升/瓶、100 毫升/瓶、250 毫升/瓶、500 毫升/瓶。颈部皮下注射，7～10 日龄健康雏鸭，每羽 0.20 毫升。

【药物相互作用（不良反应）】无明显不良反应。

【注意事项】同鸭传染性浆膜炎二价灭活疫苗（1 型 SG4 株＋2 型 ZZY7 株）。

11. 禽多杀性巴氏杆菌病活疫苗（G190E40 株）

【性状】本苗为乳白色海绵状疏松团块，易与瓶壁脱离。

【作用与用途】用于预防 3 月龄以上鸡、鸭、鹅的多杀性巴氏杆菌病（即禽霍乱）。本品含禽多杀性巴氏杆菌（G190E40 株）。

【用法与用量】冻干剂；50 羽份/瓶、100 羽份/瓶、200 羽份/

瓶、400 羽份/瓶、500 羽份/瓶。按瓶签注明羽份，用 20％铝胶生理盐水稀释，肌内注射，每只接种 0.5 毫升（1 羽份）。

【药物相互作用（不良反应）】一般无严重的不良反应。本疫苗注射后，可能有不同程度的反应，表现减食，精神较差，一般 2～3 日后恢复。产蛋禽只注射疫苗后产蛋略有减少，几日内即可恢复。

【注意事项】病禽、体弱和使用抗生素后未超过 5 天者，不宜种本疫苗；疫苗稀释后放冷暗处，应在 4 小时内用完；在疫区接种前，应先做小群试验，无重反应时，再扩大使用；接种时，应执行常规无菌操作；严防散毒，使用过的疫苗瓶、器具和稀释后剩余的疫苗等应消毒处理（疫苗消毒后不再使用）。

12. 禽巴氏杆菌病活疫苗（B26-T1200 株）

【性状】本苗为乳白色海绵状疏松团块，易与瓶壁脱离，加 20％氢氧化铝胶生理盐水稀释液后迅速溶解，混合均匀成乳状混悬液。

【作用与用途】用于预防 2 月龄以上的鸡、1 月龄以上的鸭的多杀性巴氏杆菌病（禽霍乱）。免疫期为 4 个月。

【用法与用量】冻干剂；50 羽份/瓶、100 羽份/瓶、200 羽份/瓶、400 羽份/瓶、500 羽份/瓶。按瓶签标明的羽份数，用 20％氢氧化铝胶生理盐水稀释为 0.5 毫升含 1 羽份；每只皮下或肌内注射 0.5 毫升。

【注意事项】本苗在 2～8℃保存，有效期为 12 个月。

13. 鸭传染性浆膜炎-大肠杆菌病多价灭活疫苗

【性状】浅乳白色乳剂。灭活前，疫苗中含鸭疫巴氏杆菌（灭活前各血清型的细菌含量至少为 10 亿/毫升）和大肠杆菌（O_1、O_2、O_{78} 等血清型，灭活前的细菌含量至少为 15 亿/毫升）。

【作用与用途】用于预防鸭传染性浆膜炎和大肠杆菌的感染。仅用于接种健康鸭。

【用法与用量】乳剂；250 毫升/瓶、100 毫升/瓶。颈部皮下或胸肌注射。雏鸭于 7 日龄注射 0.3 毫升/羽；于 30 日龄二免，注射 0.5～1.0 毫升/羽；于 22 周龄、25 周龄、46 周龄左右分别免疫，剂量为 1.0 毫升/羽。

【药物相互作用（不良反应）】一般无可见的不良反应。

【注意事项】疫苗严禁冻结；使用前应将疫苗恢复至室温，并充分摇匀；接种时，应执行常规无菌操作；疫苗启封后，限当日用完，未用完的疫苗和使用后的疫苗瓶应焚毁；屠宰前 28 日内禁用；在 2～8℃下避光保存，有效期为 1 年。

二、其它生物制品

1. 鸭病毒性肝炎特效药精制卵黄抗体——瘟囊血抗Ⅱ号

【性状】本品为棕黄色至棕红色澄明液体，赠品为微黄色粉状，遇水可迅速溶解。

【适应证】本品可抵制细胞核酸合成，并诱导机体产生内源性干扰素，促进抗体形成，阻止病毒性细胞复制增殖，从而起到抗感染、抗病毒和杀菌作用，增加免疫球蛋白的分泌量，调节免疫功能。

【用法与用量】注射液；每支 15 毫升（本品含黄芪苷 2 克、绿源素 1 克）＋赠品（每支不低于 36 个抗体效价）。肌内注射，用 200 毫升生理盐水或黄芪多糖注射液配合赠品稀释，可用于 400 只雏鸭或 200 只成年鸭。病情严重需遵兽医加量。

【注意事项】阴凉、干燥、冷藏保存。

2. 精制卵黄抗体冻干粉（美瑞鸭抗）

【性状】本品为微黄色液体。

【适应证】主治鸭病毒性肝炎、鸭传染性浆膜炎、鸭瘟及其混合感染。

【用法与用量】注射剂；250 毫升/瓶。肌内注射：鸭，治疗量 250 羽份，预防量 500 羽份。

【注意事项】阴凉、干燥、冷藏保存；2～15℃，有效期两年；15℃以上，有效期缩短。

3. 抗雏鸭病毒性肝炎血清

【性状】本品为淡黄色液体，久置后瓶底微有沉淀。本品是用经过减弱的鸭病毒性肝炎活疫苗反复免疫 6 周龄以上的健康鸭（也可用脏器组织灭活苗免疫）所制成的高免血清。

【作用与用途】用于预防或治疗雏鸭病毒性肝炎。

【用法与用量】注射液；250毫升/瓶。雏鸭预防用量为每只皮下或肌内注射0.5毫升；治疗用量每只皮下或肌内注射1～2毫升。

【注意事项】贮存有效期，放置在－15℃冷冻贮存，2年内有效；为防止在注射过程中细菌污染，可在血清中加入丁胺卡那霉素或庆大霉素等。为了防止雏鸭病毒性肝炎的发生，雏鸭出壳之后越早注射效果越好。在一般情况下，注射1次，但在雏鸭病毒性肝炎严重流行的情况下，可注射2次。不主张在腿部肌内注射。

4. 畜禽植物血凝素

【性状】本品为类白色冻干块状物。本品主要成分为基因工程α＋β干扰素耐热冻干保护剂。

【作用与用途】适用于鸭、鹅、鸽等家禽各种病毒感染后的早期治疗和潜伏期感染阶段的紧急预防，如：痘病毒、鸭病毒性肝炎病毒、流感病毒等早期感染的治疗。

【用法与用量】冻干剂；1毫升（500万活性单位）/瓶。本品可用生理盐水扩大稀释后肌内注射，每瓶治疗250千克体重。本品也可用生理盐水扩大稀释后滴口，每瓶应用于雏禽5000羽、成年禽1500羽。紧急预防一次即可。急性或重症病情加倍肌注，每天一次，连用两次。针对当前禽病病原的复杂化，临床上在没有确诊的把握下，建议处方中以干扰素为主再在饮水或拌料中加入反义核酸或黄芪多糖及抗生素配伍用药。

【药物相互作用（不良反应）】本品可同其他药物混合使用，无任何配伍禁忌；在使用本品的前后各3天内严禁使用弱毒活疫苗。

【注意事项】本品应在有经验的临床兽医师指导下按规定剂量、疗程和投药途径使用。本品溶解后应为透明液，如有混浊等异常情况则不可使用；本品无免疫抑制性，故长期使用不会有耐药性产生；密封，在遮光、阴凉干燥处保存或2～8℃冷藏保存。常温保存2年，冷藏保存3年。

5. 畜禽刀豆素

【性状】白色疏松团块，遇水可迅速溶解。

【适应证】用于防治鸭、鹅的各种病毒性疾病，如传染性法氏囊病、小鹅瘟、鸭病毒性肝炎、传染性支气管炎、传染性喉气管炎、伤寒、卵黄性腹膜炎、传染性鼻炎、病毒性呼吸道疾病等。

【用法与用量】、【药物相互作用（不良反应）】、【注意事项】同畜禽植物血凝素。

6. 禽用白细胞介素-2

【性状】无色或淡黄色微浊溶液。

【适应证】本品是一种淋巴因子，它通过 T 细胞、B 细胞、NK 细胞、巨噬细胞表面的受体而激活、诱导其他细胞因子的活性，此外它还有多种生物学功能包括诱导接受抗原刺激的 T 细胞增殖，增强 MHC 限制性抗原特异性 T 细胞的细胞毒作用；诱导大颗粒淋巴细胞、NK 细胞的 MHC 非限制性 LAK 活性等。对禽常见的细菌病及病毒病（新城疫、禽流行性感冒、传染性法氏囊病、传染性喉气管炎、传染性支气管炎、减蛋综合征、鸡痘、脑脊髓炎、鸡马立克病、鸭瘟、鸭病毒性肝炎、鹅瘟等）具有一定的治疗或预防作用。

【用法与用量】液体；15 毫升/瓶。饮水，雏禽 3000 羽/瓶，成年禽 1500 羽/瓶，每天一次，连用 3～5 天，重症加倍使用。

【药物相互作用（不良反应）】、【注意事项】同畜禽植物血凝素。

7. 禽用干扰素

【性状】本品为无色透明或微浊液体，由 IFN-a、IFN-y、抗菌肽、稳定剂、抗消化因子、保护因子等构成。

【作用与用途】本品采用真核和原核双重表达，具有广谱抗病毒、提高免疫力的作用，同时对细菌性疾病也有很好的治疗效果。

【用法与用量】液体；10 毫升/瓶。肌注或滴口，成年禽 200 毫升生理盐水稀释，0.2 毫升/只，雏禽 0.1 毫升/只，每天一次，连用 3 天（一个疗程）；饮水，雏禽 2500 羽/瓶，成年禽 1500 羽/瓶，每天一次，连用 3～5 天。病重或饮水使用时可以酌情加量。

【药物相互作用（不良反应）】本品可同其他药物混合使用，无任何配伍禁忌；在使用本品的前后各 36 小时内严禁使用活菌苗及活病毒疫苗，但可以与灭活疫苗分别同时注射或同时从不同途径给药。

根据病情配合抗生素联合使用效果更佳。

【注意事项】本品在运输保存时，避免反复冻融；饮水给药时，水温不得超过 25℃；开瓶后应一次性用完。

8. 免疫肽 1 号

【性状】本品为类白色冻干块状物。主要成分是黄芪多糖。

【作用与用途】用于传染性法氏囊病、新城疫、流行性感冒引起的免疫系统免疫力下降与破坏，疗效显著。用于传染性支气管炎、传染性喉气管炎、鸭病毒性肝炎等病毒性疾病。

【用法与用量】冻干剂；100 毫升（含药物 1 克）/瓶。肌内注射：鸡鸭鹅等每千克体重 0.2～0.4 毫升；每天一次，连用 3 天。混饮：鸡鸭鹅等每毫升兑水 5 千克（即本品 100 毫升兑水 500 千克），连用 3 日。

【药物相互作用（不良反应）】、【注意事项】无。

9. 免疫核糖核酸（禽康）

【性状】本品为无色或微黄色液体。

【适应证】广谱抗病毒，能预防和治疗因免疫缺陷和免疫功能紊乱所致的各种疾病，如鸭病毒性肝炎、鸭瘟、鹅瘟、鸽瘟等病毒性疾病。

【用法与用量】液体；10 毫升（含 RNA 不低于 180 毫克）/瓶。混饮或注射。每瓶供 1500 羽成年禽或 3000 羽雏禽使用，每天一次，连用 2～3 天，重症加倍。

【药物相互作用（不良反应）】本品可同其他药物混合使用，无任何配伍禁忌；在使用本品的前后各 36 小时内严禁使用活菌苗及活病毒疫苗，但可以与灭活疫苗分别同时注射或同时从不同途径给药。

【注意事项】本品无免疫抑制性，故长期使用不会有耐药性产生；根据病情配合抗生素联合使用效果更佳；避光 2～8℃，有效期 2 年，-15℃ 以下，有效期 3 年。

10. 鸭肝灵（鸭病毒性肝炎）黄芪多糖注射液

【性状】本品为黄色或黄褐色液体；长久贮存或冷冻后有沉淀析出。

【**适应证**】抑制病毒，清热解毒，保肝利胆，诱导机体产生干扰素，调节机体免疫功能，促进抗体形成，修复受损机体。

【**用法与用量**】液体；100 毫升（含 2 克）/瓶。用于防治鸭病毒性肝炎，肌内、皮下注射，1～5 日龄，一次用量 0.5～1.0 毫升；5 日龄以上每只 1.0～2.0 毫升或遵医嘱。

【**药物相互作用（不良反应）**】本品 pH 稍微偏酸性，不宜与碱性药物混合使用。

【**注意事项**】长久储存或冷冻后有沉淀析出，但不影响疗效；本品可以多次使用，混合感染或继发感染严重时，配合使用敏感抗菌药，疗效更佳。

第九章

饲料添加剂的安全使用

第一节　饲料添加剂的概述及安全使用要求

一、饲料添加剂的概述

1. 概念

为满足特殊需要在饲料中加入的各种少量或微量物质称为饲料添加剂，它是现代饲料工业必然使用的原料，在强化基础饲料营养价值，提高动物生产性能，保证动物健康，节省饲料成本，改善畜产品品质等方面有明显的效果。

2. 分类

目前，全世界在饲料中应用的添加剂有 300 多个品种，经常使用的有 150 余种。根据饲养畜禽的品种、生产目的及生长阶段的不同，每种配合饲料中使用的添加剂有 20～60 种。养鸭生产中常用的添加剂见表 9-1。

表 9-1　饲料添加剂的种类及特性

类别	种类	特性
营养性饲料添加剂（指为了满足鸭的营养需要，对天然饲料中已有的营养物质，再另外加入起补充或强化作用的一类物质）	氨基酸类	本类产品主要用于补充鸭饲料中氨基酸的不足或用于防治其相应的缺乏症
	维生素类	本类产品主要用于补充鸭饲料中维生素的不足或用于防治其相应的缺乏症
	矿物质元素类	本类产品主要用于补充鸭饲料中矿物质元素的不足或用于防治其相应的缺乏症

续表

类别	种类	特性
非营养性饲料添加剂（指为达到防止饲料品质劣化，提高适口性，维持动物健康，促进生长、发育及提高动物产品质量等目的而人为加入饲料的一些物质）	中草药及其制剂	本类产品具有促进动物生长、提高动物生产性能和提高饲料利用率的特性；能够抑制动物体内有害微生物的生长繁殖，维持动物健康，充分发挥动物对饲料的利用能力和生产潜力
	抗应激剂	本类产品具有调节热应激所导致的机体酸碱平衡紊乱、营养代谢障碍，改善生产性能，降低机体对热应激敏感性等的功能
	酶制剂	本类产品主要具有有效地提高饲料利用率、促进动物生长和防治动物疾病发生的功能
	活菌制剂	本类产品主要用于调整动物消化道内环境，恢复和维持正常微生物区系平衡；产生非特异性免疫调节因子，提高动物免疫能力；合成消化酶，增强消化能力；合成维生素和菌体蛋白、未知生长因子，对动物的生长有促进作用
	饲料保藏剂	本类产品主要用于减少饲料在贮藏过程中营养物质损失。防霉剂可防止饲料发霉变质，保持良好的适口性和营养价值；抗氧化剂可以防止饲料氧化变质
	其它	如改善产品质量的添加剂

二、饲料添加剂的安全使用要求

饲料添加剂除了能补充动物必需的营养素、提高饲料利用率和大幅度提高动物的健康水平与生产性能外，也存在一些潜在的不安全因素，使用不科学也会危害鸭的健康和影响到产品质量，必须科学安全地使用。使用中除了严格执行国家制定的饲料添加剂安全使用规范外，还要注意如下方面。

1. 正确选购

饲料添加剂应根据鸭的不同生长发育阶段的营养需要，结合饲养目的、饲养条件和健康状况，并按饲养标准和饲料营养成分含量，依照"缺啥补啥"原则，有针对性地选择。宜选购包装封口严实、近期生产的产品。若包装袋外观陈旧、毛糙，字迹图像褪色、模糊，说明该产品贮存过久或转运过多，或者是假冒产品，不宜购买。应注意包装物上是否附具标签，内容是否齐全、符合规定。按有关规定，标签应当以中文或者适用符号标明产品名称、原料组成、产品成分分析保证值、净重、生产日期、保质期、厂名、厂址和产品标准代号、注册商标等，还应标明合法的产品批准文号、生产许可证和使用方法、注意事项，如果没有或不全则属假劣产品，切忌购买。饲料中饲料添加剂所占比例甚微，因而质量要求很高。质量检验合格的，厂方应当附具产品质量检验合格证。自己检查时，将产品置于光滑的纸上，抚平表面，在光线充足处观察，颗粒、色泽是否一致，是否无花纹、色斑。产品应具有原料的色泽与气味，若有异色异味及潮解、结块、聚团等现象，不宜购买。

2. 剂量准确

目前给畜禽规定的各类饲料添加剂的添加量都是基本的需要量，因此，使用饲料添加剂应按使用说明书进行，不可任意加大剂量。否则不仅达不到预期的效果，反而会影响畜禽生长发育，甚至出现中毒现象，严重时会导致死亡，给养殖户造成严重的经济损失。

3. 搅拌均匀

饲料添加剂一般用量较小，如果把微量的饲料添加剂直接混入大量的饲料中是不能达到均匀程度的，因此经常用的方法是逐级搅拌法。即将饲料添加剂混入少量的附着作用较好的饲料中，先进行预混，然后再把预混料拌入一定量的饲料中混合，反复几次，最后再拌入全部饲料中，多翻几遍，这样就能达到混拌均匀的目的。

4. 注意搭配

多种饲料添加剂混合使用，易造成浪费。不同的饲料添加剂之间有时会产生一定的拮抗作用，故宜单用。另外，各种畜禽专用饲料添加剂只能适合相应的畜禽使用，不能用作其他，否则不仅降低饲料利用率，还可能会导致某些疾病发生。

5. 科学使用

一要在干饲料中使用。饲料添加剂不宜混于加水贮存的饲料或处于发酵过程中的饲料，凡含有维生素、氨基酸、抗生素、酶制剂等的饲料添加剂，在高温下容易失去效力。因此，饲料添加剂或添加饲料添加剂的饲料切忌高温蒸煮。二要在专业人员指导下或按说明书中要求使用，不要乱用。养殖户使用新品牌的饲料添加剂时最好先小批量试验，成功后再大批量应用。三要现用现配。使用前应根据所养鸭的数量、体重等情况配制相应数量的饲料，切忌长期贮存已配制好的饲料。一般情况下，配制一次的饲料，以供采食3～5天为宜，最多不超过7天，以减少饲料营养损失。在配制量大、贮存较多、环境潮湿等情况下，最好添加防霉剂，以稳定饲料质量。

第二节　常用的饲料添加剂的安全使用

一、氨基酸类饲料添加剂

常用的氨基酸类饲料添加剂见表9-2。

表 9-2　常用的氨基酸类饲料添加剂与用法用量

名称	性状	适应症	制剂与规格	用法与用量	注意事项
DL-甲硫氨酸	白色至淡黄色结晶或结晶性粉末，有光泽，易溶于水，有特异性臭味	为禽第一限制性氨基酸，适用于禽甲硫氨酸不足	DL-甲硫氨酸粉剂，DL-甲硫氨酸纯度为98.5%；甲硫氨酸羟基类似物钙盐，甲硫氨酸羟基类似物含量≥84.0%；甲硫氨酸羟基类似物，甲硫氨酸羟基类似物含量≥88.0%	饲料中添加。在配合饲料或全混合日粮中，DL-甲硫氨酸粉剂的推荐用量（以氨基酸计）0～0.2%，最高限量为0.9%；甲硫氨酸羟基类似物钙盐的推荐用量（以氨基酸计）0～0.21%，最高限量为0.9%	注意氨基酸之间的平衡
L-赖氨酸	白色至淡黄色颗粒状粉末，稍有异味，易溶于水	为禽的第二限制性氨基酸，用于补充赖氨酸的不足	L-赖氨酸盐酸盐，L-赖氨酸纯度≥78.8%；L-赖氨酸硫酸盐及其发酵副产物（产自谷氨酸棒状杆菌），L-赖氨酸纯度≥51.0%	饲料中添加。在配合饲料或全混合日粮中的推荐用量（以氨基酸计）0～0.5%	注意氨基酸之间的平衡

名称	性状	适应症	制剂与规格	用法与用量	注意事项
L-苏氨酸	白色斜方晶系晶体或结晶性粉末。无臭，味微甜	用于补充苏氨酸的不足	L-苏氨酸粉剂，L-苏氨酸纯度≥98.5%	饲料中添加。在配合饲料或全混合日粮中的推荐用量（以氨基酸计）0～0.3%	注意氨基酸之间的平衡
L-色氨酸	白色至黄白色晶体或结晶性粉末。无臭或微臭，稍有苦味	用于补充色氨酸的不足	L-色氨酸粉剂，L-色氨酸纯度≥98.5%	饲料中添加。在配合饲料或全混合日粮中的推荐用量（以氨基酸计）0～0.1%	注意氨基酸之间的平衡

二、维生素类饲料添加剂

常见的维生素类饲料添加剂见表9-3。

表 9-3　常见的维生素类饲料添加剂与用法用量

类型	名称	性状	适应症	制剂与规格	用法与用量	注意事项
脂溶性维生素饲料添加剂	维生素A	本品为浅黄色油状物或结晶与油的混合物，不溶于水，易溶于脂肪与油。在空气中易氧化，遇光易变质	防治禽维生素A缺乏症所致的食欲不振、生长停止、羽毛松乱、眼睛干燥，或流泪或上、下眼睑黏在一起等，以及增强禽的抵抗力	鱼肝油，规格有维生素A 850国际单位/克和维生素D 65国际单位/克；维生素A乙酸酯，产品规格有30万国际单位/克、40万国际单位/克和50万国际单位/克；此外，还有维生素A棕榈酸酯	混饲。在日粮中的推荐添加量（以维生素计），一般为1000～5000国际单位/千克，如肉鸭及生长鸭2500国际单位/千克，产蛋鸭4000国际单位/千克；当发生缺乏症时可按照正常添加量的2～3倍添加	紫外线和氧可促进维生素A乙酸酯和维生素A棕榈酸酯分解。湿度和温度较高时，稀有金属盐可使其分解速度加快。含有七水的硫酸亚铁可使维生素A乙酸酯的活性损失严重。与氯化胆碱接触时，活性将受到严重损失。在pH 4以下的环境中和在强碱环境中，维生素A很快分解。维生素A酯经包被后，损失可减少。维生素A制成微型胶囊或颗粒后，活性的稳定性有很大提高

续表

类型	名称	性状	适应症	制剂与规格	用法与用量	注意事项
脂溶性维生素饲料添加剂	维生素D	常用维生素D_2、维生素D_3，均为无色结晶，不溶于水，能溶于油及有机溶剂，性质稳定	能调节血钙浓度，促进钙磷吸收，促进骨骼正常钙化。维生素D_3的效能比维生素D_2高50～100倍；临床上用于防治维生素D缺乏症，如佝偻病、骨软化病等	鱼肝油：每克含维生素A 850国际单位、维生素D 65国际单位以上；维生素AD油和注射液；维生素D_3注射液	混饲。在日粮中的推荐添加量（以维生素计），生长禽400国际单位/千克；产蛋禽和种禽900国际单位/千克。当发生缺乏症时，可按正常量的2～3倍添加	长期大量应用易引起高钙血症、骨骼变脆、肾结石；其代谢缓慢，常见慢性中毒表现，食欲不振、腹泻。常因肾小管过度钙化而产生中毒症死亡
	维生素E（DL-α-生育酚乙酸酯）	微黄色透明的黏稠液体。不溶于水，易溶于乙醇	调节机体氧化过程，防止维生素A、维生素C和不饱和脂肪酸的氧化。防治禽维生素E缺乏症引起的营养性肌萎缩，禽的脑软化和渗出性素质；维生素E有保护细胞膜、防止氧化和增强机体免疫力作用，对预防热应激也有一定的效果	醋酸维生素E粉：含维生素E 50%。醋酸维生素E注射液：每支1毫升50毫克，每支10毫升500毫克；亚硒酸钠维生素E预混剂和注射液	混饲。在日粮中的推荐添加量（以维生素计），8～50毫克/千克；添加100～300毫克维生素E，具有抗应激、抗氧化、促进末梢血液循环等作用，降低禽的应激敏感性	饲料中不饱和脂肪酸含量愈高，动物对维生素E需要量越大；饲料中矿物质、糖含量的变化，其他维生素的缺乏等均可加重维生素E缺乏。由于动物缺硒与缺乏维生素E症状相似，故饲料中补硒也可防治维生素E缺乏症的症状。维生素E也常配合维生素A、维生素D、维生素B用于畜禽的生长不良、营养不足等综合性缺乏症
	维生素K	白色结晶性粉末。有吸湿性，遇光易分解，易溶于水。遇碱或还原剂易失效	用于维生素K缺乏或因长期内服广谱抗菌药导致的维生素K缺乏性出血症；用于治疗某些疾病，如胃肠炎、肝炎、阻塞性黄疸等导致的维生素K缺乏和低凝血酶原症	维生素K_3粉；注射液：每支1毫升4毫克，每支10毫升40毫克	混饲，在日粮中的推荐添加量（以维生素计），0.5～2毫克/千克，当发生缺乏症或使用抗生素时用量可增至5～8毫克/千克	维生素K_3不能和巴比妥类药物合用；肝功能不良的病畜应改用维生素K_1；临产母畜大剂量应用，可使新生畜出现溶血、黄疸或高胆红素血症

类型	名称	性状	适应症	制剂与规格	用法与用量	注意事项
水溶性维生素饲料添加剂	维生素 B_1	白色细小结晶或晶粉。易溶于水，水溶液呈酸性反应。在酸性溶液中稳定，碱性溶液中易分解失效	能促进正常的糖代谢，并且是维持神经传导、心脏和胃肠道正常功能所必需的物质。主要用于禽维生素 B_1 缺乏症和神经炎	维生素 B_1 预混剂；维生素 B_1 片：10 毫克/片；注射液：每支 1 毫升 10 毫克、每支 1 毫升 25 毫克、每支 1 毫升 50 毫克、每支 2 毫升 100 毫克、每支 10 毫升 250 毫克；复合维生素 B 注射液，每支 10 毫升	混饲。日粮中的推荐添加量（以维生素计），家禽 1～5 毫克/千克，当发生缺乏症时，用量可增至 50～100 毫克/千克，连用 5～7 天	维生素 B_1 较少发生单一维生素缺乏，如有缺乏表现，可使用复合维生素 B 制剂。维生素 B_1 与碱性药物配伍易引起变质；铁和锰可以加速盐酸硫胺素的分解；对氨苄青霉素、氯邻青霉素、头孢菌素以及多黏菌素和制霉菌素有不同程度灭活，因此不宜混合使用；与其它 B 族维生素和维生素 C 合用效果更好
	维生素 B_2	橙黄色结晶。难溶于水，微溶于乙醇。在酸性条件下稳定、耐热，易被碱和光线破坏	维生素 B_2 在体内是构成黄酶的辅酶。黄酶在机体生物氧化中起作用，还协助维生素 B_1 参与糖代谢和脂肪代谢。用于维生素 B_2 缺乏症和神经炎的辅助治疗	粉剂；片剂：每片 50 毫克、100 毫克；复合维生素 B_2 注射液：每支 2 毫升 10 毫克、5 毫升 25 毫克、10 毫升 50 毫克	混饲。日粮中的推荐添加量（以维生素计）家禽 2～4 毫克/千克	本品对氨苄青霉素、邻氯青霉素、头孢菌素（头孢菌素Ⅰ、头孢菌素Ⅱ）、四环素、金霉素、去甲金霉素、土霉素、红霉素等多种抗生素有灭活作用，不能混合注射；遇到硫酸亚铁、维生素 C 等还原性物质及碱性物质时，其稳定性降低。应避光密闭保存

类型	名称	性状	适应症	制剂与规格	用法与用量	注意事项
水溶性维生素饲料添加剂	烟酰胺与烟酸	均为白色晶粉。溶于水和乙醇。化学性质稳定	烟酰胺是烟酸在体内的活性形式,在体内与核糖、磷酸、腺嘌呤构成辅酶Ⅰ和辅酶Ⅱ,此二酶参与机体代谢过程。烟酸在体内转化为烟酰胺才能发挥作用。用于缺乏引起的雏禽腿骨弯曲、肿胀	烟酸片、烟酰胺片:每片50毫克、100毫克。烟酸注射液:每支1毫升50毫克、100毫克。烟酰胺注射液:规格同烟酸注射液	混饲。日粮中推荐添加量(以维生素计),50～70毫克/千克。当发生缺乏症时,用量可增至1～2倍,连用5～7天	烟酰胺与异烟肼有拮抗作用,长期服用异烟肼时,应适当补充烟酰胺。妊娠初期过量服用有致畸的可能。动物可能出现食欲不振等症状,可自行消失
	维生素B₆	白色结晶。易溶于水,微溶于醇。在酸性溶液中稳定,遇碱、光、高热易被破坏	在体内形成有生理活性的磷酸吡哆醛和磷酸吡哆胺,是氨基酸代谢重要辅酶。用于维生素B₆缺乏症治疗及大量和长期服用异烟肼而引起的神经炎和胃肠道反应	片剂:每片10毫克。注射液:每支1毫升25毫克、50毫克,2毫升100毫克,10毫升500毫克	混饲。配合饲料或全混合日粮中的推荐添加量(以维生素计),家禽3～5毫克/千克	维生素B₆在肾功能正常时几乎不产生毒性,但长期过量服用本品可致严重的周围神经炎,出现神经感觉异常、步态不稳、肢体麻木,大剂量可引起嗜眠,体内无残留
	泛酸	黄色油状液体。常用其钙盐,为白色粉末,易溶于水,微溶于醇	辅酶A的组成成分之一。用于防治泛酸缺乏引起的皮炎、羽毛发育不全和脱落等症状	D-泛酸钙,以维生素计,90.2%～92.9%。片剂,5毫克/片、10毫克/片。DL-泛酸钙≥45.5%	混饲。混合日粮中的推荐添加量(以维生素计),10～30毫克/千克	泛酸可延长动物的出血时间,动物患局限性肠炎所致的吸收不良综合征时,泛酸需要量增加。泛酸无不良反应,水溶性泛酸盐在肾功能正常时几乎没有毒性;与甲酸和烟酸有配伍禁忌;在高温高湿和酸性饲料中容易损失

类型	名称	性状	适应症	制剂与规格	用法与用量	注意事项
水溶性维生素饲料添加剂	叶酸	橙色晶粉。极难溶于水，微溶于沸水。中性、碱性溶液中对热稳定	用于叶酸缺乏引起的雏禽羽毛褪色、生长发育不良，羽毛发育差，有时也用于出现伸颈等神经症状的防治，也用作饲料添加剂	片剂：每片5毫克。注射液：每支1毫升15毫克	混饲。混合日粮中的推荐添加量（以维生素计），0.62～2毫克/千克	长期使用磺胺类等肠道抑菌药物时，禽群容易发生缺乏症，注意补充；在矿物质的预混料中比较稳定，但室温保存3个月，可损失50%。遇光易变质
	生物素（维生素H）	白色针状结晶。能溶于水。对热稳定。遇氧化剂、强酸、强碱易破坏	用于维生素H缺乏症。缺乏时，雏禽逐渐衰弱，发育缓慢、脚、喙及眼周围皮肤炎，有时出现骨骼短粗症；蛋禽产蛋下降，孵化率低、死胚较多；新孵出的雏禽有骨骼短粗症及畸形等	罗维素（2%生物素）	混饲。以维生素计，0.1～0.3毫克/千克	长期大量使用抗生素可导致生物素缺乏，应予以补充
	维生素B_{12}	暗红色结晶，易吸湿，可被氧化剂、还原剂、醛类、抗坏血酸、二价铁盐等破坏	适用于维生素B_{12}缺乏所引起的禽及其他动物的生长受阻，继而表现为步态的不协调和不稳定	氰钴胺粉剂，以维生素计，≥96.0%；注射液，0.05毫克/毫升、0.5毫克/毫升、1克/毫升	混饲。在配合饲料或全混合日粮中的推荐添加量（以维生素计），家禽3～12微克/千克；当发生缺乏症时，用量增至200微克/千克，连用5～7天，或肌注0.05毫克/（只·次）	维生素B_{12}有低钾血症及高尿酸血症等不良反应的报道。维生素B_{12}中毒剂量是需要量的数百倍

续表

类型	名称	性状	适应症	制剂与规格	用法与用量	注意事项
水溶性维生素饲料添加剂	维生素C	无色晶体。酸性,加热或在溶液中易氧化分解,碱性条件下更易被氧化	用于维生素C缺乏,提高机体适应性和抵抗力,可缓解夏季热应激,减少死亡,并提高产蛋率	维生素C片,100毫克/片;维生素C注射液,0.1克/2毫升、0.25克/2毫升、0.5克/5毫升;维生素C粉	片剂,口服0.05～0.1克/(只·次);混饲,家禽50～200毫克/千克	如能配合维生素B、维生素K、维生素A和维生素D,效果更好;每千克饲料中添加100～150毫克维生素C,可明显提高蛋壳厚度,减少破损蛋、薄壳蛋,改善蛋壳颜色,并可减少细菌的感染
	氯化胆碱	水溶液为无色透明的黏性液体;粉为白色或黄褐色	促进禽增重,提高家禽产蛋率和饲料利用率	水剂≥52.0%或≥55.0%;粉剂≥37.0%或≥44.0%	混饲。混合日粮中的推荐添加量(以维生素计),500～1500毫克/千克	具有吸湿性和特异性臭味,保存注意防潮

三、微量元素类饲料添加剂

常用的微量元素添加剂见表9-4。

表9-4　常用的微量元素添加剂与用法用量

名称	性状	适应症	制剂与规格	用法与用量	注意事项
铁	硫酸亚铁为浅绿色结晶;氯化铁为黑褐色六方结晶,氯化亚铁为黄绿色或蓝绿色六面体结晶,氢氧化铁为红褐色结晶	维持禽生长所必需的微量元素;适用于铁缺乏所引起的贫血、生长缓慢及产蛋减少	硫酸亚铁,含量20.1%;氯化铁,含量34.4%(六水的为20.7%);氯化亚铁,含量28.1%;氢氧化铁,含量48.2%	混饲;每千克日粮添加量(以铁计),46～80毫克	过量易引起缺磷症状,磷不足也易引起铁中毒;碘过量可影响铁代谢和利用,增加铁可以纠正碘过量;添加过量可以引起禽腹泻及慢性中毒,抑制生长

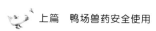

续表

名称	性状	适应症	制剂与规格	用法与用量	注意事项
铜	硫酸铜为蓝色透明结晶或蓝色结晶颗粒性粉末;氧化铜为黑色粉末;氯化铜为蓝绿色结晶	适用于铜不足或铜缺乏引起的贫血,病禽产蛋率和孵化率下降、神经功能异常和骨骼异常等	硫酸铜,含量25.5%;氧化铜含量79%;氯化铜,含量64.2%(二水氯化铜,含量37.2%)	混饲;每千克日粮添加(以铜含量计),8～15毫克	高铜可以促进肉禽生长,但要注意与铁、锌和钙的比例;混合不匀易中毒
锰	常用硫酸锰,浅红色粉状晶,易溶于水,不溶于酒精	适用于禽锰缺乏症所引起的脱腱症、生长发育受阻和孵化率下降	粉剂,一水硫酸锰纯度为98%,含锰元素32.5%;五水硫酸锰,含锰元素22.7%	混饲;每千克日粮添加(以锰含量计)40～100毫克,周龄30毫克,产蛋禽30毫克	治疗禽群脱腱症可在日粮中添加硫酸锰(每千克饲料0.1～0.2克)或用0.01%高锰酸钾溶液代替饮水
锌	硫酸锌为无色或白色棱柱状或细针状晶粉末或颗粒结晶粉末,无臭,味涩,有风化性	适用于锌不足或缺乏引起的雏禽生长不良、皮炎、腿骨畸形以及产蛋母禽蛋壳薄、死胚多、孵化率低、弱雏及残雏多等	硫酸锌,含量22.7%;氧化锌,含量为80.3%;碳酸锌,含量52.1%	混饲;每千克日粮添加(以锌含量计)36～65毫克	高钙会阻碍锌的吸收,而锌过多也会影响钙的吸收;锌过量易引起铜缺乏症和影响蛋白质代谢
硒	亚硒酸钠为无色或白色结晶粉末,在空气中稳定,溶于水,不溶于乙醇	适用于硒不足或缺乏引起的雏禽渗出性素质和蛋禽贫血、产蛋下降、种蛋受精率和孵化率低等。硒能促进生长、提高种禽繁殖性能和提高机体抵抗力	亚硒酸钠粉,含量45.6%;注射液,1毫升1毫克或2毫克,5毫升5毫克或10毫克;亚硒酸钠维生素E注射液,每支5毫升或10毫升	混饲,每千克日粮添加(以硒含量计),0.15毫克;注射液,预防,每毫升加水1000毫升饮水,治疗,每毫升加水100毫升混饮	毒性极强,使用时必须严格掌握剂量,并搅拌均匀,防止中毒(中毒量为0.5毫克/千克);使用时要考虑本地饲料的硒含量

名称	性状	适应症	制剂与规格	用法与用量	注意事项
钴	氯化钴为紫红色或红色单斜系结晶,极易溶于水和乙醇,水溶液呈桃红色,而乙醇溶液为蓝色,密闭保存	适用于钴不足或缺乏引起的恶性贫血、肝脂肪变性、产蛋量下降及孵化率降低等,也可促进食欲和增重	一水硫酸钴,含量33.4%;七水硫酸钴,含量23.6%;氯化钴含量49.4%	混饲,每千克日粮添加量(以钴含量计),0.6～1毫克	禽常以维生素B₁₂作为饲料添加剂作为钴的来源;200毫克/千克为中毒剂量
碘	碘化钾为白色结晶或结晶粉末,不溶于水,但可溶于乙醇	适用于碘不足或缺乏引起的生长发育不良,产蛋减少、种蛋受精率和孵化率降低	碘化钾,含碘76.4%;无水碘酸钙,含碘65.1%;碘酸钾,含碘59.3%	混饲,每千克日粮添加(以碘含量计)0.5～3毫克	碘缺乏地区可以使用碘化盐混饲,每千克体重2～4.5微克;大剂量可抗甲状腺肿大;最大安全量为300毫克/千克

四、酶制剂和活菌制剂

1. 酶制剂

常用的酶制剂见表9-5。

表 9-5　常用的酶制剂与用法用量

名称	性状	适应症	制剂与规格	用法与用量	注意事项
纤维素酶	本品为灰白色无定形粉末或液体,适宜的pH为4.5～5.5。对热较稳定,最适作用温度为50～60℃。溶于水,几乎不溶于乙醇、氯仿和乙醚	适用于各类型的禽,能够水解纤维素β-1,4-糖苷键,生成纤维二糖和葡萄糖,提高饲料利用率,对雏禽效果更明显	粉剂,25千克/桶。液体,30千克/桶	混饲,肉仔禽添加量按0.05%～0.10%,蛋和种禽添加量按0.1%～0.5%,或按照产品说明书规定量添加	本品应置于低温、干燥处保存,避免阳光照射和长期与外界空气接触

续表

名称	性状	适应症	制剂与规格	用法与用量	注意事项
淀粉酶	本品为 α-淀粉酶和 β-淀粉酶两种。α-淀粉酶为米黄色或灰褐色粉末。β-淀粉酶为棕黄色粉末,最适作用温度为 60℃,无异味	淀粉酶可以用于提高禽对饲料淀粉的消化率	粉剂,α-淀粉酶 25 千克/袋,2 万国际单位/克;β-淀粉酶 1 千克/袋,5 万～10 万国际单位/克	混饲,肉禽 α-淀粉酶建议添加量为 9000 单位/千克,或按照产品使用说明书添加	本品置于干燥、阴凉处保存
脂肪酶	本品为白色或淡黄色粉末,最适作用温度为 55℃,最适作用 pH 为 9.4	用于补充禽内源性消化酶不足,提高饲料脂肪消化率和饲料利用率,促进脂溶性维生素的吸收利用	粉剂,25 千克/桶,脂肪酶活性为 1 万单位/克	混饲,家禽按 100 克/吨的量添加,或按照产品使用说明书添加	存放于通风、干燥处,避免受潮
蛋白酶	饲料用蛋白酶为酸性蛋白酶,本品为固体型粉末或液体,最适作用温度为 40～50℃,最适作用 pH 为 2.5～3.5	适合在禽饲料中添加,用于降解成小分子的蛋白胨、小肽、氨基酸等物质,提高蛋白质消化率和饲料利用率	粉剂,20 千克/袋,酶活性为 5 万～10 万单位/克;液体,25 千克/桶,酶活性为 5 万～7 万单位/克	混饲,按每千克饲料 5000～10000 单位量添加,或按照产品使用说明书添加。使用酸性蛋白酶固体产品时,应先按 1:20 的比例溶于 30～40℃的温水中,浸泡活化 60 分钟搅拌均匀后使用	应避免吸入酶的粉尘与酶雾,不慎溅有手上或眼中,应马上用水冲洗 15 分钟以上
植酸酶	植酸酶可分为粉状、颗粒状和液体植酸酶。最适作用 pH 为 4～6,最适作用温度为 46～57℃	植酸酶能释放出被植酸络合的磷、钙等矿物质元素、蛋白质、氨基酸、淀粉和脂类等营养物质,消除植酸的抗营养作用,提高饲料的利用率和家禽的生产性能	粉末,酶活性为 5000～2 万单位/克;颗粒,酶活性为 5000～2 万单位/克;液体,酶活性为 5000～5 万单位/克	按每吨饲料添加,肉禽 120～150 克,蛋禽 200 克	本品应贮存在干燥、通风、阴凉处,避免高温存放

2. 活菌制剂

常用的活菌制剂见表9-6。

表9-6 常用的活菌制剂与用法用量

名称	性状	适应症	制剂与规格	用法与用量	注意事项
乳酸菌复合活菌制剂	用嗜酸乳杆菌、粪链球菌和枯草杆菌的液体培养物,以冷冻真空干燥成菌粉,加载体制成粉剂、颗粒剂和片剂	对维持禽消化道微生物区系的正常平衡和消化机能正常起重要作用。对沙门氏菌及大肠杆菌引起雏禽的细菌性痢疾有效,并有调整肠道菌群失调、促进生长作用	粉剂、颗粒剂和片剂,本品每克制剂中含活嗜酸乳杆菌1000万个,粪链球菌100万个,枯草杆菌10000个	用时以凉水溶解后饮服或拌料口服。治疗量:雏禽每次0.18克,成年禽每次0.2～0.4克,每天早晚各1次,连用5～7天,预防量减半	本品严禁同抗生素类药物同时服用(包括饲料中的抗菌添加剂)。在25℃保存,有效期1年
蜡样芽孢杆菌制剂	蜡样芽孢杆菌DM423菌株或SA38菌株的培养物,加适宜赋形剂后干燥而成	用于雏禽腹泻的预防和治疗,并有促进生长作用	粉剂或片剂	口服,治疗用量:雏禽每次0.01克,每天1次,连用3天。预防量减半,连用7天	本品不得与抗生素及抗菌药物同时使用。在避光干燥处室温保存

五、抗应激类饲料添加剂

抗应激类饲料添加剂是指能够缓解、防治由应激引起的应激综合征的饲料添加剂。在畜牧业生产中常用的抗应激添加剂包括电解质(碳酸氢钠、氯化钾、有机铬)、糖类(葡萄糖、低聚糖)、维生素(维生素C、维生素E、烟酸)、有机酸类(柠檬酸和延胡索酸)、抗生素类(杆菌肽锌)、中草药、植物提取物、生长激素、甜菜等。

养鸭生产中常用的抗应激添加剂有以下几类。小苏打,也称碳酸氢钠,为白色结晶,或不透明细微结晶。可溶于水,微溶于乙醇,具有健胃和调节血液酸碱平衡的作用,可明显减轻鸭体热应激;推荐用量,蛋鸭日粮中添加0.3%～1%,或在饮水中添加0.1%～0.2%,肉仔鸭日粮中添加0.1%～0.5%。维生素C和维生素E,每千克日粮中分别添加 500 毫克和 200 国际单位，在高温应激时有助于维持和提高抗体水平，增强抵抗力，促进采食，表现出明显的抗应激效果。富马酸（延胡索酸），具有镇静作用，可明显缓解应激，起到增进食欲和促进增重的作用，饲料中添加 0.15%～0.5% 混饲，可以缓解免疫接种、药物注射、转群和运输引起的应激。

六、饲料保藏类添加剂

常用的饲料保藏类添加剂见表 9-7。

表 9-7　常用的饲料保藏类添加剂与用法用量

名称		性状	适应症	制剂与规格	用法与用量	注意事项
防霉剂	丙酸类（丙酸、丙酸铵、丙酸钠、丙酸钙）	无色透明液体，溶于水，有较强腐蚀性，其钠盐为白色结晶颗粒或粉末，易溶于水；钙盐为近白色或淡黄色粉末或颗粒，易溶于水	对酵母菌、细菌和霉菌均有效，尤其对腐败变质微生物抑制作用更好，能够延长饲料贮藏期	粉剂；露保细含丙酸 99.5%，露保细钠盐含丙酸钠 98%，露保细钙盐含丙酸钙 94%。作为饲料添加剂，丙酸常用赋形剂吸附制成 50% 或 60% 的粉状产品	露保细、露保细钠盐、露保细钙盐的用法为喷撒或均匀混入饲料中，每吨饲料添加量：2.5～4 千克	由于丙酸具有腐蚀性且有刺激性气味，易对加工机械及操作人员的手造成损伤；与柠檬酸配合使用，可适当降低其腐蚀性
	苯甲酸（安息香酸）	白色有丝光的鳞片或针状晶体，有引湿性，微溶于水，性质稳定；其钠盐为白色颗粒或结晶性粉末，易溶于水，空气中稳定	苯甲酸及其钠盐对细菌、酵母菌等均有较强的抑制作用，对霉菌的抑制作用较弱。适用于饲料防霉	粉剂	苯甲酸和苯甲酸钠在饲料中的适宜添加量不能超过 0.2%	用量过多或长期使用可以对人和动物的肝脏造成危害，甚至致癌。对肝功能衰弱的家畜不宜使用

续表

名称		性状	适应症	制剂与规格	用法与用量	注意事项
防霉剂	山梨酸	无色针状结晶或白色结晶性粉末,微溶于水而易溶于脂肪,对光、热稳定	山梨酸及其钾盐能有效地抑制霉菌、沙门菌、大肠杆菌、金黄色葡萄球菌	粉剂;山梨酸含量大于98.5%,25千克/袋	适宜添加量为饲料的0.05%～0.15%,通常用法是将其溶解于低碳酸(如乙酸、丙酸、富马酸)中,以喷洒或混合的形式处理饲料	注意产品的保存
	柠檬酸及其盐类	半透明结晶或白色结晶粉末,无臭、味酸,在潮湿空气中会潮解	防腐,又是抗氧化剂的增效剂。它可使肠道内容物变酸,稳定肠道微生物区系,提高生产性能及饲料利用率	食品级柠檬酸产品含柠檬酸大于等于99.5%	一般按配合饲料的0.5%添加。柠檬酸作为抗氧化剂增效剂时的使用剂量为0.005%以下	本品具有刺激性,在使用中,接触者可能引起湿疹。粉体遇空气可形成爆炸性混合物,与明火、高热或与氧化剂接触,有引起燃烧爆炸的危险
	脱氢乙酸及其钠盐	脱氢乙酸为白色或淡黄色针状结晶粉末,无臭、无味或略具有异味;脱氢乙酸钠为白色结晶性粉末,无臭或略带臭味	脱氢乙酸主要对酵母菌和霉菌有较强的抗菌效果,较高剂量对某些细菌也有作用	粉剂	饲料中建议添加量为0.002%～0.15%	—

续表

名称		性状	适应症	制剂与规格	用法与用量	注意事项
防霉剂	富马酸及其酯类	富马酸为无色结晶或粉末,水果酸香味,溶解度低;富马酸二甲酯为白色结晶或粉末	富马酸及其酯的防霉效果最好,适用于各种畜禽的饲料。富马酸具有镇静作用,可明显缓解热应激,增进食欲	粉剂;含量大于等于99%,20千克/桶。也可用载体制成预混料	混饲。富马酸在饲料中的添加剂量为500～800毫克/千克。富马酸二甲酯在饲料水分为14%以下时的添加量为250～500毫克/千克,饲料水分在15%以上时的添加量为500～800毫克/千克	富马酸二甲酯可先溶于有机溶剂,如异丙醇、乙醇,再加入少量水及乳化剂达到完全溶解,然后用水稀释,加热除去溶剂,恢复到应稀释的体积,混于饲料中或喷洒在饲料表面
抗氧化剂	乙氧基喹啉	琥珀色至浅褐色黏稠液体,长期储存或暴露于日光下色泽逐渐变深,但不影响使用效果	抗氧化性能较强,尤其对维生素(维生素A、维生素D)和胡萝卜素的保护更有效	粉剂;含乙氧基喹啉10%～70%,180千克/桶、210千克/桶	每吨鱼粉、肉骨粉中添加量(按乙氧基喹啉计算)120～150克;维生素A、维生素D等饲料添加剂的使用量为0.1%～0.2%;全价配合饲料中添加50～150毫克/千克	乙氧基喹啉的缺点是自身的色泽变化太快、太大。在预混料中大量使用时,常因为色泽急剧变深,而被误认为是饲料的质量发生变化
	二丁基羟基甲苯	白色微黄、块状固体或结晶性粉末,无臭无味	具有较好的抗氧化性,主要用于含油脂较多的饲料成分的保存	粉剂。含量99.2%;产品规格:25千克/袋	二丁基羟基甲苯被广泛应用于猪、禽、反刍动物及鱼类饲料中,粉剂混饲,用量一般为60～120毫克/千克	二丁基羟基甲苯与丁基羟基茴香醚或有机酸(常用柠檬酸)合并使用具有很好的协同作用

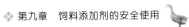

续表

名称		性状	适应症	制剂与规格	用法与用量	注意事项
抗氧化剂	丁基羟基茴香醚	白色或微黄色结晶或结晶状粉末,有特异酚类臭味及刺激性气味,通常是两种异构体的混合物	具有抗脂肪氧化作用和相当强抗菌力,并能阻止黄曲霉毒素生成,抑制饲料中青霉、黑曲霉孢子的生长,一般不在禽体内积存。多用作油脂抗氧化剂	粉状;含量为99.8%,使用前先把本品制成乳化母液,与油脂含量高的饲料成分混合后再与整个饲料混合	作为抗氧化剂,在饲料中的通常用量为60~120毫克/千克,在鱼粉及油脂中的用量为100~1000毫克/千克。抗菌能力,250毫克/千克可完全抑制饲料中黄曲霉生长,200毫克/千克可完全抑制黑曲霉、青霉的孢子生长	与柠檬酸、抗坏血酸等合用有较好协同效应,也可以和二丁基羟基甲苯联合用于动植物油脂饲料中。使用时,以适量乙醇和丙二醇作溶剂能提高丁基羟基茴香醚的抗氧化能力
	没食子酸丙酯	浅色的结晶性粉末或乳白色的针状结晶,无臭,稍带苦味	有显著的抗氧化作用,对动物性脂肪的抗氧化作用较强,主要用作油脂的抗氧化剂	粉剂,产品含没食子酸大于等于99.0%	饲料中使用限量为油脂含量的0.02%	没食子酸丙酯在加工时不能和含三价铁离子的器具及水加在一起;价格高、溶解度差,只在复合型抗氧化剂中少量使用

下 篇
鸭场疾病防治技术

第十章
鸭场生物安全体系

鸭场要有效控制疾病，必须树立"预防为主"和"养防并重"的观念，建立生物安全体系，否则，发生疾病必然会影响鸭群的生产性能，甚至导致死亡，造成较大的损失。

第一节　提高人员素质，制订规章制度

一、工作人员必须具有较高的素质、较强的责任心和自觉性

在诸多预防鸭病的因素中，人是最重要的。要加强饲养管理人员的培训和教育，使他们树立正确的疾病防制观念，掌握鸭饲养管理和疾病防治的基本知识，了解疾病预防的基本环节，熟悉疾病预防的各项规章制度，并能认真、主动地落实和执行，这样才能预防和减少疾病的发生。

二、制订必需的操作规章和管理制度

对鸭病的预防，除工作人员的自觉性外，还必须有相应的操作规章和管理制度的约束。没有严格的规章制度就不会有科学的管理，就不可能养好鸭，就可能会出现这样或那样的疾病。只有严格地执行科学合理的饲养管理和卫生防疫制度，才能使预防疫病的措施得到切实落实，减少和杜绝疫病的发生。因此，在养鸭场内对进场人员和车辆物品的消毒，种蛋、孵化机和出雏机的清洁消毒，鸭舍的清洁消毒等

程序和卫生标准；对疫苗和药物的采购、保管与使用，免疫程序和免疫接种操作规程；对各种鸭的饲养管理规程等均应有详尽的要求。制度一经制订公布，就要严格执行和落到实处，并经常检查，有奖有罚，这对养鸭场尤其是规模化养鸭场至关重要。鸭场防疫管理制度见图 10-1。

免疫制度

1.严格遵守《中华人民共和国动物防疫法》《山东省动物防疫条例》等法律法规，按照兽医主管部门的统一部署和要求，认真做好高致病性禽流感等重大动物疫病的免疫接种工作。

2.严格按照免疫程序做好其它疫病的免疫接种工作，严格免疫操作规程，确保免疫质量。

3.遵守国家关于生物安全方面的规定，使用来自合法渠道的合法疫苗产品，不使用试验用产品或中试产品。

4.在县动物疫病防控中心和镇防控的指导下，根据本场实际，制订科学合理的免疫程序，并严格遵守。

5.建立疫苗出入库制度，严格按照要求贮运疫苗，确保疫苗的有效性。废弃疫苗按照国家规定无害化处理，不乱占乱弃疫苗及疫苗包装。

6.遵守操作规程、免疫程序接种疫苗并严格消毒，防止带病或交叉感染。疫苗接种及反应处置由取得合法资质的兽医进行或在其指导下进行。免疫接种人员按国家规定做好个人防护。

7.疫苗接种后，按规定详细记入免疫档案。

8.定期对主要病种进行免疫效价监测，及时改进免疫计划，完善免疫程序，使本场的免疫工作更科学更实效。

消毒制度

1.养殖场(小区)大门和圈舍门前必须设消毒池，并保证消毒液消毒效果；场内应设更衣室、淋浴室、消毒室、患病动物隔离舍等。

2.选择高效低毒、人畜无害的消毒药品，消毒药应根据消毒目的、对象选择和储备，不得选择对环境、生态及动物有危害的药品。

3.养殖场定期不定期进行清扫、冲洗、光照和使用化学药品等多种方法相结合进行消毒。

4.鸭舍每天清扫1~2次，周围环境每周清扫一次，及时清理污物、粪便、剩余饲料等物品，保持鸭舍、场地、用具及鸭舍周围环境的清洁卫生，对清理的污物、粪便、垫草及饲料残留物应通过生物发酵、焚烧、深埋等进行无害化处理。发病期间做到一天一次消毒。疾病发生后进行彻底消毒。

5.场内工作人员进出场要更换衣服和鞋，场外的衣物鞋帽不得穿入场内，场内使用的外套、衣物不得带出场外，同时定期进行消毒。所有人员进入养殖区必须经过消毒池和消毒室，并对手、鞋消毒。消毒池的药液每周至少更换一次。

无害化处理制度

1.当饲养的肉鸭发生疫病死亡时，必须坚持"五不一处理"原则，即不宰杀、不贩运、不买卖、不丢弃、不食用，进行彻底的无害化处理。

2.养殖场必须根据养殖规模在场内下风口修一个无害化处理尸池。

3.当养殖场发生重大动物疫情时，除对病死鸭只进行无害化处理外，还应根据兽医主管部门的决定，对同群或感染疫病的鸭只进行扑杀和无害化处理。

4.当鸭群发生一般传染性疾病时，一律不允许交易、贩运，就地进行隔离观察和治疗。

5.无害化处理过程必须在驻场兽医和当地动物卫生监督机构的监督下进行，并认真对无害化处理的鸭只数量、死因、处理方式、时间等进行详细的记录、记载。

6.无害化处理完后，必须彻底对其圈舍、用具、道路等进行消毒，防止病原传播。

7.在无害化处理过程中及疫病流行期间要注意个人防护，防止人畜共患病传染给人。

用药制度

1.场内预防性或治疗性用药，必须由场内兽医技术人员决定，其它人员不得擅自使用。

2.兽医技术人员使用兽药必须遵守国家相关法律法规规定，不得使用瘦肉精等非法产品。

3.肉鸭养殖必须严格遵守国家关于休药期的规定，未满休药期的鸭不得出售、屠宰。

4.树立合理科学用药观念，不乱用药。

5.不擅自改变给药途径、投药方法及使用时间等。

6.做好用药记录，包括动物品种、年龄、性别，用药时间、药品名称、生产厂家、生产批号、剂量、用药原因、疗程、反应及休药期。必要时应附医嘱。

7.做好添加剂、药物等材料的采购和保管记录。

疫情报告制度

1.义务报告人:任何人发现场内鸭只出现不明原因死亡时要立即向兽医技术人员汇报,兽医技术人员怀疑发生重大传染病时应立即向当地动物防疫监督机构和动物卫生监督机构报告。

2.临时性措施:(1)将可疑传染病鸭只隔离,派人专管和看护。(2)对病鸭停留过的地方和污染的环境、用具进行消毒。(3)病鸭死亡时,应将其尸体完整地保存下来。(4)发生可疑需要封锁的传染病时,禁止畜禽进出养殖场(小区)。(5)限制人员流动。

3.报告内容:(1)发病的时间和地点。(2)发病动物种类和数量,同群动物数量、免疫情况、死亡数量、临床症状、病理变化、诊断情况。(3)已采取的控制措施。(4)疫情报告的单位、负责人、报告人及联系方式。

4.报告方式:书面报告或电话报告,紧急情况时应电话报告。

检疫申报制度

1.根据《中华人民共和国动物防疫法》和《动物检疫管理办法》的相关规定进行检疫申报。本场饲养的鸭只在出栏前应提前三天向镇动物卫生监督分所或其派出的报检点申报检疫。

2.官方兽医到场进行检疫时要提供养殖、防疫等相应资料,取得《动物检疫合格》证明后方可出场。

3.本省之内引进鸭苗后,应在三天之内向镇动物卫生监督分所报告,并提供《动物检疫合格证明》,引入后按规定进行隔离、观察。

4.跨省引进鸭苗时,在引进前须向动物卫生监督机构申报备案,引入后按规定进行隔离、观察,期满后经检疫合格方可合群饲养。

图 10-1 鸭场防疫管理制度

第二节　科学规划和设计鸭场

一、场址选择

鸭场的场址直接影响鸭场和鸭舍的小气候环境,影响鸭场和鸭舍的清洁卫生,影响鸭群的健康和生产,也影响鸭场与周边环境的污染和安全。

1. 场地

场地选择应考虑地形、地势、朝向、面积大小、周围建筑物情况等因素。

(1)地形　指场地形状、大小和地物(场地上的房屋、树木、河流、沟坎)情况。鸭场场地,要求地形整齐、开阔、有足够的面积。地形整齐,便于合理布置鸭场建筑和各种设施,并能提高场地面积利用率。避免狭长、地形不规则和边角太多。场地要避开西北方向的山口或长形谷地。场地面积要大小适宜,符合生产规模,并考虑今后的发展需要,周围不能有高大建筑物(图 10-2)。

图 10-2 鸭场地形开阔整齐，有天然的隔离林带

（2）地势　地的高低起伏状况。鸭场场地，要求地势高燥，平坦或稍有坡度（1%～3%）。如果坡地建场，要向阳背风，坡度最大不超过 25%；如果山区建场，应建在南边半坡较为平坦的地方。场地地势高燥，排水良好，阳光充足，不利于微生物和寄生虫的孳生繁殖。如果地势低洼，场地容易积水潮湿泥泞，夏季通风不良，空气闷热，蚊、蝇、蜱、螨等媒介昆虫易于孳生繁殖，冬季则阴冷（图 10-3）。

图 10-3 鸭场地势

鸭场地势高燥，鸭舍背风朝南（左）；

鸭场临近水源，地势高燥，平坦或稍有坡度（右图）

（3）朝向　如果采用传统的半舍饲或放牧，以坐北朝南最佳。鸭舍的位置要放在水面的北侧，把鸭滩和水上运动场放在鸭舍的南面，使鸭舍的大门正对水面向南开放，这种朝向的鸭舍，冬季采光面积大、吸热保温好；夏季又不受太阳直晒、通风好，具有冬暖夏凉的特点，有利于种鸭产蛋和仔鸭生长发育。

2. 土壤

场地的土壤透气透水性能要好（吸湿性大的土壤受到粪尿等有机物污染后易分解产生氨、硫化氢等有害气体，污染物和分解物易被带到浅层地下水中或被降雨冲积到地面水源，污染水源，且有利于微生物存活和孳生）、洁净未被污染、承载能力强（有一定的抗压性）和化学成分符合要求。适宜鸭场场地的土壤是沙壤土，既有一定的透气透水性，易干燥，又有一定的抗压性，昼夜温度稳定。如果没有这样的土壤，也可以通过建筑处理来弥补土壤的不足（图10-4）。

图 10-4 鸭场土壤

3. 水源

鸭是水禽，日常生活离不开水，所以，鸭场的用水量大。种鸭场需要水面用作鸭群游水活动、交配的良好场所，因此，种鸭舍最好选在与天然水域相连的缓坡地方修建，可以减少陆地运动场的面积，又能满足水禽喜水的生活习性。如果没有充足天然水域，鸭也可以旱养，但种鸭要在陆上运动场设置充足的洗浴池。

鸭场水源的水量充足，能满足牧场人、畜生活和生产，消防，灌溉及今后发展用水的需要；水质良好；取用方便；水源周围环境条件好，便于进行卫生防护。鸭饮水质量标准，见表 10-1。

表 10-1　禽饮用水水质标准

项目		标准
感官性状及一般化学指标	色/(°)	≤30
	浑浊度/(°)	≤20
	臭和味	不得有异臭异味
	肉眼可见物	不得含有
	总硬度(碳酸钙计)/(毫克/升)	≤1500
	pH	6.5～8.5
	溶解性总固体/(毫克/升)	≤2000
	氯化物(氯计)/(毫克/升)	≤250
	硫酸盐(硫酸根计)/(毫克/升)	≤250
细菌学指标	总大肠菌群/(MPN/100 毫升)≤	≤10
毒理学指标	氟化物(氟离子计)/(毫克/升)	≤2.0
	氰化物/(毫克/升)	≤0.05
	砷/(毫克/升)	≤0.20
	汞/(毫克/升)	≤0.001
	铅/(毫克/升)	≤0.10
	铬(六价铬计)/(毫克/升)	≤0.05
	镉/(毫克/升)	≤0.01
	硝酸盐(氮计)/(毫克/升)	≤3.0

4. 面积

鸭群饲养密度见表 10-2～表 10-4。

表 10-2　蛋雏鸭地面平养的饲养密度

季节	1 周龄	2 周龄	3 周龄	4 周龄
夏季/(只/米²)	30～35	25～30	20～25	15～20
冬季/(只/米²)	35～40	20～35	20～25	15～20

注：网上平养密度可以增加 30%；笼养每平方米饲养 20 只左右。

表 10-3　肉用雏鸭的饲养密度

周龄	地面垫料平养/(只/米^2)	网上平养/(只/米^2)	笼养/(只/米^2)
1 周龄	20～30	30～50	60～65
2 周龄	10～15	15～25	30～40
3 周龄	7～10	10～15	20～25
4～5 周龄	4～6	6～8	12～15
6～8 周龄	3～4	4～6	8～10

表 10-4　肉用种鸭的饲养密度

饲养方式	1 周龄	2 周龄	3 周龄	4 周龄	育成期	产蛋期
地面平养/(只/米^2)	25	10	5	2	2	2～3
网上平养/(只/米^2)	30	13	7	2～3	2～3	2～3

5. 其他方面

鸭场是污染源，也容易受到污染。鸭场生产产品的同时，也需要大量的饲料，所以，选择的鸭场场地要兼顾交通和隔离防疫，既要便于交通，又要便于隔离防疫，周围环境要安全。

鸭场要与村庄或居民点保持 200～500 米，距离交通干线、旅游风景区 500～1000 米（图 10-5 左）；鸭场远离屠宰场、畜产品加工场、兽医院、医院、造纸厂、化工厂等污染源，远离噪声大的工矿企业和其它养殖企业（图 10-5 中）；鸭场要有充足稳定的电源（图 10-5 右）。

图 10-5　鸭场其他方面的注意

二、规划布局

鸭场的规划布局就是根据拟建场地的环境条件，科学确定各区的位置，合理确定各类房舍、道路、供排水和供电等管线、绿化带等的相对位置及安排场内防疫卫生。因鸭场的性质、规模不同，建筑物的种类和数量亦不同，鸭场的规划布局也不同。合理的规划布局，才能经济有效地发挥各类建筑物的作用，才有利于隔离卫生。

1. 分区规划

鸭场通常根据生产功能，分为生活管理区、生产区和隔离区等，见图 10-6。生产区也要进行分区规划或分场规划，见图 10-7。

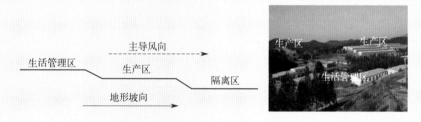

图 10-6 地势、风向分区规划示意图及实景图

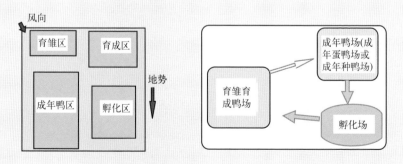

图 10-7 生产区的分区规划（左图）和分场规划（右图）

饲料库可以建在与生产区围墙同一平行线上，用饲料车直接将饲料送入料库。

隔离区主要用来治疗、隔离和处理病鸭，为防止疫病传播和蔓延，该区应在生产区的下风向，并在地势最低处，而且应远离生产区。隔离鸭舍应尽可能与外界隔绝。该区四周应有自然的或人工的隔离屏障，设单独的道路与出入口（图10-8）。

图 10-8 鸭场隔离区

鸭场的污水处理池（左图）；鸭场的粪便处理车间（中图）；疾病诊断治疗室（右图）

2. 鸭舍排列和间距

鸭舍排列方式多种多样，比较常见和合理的排列方式有单列式和双列式（图10-9、图10-10）。鸭舍间距如果能满足防疫、排污和防火间距，一般可以满足其它要求。鸭舍之间距离过小，通风时，上风向鸭舍的污浊空气容易进入下风向的鸭舍内，引起病原在鸭舍间传播；采光时，南边的建筑物遮挡北边建筑物；发生火灾时，很容易殃及全场的鸭舍及鸭群；由于鸭舍密集，场区的空气环境容易恶化，微粒、有害气体和微生物含量过高，容易引起鸭群发病。为了保持场区和鸭舍环境良好，鸭舍之间应保持适宜的距离。开放舍间距应为20～30米，密闭舍间距应为15～25米（图10-11）。

3. 道路

鸭场设置清洁道和污染道，清洁道供饲养管理人员、清洁的设备用具、饲料和新母鸭等使用，污染道供清粪、污浊的设备用具、病死鸭和淘汰鸭使用。清洁道和污染道不交叉（图10-12）。

图 10-9 单列式鸭舍布局图（左图）及实景图（右图）

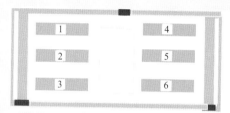

图 10-10 双列式鸭舍布局图（左图）及实景图（右图）

图 10-11 开放舍（左图）和密闭舍（右图）

图 10-12 鸭场的清洁道

4. 运动场

陆上运动场是鸭子吃食、梳理羽毛和昼间小憩的场所，其面积应大于鸭舍面积（图 10-13）。由于鸭脚短，不平的地面常使其跌倒碰伤，不利于鸭群活动。要求地面平整，略向水面倾斜，不允许坑坑洼洼，以免蓄积污水。陆上运动场应用三合土夯实。在运动场和水面连接的倾斜处，要用水泥砂石砌好，以防水浪冲击后，泥土塌陷；斜坡要倾斜 25°～30°，且延伸到枯水期的最低水位线以下。养鸭前陆上运动场必须修得坚固、平整。有条件和资金充足的养鸭场，最好将整个鸭滩用水泥砂石抹上，这样既坚固，又方便冲洗鸭粪。

水上运动场是鸭子玩耍嬉戏、繁殖交尾、捕食鱼虾的场所（图 10-14）。通常水上运动场的面积应大于陆上运动场。一般每 100 只鸭需要的水上运动场面积为 10～40 平方米，有条件的地方要尽可能围大一些。通常鸭舍和运动场是根据鸭子的分群而用围栏隔成一块一块的。围栏高度根据需要而定，陆上运动场围栏高度为 50～60 厘米，水上运动场围栏高度应超过最高水位 50 厘米，深入水下 1 米以上。也可做成活动围栏，围栏高 1.5～2 米，绑在固定的桩上，视水位高低灵活升降，保持水上 50 厘米，水下 50～100 厘米。若用于育种或

图 10-13　陆上运动场

饲养试验的鸭舍，围栏应深入水底，以免串群（鸭旱养也可以不设水上运动场）。

图 10-14　水上运动场

水上运动场（水围），其面积为鸭舍面积的 1.5～2.0 倍（左图）；
缺乏大型池塘的鸭场在陆上运动场外可以修建戏水池，戏水池因地制宜（右图）

5. 绿化

鸭场植树、种草等绿化不仅可以美化环境，而且还可以净化环境（改善场区小气候、净化空气和水质、降低噪声等），形成隔离屏障。规划时必须留出绿化用地，包括防风林、隔离林、行道绿化、遮阳绿化以及绿地等（图 10-15）。

图 10-15　绿化良好的鸭场

6. 配套隔离设施

没有良好的隔离设施就难以保证有效的隔离，设置隔离设施会加大投入，但减少疾病发生带来的收益将是长期的，要远远超过投入。

（1）隔离墙（或防疫沟）　鸭场周围（尤其是生产区周围）要设置隔离墙，墙体严实，高度 2.5～3 米或沿场界周围挖深 1.7 米、宽 2 米的防疫沟，沟底和两壁硬化并放上水，沟内侧设置 1.5～1.8 米高的铁丝网，避免闲杂人员和其它动物随便进入鸭场。

（2）消毒池和消毒室　鸭场大门设置消毒室（或淋浴消毒室）和车辆消毒池，供进入人员、设备和用具的消毒。生产区中每栋建筑物门前要有消毒池（图 10-16）。

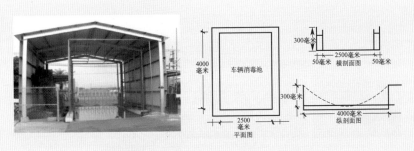

图 10-16　车辆消毒池实景图和消毒池的结构图

（3）场内的排水设施　完善的排水系统可以保证鸭场场地干燥，及时排出雨水及鸭场的生活、生产污水。否则，会造成场地泥泞及可能引起沼泽化，影响鸭场小气候、建筑物寿命，给鸭场管理工作带来困难。

场内排水系统多设置在各种道路的两旁及鸭舍的四周，利用鸭场场地的倾斜度，使雨水及污水流入沟中，排到指定地点进行处理。排水沟分明沟和暗沟：明沟夏天臭气明显，容易清理，明沟不应过深（＜30厘米）。暗沟可以减少臭气对鸭场环境的污染。暗沟可用砖砌或利用水泥管制成，其宽度、深度可根据场地地势及排水量而定。如暗沟过长，则应设沉淀井，以免污物淤塞，影响排水。此外，排水系统应深达冻土层以下，以免受冻而阻塞。

三、鸭舍设计

鸭舍是鸭生活和生产的场所，鸭舍的设计直接影响到舍内环境。特别要加强鸭舍的保温和隔热设计，以减少夏季阳光辐射和冬季舍内热量的散失，维持适宜的温热环境。

保温隔热的大棚鸭舍，有保温隔热性能良好的顶棚，根据外界气温变化，升降两侧的帘子，调节温度和通风（图 10-17 左）；开放式鸭舍，两侧墙安装有窗户，根据不同季节和鸭的饲养阶段，开启窗户大小，调节舍内温度和通风量（图 10-17 中）；密闭式鸭舍，舍内温度、湿度、光照、通风等条件人为调节，保证最适宜的环境条件（图 10-17 右）。

图 10-17　鸭舍设计

第三节　维持鸭群洁净卫生

鸭群污染不仅会导致疫病发生，而且会严重影响鸭群的生产性能。

一、加强引种管理

鸭场引种要选择洁净的种鸭场。种鸭场污染严重，引种时也会带来病原微生物，特别是管理不善、净化不严的种鸭场，更应高度重视。到有种畜禽生产经营许可证、管理严格、净化彻底、信誉度高的种鸭场订购雏鸭，避免引种带来污染。

二、重视孵化厅（场）卫生

孵化场的隔离卫生在疾病预防过程中具有重要的作用，必须给予足够的重视。

1. 种蛋的卫生管理

种蛋必须来自非疫区，或来自健康的种鸭群，发生烈性传染病期间的种蛋，不能作种蛋孵化。种蛋在贮蛋库上机待孵时、落盘时都要进行烟熏法消毒。

2. 孵化人员的卫生

孵化场工作人员进场前必须淋浴换衣和消毒后方可进入孵化区（图 10-18）。

3. 孵化设备及用具的卫生

孵化机或出雏机在一批种蛋孵化完毕，应彻底清除所有残留物，经常性进行局部擦洗工作，定期执行彻底清洗消毒制度。蛋盘应先认真清洗，然后在药液池内浸泡消毒，再用清水洗，待干燥后，方可接纳下一批入孵的种蛋。对孵化厅内的其他用具，如塑料雏鸭盘、检蛋车等，应定期进行清洗消毒。

图 10-18 孵化场工作人员的淋浴换衣和消毒

4. 孵化厅的清洁卫生

在种蛋孵化中产生的代谢废气、消毒液残留气体等，含有二氧化碳、绒毛、微生物、灰尘等，应及时将这些废气合理排放到室外，这对保持正常孵化率和工作人员、雏鸭的健康都极为重要。孵化厅的蛋壳、变质死蛋、死雏、绒毛及其他废弃物，必须认真处置，不要污染环境。孵化厅内要经常用吸尘器吸除各室地面、墙壁、天花板、孵化机和出雏机等表面的绒毛、灰尘和垃圾，并定期进行冲洗和消毒药液喷洒消毒。随时清理洗涤室内的杂物垃圾，经常保持水槽的卫生，并更换消毒药液，随时清除下水道内积聚的蛋壳、绒毛等垃圾，用清水冲洗，定期进行消毒。

5. 避免雏鸭早期感染

所谓雏鸭早期感染，主要指雏鸭在孵化过程中或孵出后尚未运到饲养地前所感染的疾病。早期感染途径有两条，一是垂直感染，即由于种鸭的长期带菌（毒），以致其产生的种蛋也带菌（毒）；二是水平感染，即带菌种蛋与非带菌种蛋同时孵化、同时出雏，使原来不带菌的种蛋或雏鸭也被感染疾病。此外，孵化环境和孵化用具的带菌，也会造成这一感染。要避免早期感染，应建立健康鸭群或健康鸭场，及时严格消毒种蛋，严格做好孵化厅的各项卫生消毒工作，注意对雏鸭消毒。

第四节 科学饲养管理

科学饲养管理是增强机体抵抗力的重要手段（图 10-19）。

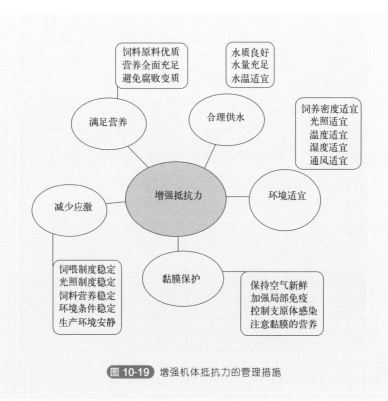

图 10-19 增强机体抵抗力的管理措施

第五节 做好隔离卫生

一、加强隔离

1. 创造好的隔离条件

鸭场要远离市区、村庄和居民点，远离屠宰场、畜产品加工厂等污染源。鸭场周围有隔离物。鸭场大门、生产区入口要建一个同门口一样宽、长是汽车轮一周半以上的消毒池（图 10-20）。各鸭舍门口要建一个与门口同宽、长 1.5 米的消毒池（消毒池内可以放置 3％～4％的火碱溶液，并注意经常更换）。生产区门口还要建更衣消毒室和淋浴室。鸭舍之间保持适宜距离。

图 10-20 鸭场大门和生产区大门口的消毒池

2. 采用专业化生产方式和全进全出的饲养制度

畜禽之间有许多共患病可以相互感染引发疾病，有些畜禽可以带毒引起其他畜禽发病，不同种类、不同阶段的家禽对某些疾病的抵抗力有较大差异，所以，鸭场要专业化生产，不饲养其它畜禽，肉鸭、蛋鸭分开饲养，不同阶段的鸭也要分开饲养。

不同龄期的鸭有不同的易发疾病，鸭场内如有几种不同龄期的鸭共存，则龄期较大的鸭群可能带有某些病原体，本身虽不发病却不断地将病原体传给同场内日龄小的敏感雏鸭，引起疾病的暴发。全进全出饲养制度就是鸭场在同一时间进鸭、同一时间出栏或转群，避免不同日龄的鸭混养，使鸭场腾空，可以进行彻底全面的清洁消毒。"全进全出"使得鸭场能够做到净场和充分的消毒，切断了疾病传播的途径，从而避免了患病鸭只或病原携带者将病原传染给日龄较小的鸭群。

3. 加强进入人员管理

饲养管理人员进入要进行消毒；禁止其他养殖户、鸭蛋收购商和死鸭贩子进入鸭场，病死鸭经疾病诊断后应深埋或焚烧，并做好消毒工作，严禁销售和随处乱丢（图 10-21、图 10-22）。

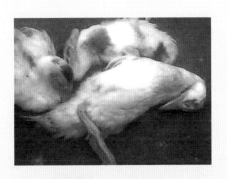

图 10-21 随处堆放的死鸭

图 10-22 病死禽收购人员

4. 及时发现、隔离或淘汰病鸭

饲养人员要经常观察鸭群，及时发现有精神不振、行动迟缓、毛乱翅垂、闭眼缩颈、粪便异常、呼吸困难、咳嗽等症状的病鸭，将其隔离饲养观察或淘汰，并查明原因，迅速处理。

5. 严防禽兽串入鸭舍

严防野兽、飞鸟、鼠、猫、犬等串入鸭舍，防止惊群和传播病菌。

二、保持清洁卫生

1. 保持环境洁净

不在鸭舍周围、鸭场道路和运动场上堆放废弃物和垃圾。定期清扫鸭舍周围、道路及运动场，保持场区和道路清洁；鸭场和鸭舍排水沟的垃圾和垫料要及时清理，鸭舍要经常打扫，用具要经常清洗和消毒，粪便要及时清理；定期清理消毒池中的沉淀物，减少消毒池内杂物和有机物，提高消毒液的消毒效果。

2. 废弃物的处理

鸭场的废弃物，如粪便、污水、病死鸭等直接影响到鸭场的卫生和疫病控制，危害鸭群安全和公共卫生安全，必须进行无害化处理。

（1）粪便处理　粪便既是污染物质，又是很好的资源。经过堆积腐熟或高温、发酵干燥处理后，体积变小、松软、无臭味，不带病原微生物，能作为有机肥用于农田。比较简单的处理方法是堆粪法，即在距鸭场 100～200 米或以外的地方设一个堆粪场，进行堆积发酵（图 10-23）。

图 10-23 条垛式堆肥发酵处理（右图覆盖塑料薄膜）

如果有传染病发生，在地面挖一浅沟，深约 20 厘米，宽 1.5～2

米，长度不限，随粪便多少确定，进行粪便堆积发酵。如此堆放 3 周至 3 个月，即可用以肥田。堆积粪便的循序见图 10-24。

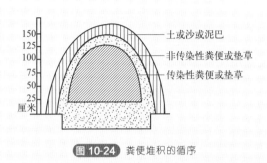

土或沙或泥巴
非传染性粪便或垫草
传染性粪便或垫草

150
125
100
75
50
25
厘米

图 10-24 粪便堆积的循序

【提示】　当粪便较稀时，应加些杂草，太干时倒入稀粪便或加水，使其不稀不干，以促进迅速发酵。

（2）病死鸭处理　病死鸭必须及时进行无害化处理，坚决不能图一己私利而出售。处理方法有如下方面。

①焚烧法。将病死鸭投入焚化炉内烧掉（图 10-25），是一种较完善的方法，要烧透，不留残渣。不能利用产品，且成本高，故不常用。但对一些危害人、畜健康极为严重的传染病病畜的尸体，仍有必要采用此法。

图 10-25 病死鸭焚化炉

② 高温处理法。此法是将畜禽尸体放入特制的高温锅（温度达150℃）内或有盖的大铁锅内熬煮，达到彻底消毒的目的。鸭场也可用普通大锅，经100℃以上的高温熬煮处理。此法可保留一部分有价值的产品，但要注意熬煮的温度和时间，必须达到消毒的要求。

③ 土埋法。利用土壤的自净作用使其无害化。此法虽简单但不理想，因其无害化过程缓慢，某些病原微生物能长期生存，从而污染土壤和地下水，并会造成二次污染，所以不是最彻底的无害化处理方法。采用土埋法，必须遵守卫生要求，埋尸坑远离畜舍、放牧地、居民点和水源，地势高燥，尸体掩埋深度不小于2米。掩埋前在坑底铺上2~5厘米厚的石灰，尸体投入后，再撒上石灰或洒上消毒药剂，埋尸坑四周最好设栅栏并做上标记（图10-26）。

图 10-26 病死鸭土埋法

④ 发酵法。将尸体抛入尸坑内，利用生物热的方法进行发酵，从而起到消毒灭菌的作用。尸坑一般为井式，深达9~10米，直径2~3米，坑口有一个木盖，坑口高出地面30厘米左右。将尸体投入坑内，堆到距坑口1.5米处，盖封木盖，经3~5个月发酵处理后，尸体即可完全腐败分解（图10-27）。

【注意】在处理畜尸时，不论采用哪种方法，都必须将病畜的排泄物、各种废弃物等一并进行处理，以免造成环境污染。

图 10-27　病死鸭尸体处理塔或化尸池

（3）污水处理　污水经过消毒后排放。被病原体污染的污水，可用沉淀法、过滤法、化学药品处理法等进行消毒。比较实用的是化学药品消毒法。方法是先将污水处理池的出水管用一木闸门关闭，将污水引入污水池后，加入化学药品（如漂白粉或生石灰）进行消毒。消毒药的用量视污水量而定（一般 1 升污水用 2～5 克漂白粉）。消毒后，将闸门打开，使污水流出。

（4）垫料处理　地面平养多使用垫料，使用垫料对改善环境条件具有重要的意义。垫料具有保暖、吸潮和吸收有害气体等作用，可以降低舍内湿度和有害气体浓度，保证一个舒适、温暖的小气候环境。选择的垫料应具有导热性低、吸水性强、柔软、无毒、对皮肤无刺激性等的特性，并要求来源广、成本低、适合作肥料和便于无害化处理。常用的垫料有稻草、麦秸、稻壳、树叶、野干草、植物藤蔓、刨花、锯末、泥炭和干土等。近年来，还采用橡胶、塑料等制成的厩垫以取代天然垫料。没有发生过传染病的垫料经过阳光暴晒后以及熏蒸消毒后可以重复利用，利用后可以堆积发酵和消毒后作为肥料；发生过传染病的垫料要焚烧。

3. 灭鼠、杀虫和防鸟

（1）灭鼠　鼠是人、畜多种传染病的传播媒介，鼠还盗食饲料和鸭蛋，咬死雏鸭，咬坏物品，污染饲料和饮水，危害极大，鸭场必须加强灭鼠。

①　防止鼠类进入建筑物。鼠类多从墙基、天棚、瓦顶等处窜入室内，在设计施工时注意墙基最好用水泥制成，碎石和砖砌的墙基，应用灰浆抹缝。墙面应平直光滑，防止鼠沿粗糙墙面攀登。砌缝不严的空心墙体，易使鼠隐匿营巢，要填补抹平。通气孔、地脚窗、排水沟（粪尿沟）出口均应安装孔径小于 1 厘米的铁丝网，以防鼠窜入。

②　器械灭鼠。器械灭鼠方法简单易行，效果可靠，对人、畜无害。灭鼠器械种类繁多，主要有夹、关、压、卡、翻、扣、淹、粘、电等（图 10-28）。

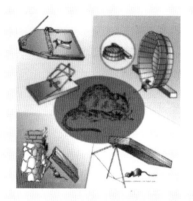

图 10-28　器械灭鼠

③　化学灭鼠。化学灭鼠效率高、使用方便、成本低、见效快，缺点是能引起人、畜中毒。有些鼠对药物有选择性、拒食性和耐药性，所以，使用时须选好药剂和注意使用方法，以保安全有效。灭鼠药剂种类很多，主要有灭鼠剂、熏蒸剂、烟剂、化学绝育剂等。鸭场的孵化室、饲料库、鸭舍鼠类最多，是灭鼠的重点场所。饲料库可用熏蒸剂毒杀。鸭舍灭鼠投放毒饵时，要防止鸭食。鼠尸应及时清理，以防被人、畜误食而发生二次中毒。选用鼠吃惯了的食物作饵料，突然投放，饵料充足，分布广泛，以保证灭鼠的效果。灭鼠时要加强管理，避免人和其他动物鼠药中毒（图 10-29）。

图 10-29 化学灭鼠

（2）杀虫 鸭场易孳生蚊、蝇等有害昆虫，骚扰人、畜和传播疾病，给人、畜健康带来危害，应采取综合措施杀灭。

① 搞好环境卫生。搞好鸭场环境卫生，保持环境清洁、干燥，是杀灭蚊蝇的基本措施。蚊虫需在水中产卵、孵化和发育，蝇蛆也需在潮湿的环境及粪便等废弃物中生长，因此，要填平无用的污水池、土坑、水沟和洼地。保持排水系统畅通，对阴沟、沟渠等定期疏通，勿使污水储积。对贮水池等容器加盖，以防蚊蝇飞入产卵。对不能清除或需要的水池，在蚊蝇孳生季节，应定期换水。永久性水体（如鱼塘、池塘等），蚊虫多滋生在水浅而有植被的边缘区域，修整边岸，加大坡度和填充浅湾，能有效地防止蚊虫孳生。鸭舍内的粪便应定时清除，并及时处理，贮粪池应加盖并保持四周环境的清洁。

② 物理杀灭。利用机械方法以及光、声、电等物理方法，捕杀、诱杀或驱逐蚊蝇。我国生产的多种紫外线灯和其他光诱器，效果良好。此外，还有可以发出声波或超声波并能将蚊蝇驱逐的电子驱蚊器等，都具有防除效果（图 10-30）。

③ 生物杀灭。利用天敌杀灭害虫，如池塘养鱼即可达到治蚊的目的。此外，应用细菌制剂——内菌素杀灭吸血蚊的幼虫，效果良好。

图 10-30　光触媒灯光灭蝇

　　④ 化学杀灭。化学杀灭是使用天然或合成的毒物，以不同剂型（粉剂、乳剂、油剂、水悬剂、颗粒剂、缓释剂等），通过不同途径（胃毒、触杀、熏杀、内吸等），毒杀或驱逐蚊蝇。化学杀虫法具有使用方便、见效快等优点，是当前杀灭蚊蝇的较好方法。化学药物分为杀幼虫剂和杀成虫剂。杀幼虫剂国内外常用的通过饲料途径控制苍蝇的，如驱除净（环丙氨嗪预混剂），隔周饲喂或连续饲喂，且必须采用逐级混合的办法搅拌均匀后使用，对畜禽也安全，拌料时按比例添加就行了，效果非常显著。杀成虫剂可以快速杀灭苍蝇蚊子。经常使用的杀成虫剂有有机磷类（如马拉硫磷）、拟除虫菊酯类等。马拉硫磷是世界卫生组织推荐用的室内滞留喷洒杀虫剂，其杀虫作用强而快，具有胃毒、触毒作用，也可作熏杀，杀虫范围广，可杀灭蚊、蝇、蛆、虱等，对人、畜的毒害小，故适合在畜舍内使用。拟除虫菊酯类杀虫剂是一种神经毒药剂，可使蚊蝇等迅速呈现神经麻痹而死亡。杀虫力强，特别是对蚊的毒效比敌敌畏、马拉硫磷等高 10 倍以上，对蝇类，因不产生抗药性，故可长期使用（图 10-31）。若条件允许，在饲料中适当加入杀幼虫剂，对灭蝇虫也会有效。

图 10-31　马拉硫磷（左图）和拟除虫菊酯类杀虫剂（右图）

（3）防鸟　野鸟也是传播病原的主要途径之一，要注意控制野鸟。鸭舍周边 50 米范围内只种草，不种树，减少野鸟栖息的机会；搞好鸭舍周边环境卫生，对散落在鸭舍周边的饲料及时清扫干净，避免吸引野鸟飞进鸭场采食；鸭舍所有出入风口、门口、窗户等安装防护网，防止野鸟直接飞入鸭舍内。

4. 保持饲料和饮水卫生

饲料不霉变，要检测饲料中的真菌含量，饲料中使用抗霉剂有助于控制霉菌繁殖和真菌毒素产生。饲料不被病原污染。饲喂用具勤清洁消毒；饮用水符合卫生标准（人可以饮用的水，鸭也可以饮用），水质良好，每年至少进行两次水质检验（水中有机物含量过高则证明有细菌、硝酸盐，并受到污染），定期检测鸭舍最远端饮水器中的饮水，以确保水的清洁。饮水用具每天清洗消毒，饮水系统要定期消毒。

5. 保持饲养管理人员卫生

每栋鸭舍要有单独的饲养员，彼此不能有接触；饲养管理人员应避免同养禽业有关的行业接触，如屠宰场、孵化场，不要参观其它的鸭场和鸟类养殖场；无关人员不准进入场区和鸭舍。工作人员做疫苗接种或因其它原因需要进入鸭舍时，需要穿消毒过的服装、帽子和靴子。饲养人员要保持清洁卫生，勤洗澡、勤清洗消毒工作服；工作鞋要洁净，进入鸭舍要在消毒池内浸泡；饲喂前要用消毒液洗手（图10-32）。

图 10-32 饲养管理人员卫生消毒
进入鸭舍前穿上工作服和工作靴，并在鸭舍门口的
消毒盆内浸泡工作靴（左图）；饲喂前要用消毒液洗手（右图）

6. 保持物品卫生

凡是需要进入生产区的物品，必须事先进行冲洗或熏蒸消毒。饲料电器类、工具类、办公用品、其它小件生活物品等不能冲洗消毒的物品，都必须事先熏蒸消毒，方可进场；蛋托、蛋筐、遮光罩、饮水饲喂用具等可以冲洗，但又不易冲洗干净的，可采用先冲洗后熏蒸的办法，以保证消毒效果。

第六节　鸭场消毒

鸭场消毒就是将养殖环境、养殖器具、动物体表、进入的人员或物品、动物产品等中存在的微生物全部或部分杀灭或清除。消毒的目的在于消灭被污染的场内环境、鸭体表面及设备器具上的病原体，切断传播途径，防止疾病的发生或蔓延。

一、消毒的方法

1. 机械性清除

（1）清扫、铲刮、冲洗　用清扫、铲刮、冲洗等机械方法清除降尘、污物及沾染在墙壁、地面以及设备上的粪尿、残余的饲料、废物、垃圾等，这样可处掉70%的病原，并为药物消毒创造条件（图10-33）。

图 10-33 高压水枪冲洗地面（左图）、水洗网面（中图）和冲洗用具（右图）

（2）适当通风　特别是在冬春季，可在短时间内迅速降低舍内病原微生物的数量，加快舍内水分蒸发，保持干燥，可使除芽孢、虫卵以外的病原失活，起到消毒作用。

2. 物理消毒法

（1）紫外线　利用太阳中的紫外线或安装波长为240～280纳米的紫外线灯（图10-34）等可以杀灭病原微生物。一般病毒和非芽孢的菌体，在阳光直射下，只需要几分钟到一小时就能被杀死。即使是抵抗力很强的芽孢，在连续几天的强烈阳光下反复暴晒也可变弱或被杀死。利用阳光消毒运动场及移出舍外的、已清洗的设备与用具等，既经济又简便。

图 10-34　紫外线灯

（2）高温　高温消毒主要有火焰、煮沸与蒸汽等形式。利用酒精喷灯的火焰杀灭地面、耐高温的网面上的病原微生物，但不能对塑料、木制品和其它易燃物品进行消毒，消毒时应注意防火。另外对有些耐高温的芽孢（破伤风梭菌芽孢、炭疽杆菌芽孢），使用火焰喷射靠短暂高温来消毒，效果难以保证；蒸汽可进行灭菌，设备主要有手提式下排气式压力蒸汽灭菌锅和高压灭菌器（图 10-35）。

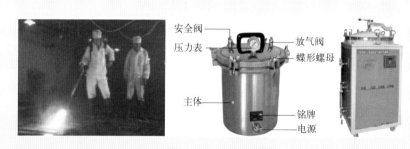

图 10-35　高温消毒

酒精喷灯的火焰（左图）；手提式下排气式压力蒸汽灭菌锅（中图）；高压灭菌器（右图）

3. 化学药物消毒法

利用化学药物杀灭病原微生物以达到预防感染和传染病传播和流行的方法，称为化学药物消毒法。使用的化学药品称化学消毒剂，此法在养鸭生产中是最常用的方法。

4. 生物消毒法

利用生物技术将病原微生物杀灭或清除的方法，称为生物消毒法，如粪便堆积进行需氧或厌氧发酵产生一定的高温可以杀死粪便中的病原微生物（图10-36）。

图 10-36　粪便堆积发酵

二、化学消毒剂的使用方法

化学消毒剂使用方法见表10-5。

表 10-5　化学消毒剂的使用方法

方法	用途
浸泡法	主要用于消毒器械、用具、衣物等。一般洗涤干净后再行浸泡，药液要浸过物体，浸泡时间以长些为好，水温以高些为好。在鸭舍进门处消毒槽内，可用浸泡药物的草垫或草袋对人员的靴鞋消毒
喷洒法	喷洒地面、墙壁、舍内固定设备等，可用细眼喷壶；对鸭舍空间消毒，则用喷雾器。喷洒要全面，药液要喷到物体的各个部位
熏蒸法	适用于可以密闭的鸭舍。这种方法简便、省事，对房屋结构无损，消毒全面，鸭场常用。常用的药物有福尔马林(40%的甲醛水溶液)、过氧乙酸水溶液。为加速蒸发，常利用高锰酸钾的氧化作用
气雾法	气雾粒子是悬浮在空气中的气体与液体的微粒，直径小于200纳米，分子量极轻，能悬浮在空气中较长时间，可在畜舍内的周围及其空隙移动。气雾是消毒液倒进气雾发生器后喷射出的雾状微粒，是消灭空气中病原微生物的理想办法。适用于全面消毒鸭舍空间，每立方米用5%的过氧乙酸溶液2.5毫升喷雾

三、鸭场的消毒程序

1. 进入车辆和人员消毒

① 进入场区的车辆要进行车轮消毒和车体喷雾消毒。消毒池内的消毒液可以使用消毒作用时间长的复合酚类和氢氧化钠（3％～5％溶液），最好再设置喷雾消毒装置对车体进行喷雾，喷雾消毒液可用1∶1000的氯制剂（图10-37）。

图 10-37 车辆消毒

② 人员进入鸭场应严格按防疫要求进行消毒。消毒室要设置淋浴装置、熏蒸衣柜和配套场区工作服，进入人员必须淋浴，换上清洁消毒好的工作衣帽和靴后方可进入，工作服不准穿出生产区，应定期更换清洗消毒（图10-38）。

图 10-38 人员消毒室（左图：雾化中的人员通道；右图：更衣室紫外线灯消毒）

③ 进入场区的所有物品、用具都要消毒。

2. 场区环境消毒

（1）生活管理区的消毒 建立外源性病原微生物的净化区域。在鸭场生活区门口经过简单消毒后，进入生活区的人员和物品需要在生活区进行进一步的消毒和净化，所以生活区的消毒是控制疫病传播最有效的做法之一。生活区消毒的常规做法有：生活区的所有房间每天用消毒液喷洒消毒一次；每月对所有房间甲醛熏蒸消毒一次；对生活区的道路每周进行两次环境大消毒；外出归来的人员所带东西存放在外更衣柜内，必需带入品需经主管批准；所穿衣服，先熏蒸消毒，再在生活区清洗后存放在外更衣柜中；入场物品需经两种以上消毒液消毒；在生活区外面处理蔬菜，只把洁净的蔬菜带入生活区内处理，制订严格的伙房和餐厅消毒程序。仓库只有外面有门，每进物品都需用甲醛熏蒸消毒一次。生活区与生产区只能通过消毒间进入，其他门口全部封闭。

（2）生产区的消毒 鸭场内消毒的目的是最大限度地消灭本场病原微生物的存在，制订场区内卫生防疫消毒制度，并严格按要求去执行。同时要在大风、大雾、大雨过后对鸭舍和周围环境进行一至两次严格消毒。生产区内所有人员不准走土地面，以杜绝泥土中病原体的传播。

每天对生产区主干道、厕所消毒一次，可用火碱加生石灰水喷洒消毒；每天对鸭舍门口、操作间清扫消毒一次；每天清理清扫生产区和道路的垃圾，及时清除鸭舍周围的杂草，每周对整个生产区和道路消毒两次；定期灭鼠，每月一次，育雏期间每月两次；确保生产区内没有污水集中之处，任何人不能私自进入污区；鸭场要严格划分净区与污区，这是鸭场管理的硬性措施（图10-39、图10-40）。

（3）生产区土壤的消毒 病原微生物常随着病人及患病畜禽的排泄物、分泌物、尸体和污水、垃圾等污物进入畜禽运动场的土壤而使土壤污染。不同种类的病原微生物在土壤中生存的时间有很大的差别。一般无芽孢的病原微生物生存时间较短，几小时到几个月不等；而有芽孢的病原微生物生存时间较长，如炭疽杆菌芽孢在土壤中存活可达十几年（表10-6）。

图 10-39 日常的场区消毒

图 10-40 发生疫情时场区的消毒

表 10-6　几种微生物在土壤中生存时间

病原微生物	在土壤中存活时间
结核杆菌	5 个月,甚至 2 年之久
伤寒沙门菌	3 个月
化脓性球菌	2 个月
猪丹毒杆菌	166 天(土壤中尸体内)
巴氏杆菌	14 天(土壤表层)
布鲁氏菌	100 天

　　土壤中病原微生物除了来自外界污染以外,土壤中本身就存在着能够较长时间生活的病原微生物,如肉毒梭状芽孢杆菌等。土壤中的

厌氧芽孢杆菌以芽孢形态存在于土壤中，在动物厌气性创伤感染中起着很大的作用。土壤中的病原微生物可通过水源、饲料等途径而感染畜禽。因此，土壤的消毒，特别是对被病原微生物污染的土壤进行消毒十分必要。

在消灭土壤中的病原微生物时，生物和物理因素起着重要的作用。疏松土壤，可增强土壤中微生物间的拮抗作用，使其充分接受阳光中紫外线的照射。另外，种植冬小麦、黑麦、三叶草、大黄等植物也可杀灭土壤中的病原微生物，使土壤净化。

在实际工作中，除利用上述自然净化作用外，也可运用化学消毒法进行土壤消毒，以迅速消灭土壤中的病原微生物。化学消毒时，常用的消毒剂有漂白粉或 5％～10％漂白粉澄清液、4％甲醛溶液、2％～4％氢氧化钠热溶液等。土壤的消毒根据被污染的情况不同，处理方式也不同。平常的预防消毒应经常清扫，保持场地清洁卫生，定期用一般性的消毒药喷洒即可；若发生了疫情，被污染土壤的消毒应在消毒前，首先对土壤表面进行机械清扫，被清扫的表土、粪便、垃圾等集中深埋或生物热发酵或焚烧，然后用消毒液进行喷洒，每平方米用消毒液 1000 毫升。如果是细菌芽孢污染的地面，在用 1％漂白粉溶液或其他对芽孢有效的消毒药喷洒后，可将地面深翻 30 厘米左右，撒上漂白粉，并与土混合，按每平方米面积 0.5～2.5 千克，然后加水湿润、原地压平。

3. 鸭舍消毒

（1）空舍消毒　好的清洁工作可以清除场内 80％的微生物，这将有助于消毒剂更好地杀灭余下的病原菌。应用合理的清理程序能有效地清洁畜禽舍及相关环境，提高消毒效果。

第一步：清洁。

清理。移走动物并清除地面和裂缝中的垫料后，将杀虫剂直接喷洒于舍内各处。彻底清理更衣室、卫生隔离栅栏和其它禽舍相关场所；彻底清理饲料输送装置、料槽、饲料贮存器和运输器以及称重设备。将废弃的垫料移至畜禽场外，如需存放在场内，则应尽快严密地盖好以防被昆虫利用并转移至邻近畜禽舍。取出屋顶电扇以便更好地清理其插座和转轴。在墙上安装的风扇则可直接清理，但应能有效地清除污物；清理供热装置的内部，以免当鸭舍再次升温时，蒸干的污物碎片被吹入干净的房舍（图10-41）。

图 10-41　清理鸭舍的粪便、垃圾和污染物质

清洗和擦拭。将鸭舍内无法清洁的设备拆卸至临时场地进行清洗，并确保其清洗后的排放物远离禽舍。对不能用水来清洁的设备，可以用浸湿的抹布擦拭。清洗工作服和靴子。

清除。清除在清理过程并干燥后鸭舍中所残留粪便和其它有机物。

冲洗。水泥地用清洁剂溶液浸泡 3 小时以上，再用高压水枪冲洗。应特别注意冲洗不同材料的连接点和墙与屋顶的接缝，使消毒液能有效地深入其内部。饲喂系统和饮水系统也同样用泡沫清洁剂浸泡 30 分钟后再冲洗。在应用高压水枪时，出水量应足以迅速冲掉这些泡沫及污物，但注意不要把污物溅到清洁过的表面上。泡沫清洁剂能更好地黏附在天花板、风扇转轴和墙壁的表面，浸泡约 30 分钟后，用水冲下。由上往下，用可四周转动的喷头冲洗屋顶和转轴，用平直的喷头冲洗墙壁（图10-42）。

检查。检查所有清洁过的房屋和设备，看是否有污物残留（清洗和消毒错漏过的设备）；重新安装好鸭舍内的设备；关闭房舍，给需要处理的物体（如进气口）表面加盖好可移动的防护层。

第二步：消毒。

消毒药喷洒。鸭舍冲洗干燥后，用 5%～8% 的火碱溶液喷洒地面、墙壁、屋顶、笼具、饲槽等 2～3 次，用清水洗刷饲槽和饮水器。

图 10-42 高压水枪冲洗

其它不易用水冲洗和火碱消毒的设备可以用其它消毒液涂擦（图 10-43）。

图 10-43 冲洗待干燥后用 5%～8% 的火碱溶液喷洒

移出设备的消毒。鸭舍内移出的设备用具放到指定地点，先清洗再消毒。能够放入消毒池内浸泡的，最好放在 3%～5% 的火碱溶液或 3%～5% 的福尔马林溶液中浸泡 3～5 小时；不能放入池内的，可以使用 3%～5% 的火碱溶液彻底全面喷洒。消毒 2～3 小时后，用清水清洗，放在阳光下暴晒备用。

饮水系统的消毒。对于封闭的饮水系统而言，可通过松开部分的连接点来确认其内部的污物。污物可粗略地分为有机物（如细菌、藻类或霉菌）和无机物（如盐类或钙化物），可用碱性化合物或过氧化氢去除前者或用酸性化合物去除后者，但这些化合物都具有腐蚀性。确认主管道及其分支管道均被冲洗干净。

开放的圆形和杯形饮水系统用清洁液浸泡2～6小时，将钙化物溶解后再冲洗干净，如果钙质过多，则须刷洗。将带乳头的管道灌满消毒药，浸泡一定时间后冲洗干净并检查是否残留消毒药；而开放的部分则可在浸泡消毒液后冲洗干净。

熏蒸消毒。能够密闭的鸭舍，特别是雏鸭舍，将移出的设备和需要的设备用具移入舍内，密闭熏蒸后待用。在室温为18～20℃，相对湿度为70％～90％时，处理剂量为每立方米空间福尔马林28毫升、高锰酸钾14克（污染严重的鸭舍可用42毫升福尔马林和21克高锰酸钾），密闭熏蒸48小时（图10-44）。地面饲养时，进鸭前可以在地面撒一层新鲜的生石灰，对地面进行消毒，也有利于地面干燥（图10-45）。

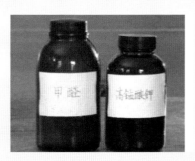

图 10-44 熏蒸消毒（左图：熏蒸需要的药物；右图：熏蒸）

（2）带鸭消毒　即在鸭舍有鸭时，用消毒药物对鸭舍进行消毒（图10-46）。带鸭消毒可以对鸭舍进行彻底的全面消毒，降低舍内空气中的粉尘、氨气。平常每周2～3次，发生疫病期间每天1次，可以大大减轻疫病的发生。选用高效、低毒、广谱、无刺激性的消毒药（如0.3％过氧乙酸或0.05％～0.1％百毒杀等），方法如下。

图 10-45 地面撒布新鲜生石灰

 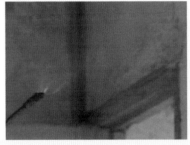

图 10-46 带鸭消毒（舍外带鸭消毒、舍内带鸭消毒）

一是喷雾法或喷洒法。消毒器械一般选用高压动力喷雾器或背负式手摇喷雾器，将喷头高举空中，喷嘴向上以画圆方式先内后外逐步喷洒，使药液如雾一样缓慢下落。要喷到墙壁、屋顶、地面，以均匀湿润和鸭体表稍湿为宜，不得直喷鸭体。喷出的雾粒直径应控制在 80～120 微米之间，不要小于 50 微米。雾粒粒径过大易造成喷雾不均匀和鸭舍太潮湿，且在空中下降速度太快，与空气中的病原微生物、尘埃接触不充分，起不到消毒的作用；雾粒粒径太小则易被鸭吸入肺泡，引起肺水肿，甚至引发呼吸道疾病。同时必须与通风换气措施配合起来。

喷雾量应根据鸭舍的构造、地面状况、气象条件适当增减，一般按 50～80 毫升/米^3 计算（100～240 毫升/米^2，以地面、墙壁、天花板均匀湿润和鸭体表微湿的程度为宜）。最好每 3～4 周更换一种消毒药。冬季寒冷喷雾时应将舍内温度比平时提高 3～4℃，不要把鸭喷得太湿，也可使用温水稀释；夏季带鸭消毒有利于降温和减少热应激死亡。也可以使用过氧乙酸，每立方米空间用 30 毫升的纯过氧乙酸配成 0.3% 的溶液喷洒，选用大雾滴的喷头，喷洒鸭舍各部位、设备、鸭群。一般每周带鸭消毒 1～2 次，发生疫病期间每天带鸭消毒 1 次。进雏第一周，鸭舍和育雏器每天轻轻喷雾消毒 1～2 次，以后每周 1～2 次；育成期每周消毒 1 次，成年鸭可 15～20 天消毒 1 次，发生疫情时可每天消毒 1 次。

二是熏蒸法。对化学药物进行加热使其产生气体，达到消毒的目的。常用的药物有食醋或过氧乙酸。每立方米空间使用 5～10 毫升的食醋，加 1～2 倍的水稀释后加热蒸发；30%～40% 的过氧乙酸，每立方米用 1～3 克，稀释成 3%～5% 溶液，加热熏蒸。室内相对湿度要在 60%～80%，若达不到此数值，可采用喷热水的办法增加湿度，密闭门窗，熏蒸 1～2 小时，打开门窗通风。

（3）鸭舍中设备用具消毒　饲喂、饮水用具每周洗刷消毒一次，炎热季节应增加次数，饲喂雏鸭的开食盘或饲槽，正反两面都要清洗消毒。可移动的食槽和饮水器放入水中清洗，刮除食槽上的饲料结块，放在阳光下曝晒。固定的食槽和饮水器，应彻底水洗刮净、干燥，常用阳离子清洁剂或两性清洁剂消毒，也可用高锰酸钾、过氧乙酸和漂白粉液等消毒，如可使用 5% 漂白粉溶液喷洒消毒；拌饲料的用具及工作服，每天用紫外线照射一次，照射时间 20～30 分钟；其它用具如医疗器械，必须先冲洗后再煮沸消毒。

4. 工作人员手的消毒

工作人员工作前要洗手消毒。消毒后 30 分钟内不要用清水洗手（图 10-47）。

5. 饮水消毒

鸭饮水应清洁无毒、无病原菌，符合人的饮用水标准，生产中使用干净的自来水或深井水。但进入禽舍后，由于露在空气中，舍内空气、粉尘、饲料中的细菌可对饮用水造成污染。病鸭可通过饮水系统将病原体传给健康者，从而引发呼吸系统、消化系统疾病。

图 10-47　手的清洗消毒

如果在饮水中加入适量的消毒药物则可以杀死水中带的病原体。临床上常见的饮水消毒剂多为氯制剂、碘制剂和复合季铵盐类等，但季铵盐类化合物只适用于 14 周龄以下禽饮用水的消毒，不能用于产蛋禽。消毒药可以直接加入蓄水池或水箱中，用药量应以最远端饮水器或水槽中的有效浓度达该类消毒药的最适饮水浓度为宜。家禽喝的是经过消毒的水而不是喝的消毒药水，任意加大水中消毒药物的浓度或长期使用，除可引起急性中毒外，还可抑制或杀死肠道内的正常菌群，影响饲料的消化吸收，对家禽健康造成危害，另外影响疫苗防疫效果。饮水消毒应该是预防性的，而不是治疗性的，因此消毒剂饮水要谨慎行事。在饮水免疫的前后 3 天，千万不要在饮水中加入消毒剂。

饲料和饮水中含有病原微生物，可以引起鸭群感染疾病，通过在饲料和饮水中添加消毒剂，抑制和杀死病原，减少鸭群发生疫病。

6. 水塘消毒

采用鸭舍-运动场-水塘饲养方式的鸭场，水塘也容易被污染，所以也要定期进行消毒。将生石灰配成 10%～20% 的石灰乳溶液泼洒水体，按每亩（1 亩 ＝ 666.67 平方米）水面 1 米水深计，剂量为 20～30 千克；漂白粉按每亩水面 1 米水深计，剂量为 1～1.5 千克；双链季铵盐络合碘可参考产品说明使用。对于较大水域，主要是在鹅群活动范围内的污染较大，如全面泼洒消毒药则成本较高，实际操作也存在一定难度，可考虑在鹅群活动范围内及周边投药消毒，也可在水塘进水处设置臭氧发生器，进水时开动臭氧发生器产生臭氧进行消毒。

7. 垫料消毒

使用碎草、稻壳或锯屑作垫料时，须在进雏前 3 天用消毒液（如博灭特 2000 倍液、10％百毒杀 400 倍液、新洁尔灭 1000 倍液、强力消毒王 500 倍液、过氧乙酸 2000 倍液）进行掺拌消毒。这不仅可以杀灭病原微生物，而且还能补充育雏器内的湿度，以维持育雏需要的湿度。垫料消毒的方法是取两根木椽子，相距一定距离，将农用塑料薄膜铺在上面，在薄膜上铺放垫料，掺拌消毒液，然后将其摊开（厚约 3 厘米）。采用这种方法，不仅可维持湿度，而且是一种物理性的防治球虫病措施。同时也便于育雏结束后，将垫料和粪便无遗漏地清除至舍外。

进雏后，每天对垫料还需喷雾消毒 1 次。湿度小时，可以使用消毒液喷雾。如果只用水喷雾增加湿度，则起不到消毒的效果，并有危害。这是因为育雏器内的适宜温度和湿度，适合细菌和霉菌急剧增加，成为呼吸道疾病发生的原因。

清除的垫料和粪便应集中堆放，如无可疑传染病，可用生物自热消毒法。如确认某种传染病，应将全部垫料和粪便深埋或焚烧。

第七节　免疫接种

目前，传染性疾病仍是我国养禽业的主要威胁，而免疫接种仍是预防传染病的有效手段。免疫接种通常是使用疫苗和菌苗等生物制剂作为抗原接种于家禽体内，激发抗体产生特异性免疫力。鸭场参考免疫程序见表 10-7～表 10-13。

表 10-7   蛋鸭参考免疫程序

日龄	疫苗	接种方法	剂量	备注
1～3 日龄	鸭病毒性肝炎弱毒苗	皮下或肌内注射	1 羽份	—
5～7 日龄	鸭疫里默氏杆菌病苗、鸭大肠杆菌病苗	皮下或肌内注射	各 0.5～1 毫升/羽	根据需要选择使用
10～15 日龄	禽流感油乳灭活苗	皮下注射	0.5 毫升/羽	—
20 日龄	鸭瘟冻干苗	皮下或肌内注射	1 羽份	生理盐水稀释
35～40 日龄	禽流感油剂灭活苗	皮下注射	0.5～0.7 毫升/羽	—
60～70 日龄	大肠杆菌油乳剂灭活苗、禽霍乱蜂胶佐剂灭活苗	皮下注射	各 0.5～1 毫升/羽	根据需要选择使用
70～80 日龄	鸭瘟冻干苗	肌内注射	1～2 羽份	生理盐水稀释
开产前	禽流感油剂灭活苗	皮下注射	1 毫升/羽	—

表 10-8   樱桃谷肉种鸭参考免疫程序

接种日龄	疫苗名称	疫苗用量	使用方法	备注
1 日龄	鸭病毒性肝炎疫苗或抗体	2 羽份或 1 毫升/羽	颈背部皮下注射	—
7 日龄	鸭疫里默氏杆菌病+大肠杆菌病二联灭活苗	0.5 毫升/羽	摇匀颈部皮下注射	—
12 日龄	禽流感单联油苗（H5N1）	0.5 毫升/羽	摇匀颈背部皮下注射	—
17 日龄	鸭瘟冻干苗	1 羽份	肌内注射	生理盐水稀释
25 日龄	禽流感单联油苗（H5N1）	0.5 毫升/羽	摇匀颈背部皮下注射	—
40 日龄	鸭瘟冻干苗	2 羽份	摇匀肌内皮下注射	生理盐水稀释
60 日龄	大肠杆菌病+禽霍乱二联灭活苗	0.5～1 毫升/羽	摇匀胸部肌内或颈背部皮下注射	—
70 日龄	禽流感二联苗（H5H9）	1 毫升/羽	摇匀颈背部皮下注射	—
130 日龄	减蛋综合征+副黏病毒病二联蜂胶苗	1 毫升/羽	摇匀胸部肌内或颈部皮下注射	—
137 日龄	禽流感二联苗（H5H9）	1～1.5 毫升/羽	摇匀颈背部皮下注射	—
144 日龄	禽霍乱+大肠杆菌病二联苗	1 毫升/羽	摇匀颈背部皮下注射	—
151 日龄	禽流感二联苗（H5H9）	1～1.5 毫升/羽	摇匀颈背部皮下注射	—
158 日龄	鸭瘟冻干苗	4 羽份	摇匀肌内注射	生理盐水稀释

注：30 日龄和 120 日龄各驱虫一次。

表 10-9　蛋用、肉用种鸭参考免疫程序

接种日龄	疫苗名称	疫苗用量	使用方法	备注
1～3 日龄	鸭病毒性肝炎疫苗或抗体	0.5～1.0 毫升/羽	皮下或肌内注射	根据情况接种鸭疫里默氏杆菌病疫苗
	鸭疫里默氏杆菌病疫苗			
10～15 日龄	禽流感灭活疫苗(水禽专用)	0.5 毫升/羽	皮下或肌内注射	
21～28 日龄	鸭瘟冻干苗	1 羽份	皮下或肌内注射	必要时可接种鸭疫里默氏杆菌病疫苗和禽霍乱疫苗
60～70 日龄	禽流感灭活疫苗(水禽专用)	0.7 毫升/羽	皮下或肌内注射	
产前 1 个月	鸭瘟冻干苗	1 羽份	分别皮下或肌内注射	在接种病毒性肝炎疫苗后 1 周再增强免疫一次,对雏鸭有更高的保护率
	病毒性肝炎弱毒苗	1 羽份		
	禽流感灭活疫苗(水禽专用)	1.0 毫升/羽		
	禽霍乱灭活苗	1.0 毫升/羽		
产后每半年	鸭瘟冻干苗	1 羽份	分别皮下或肌内注射	
	病毒性肝炎弱毒苗	1 羽份		
	禽流感灭活疫苗(水禽专用)	1.0 毫升/羽		

表 10-10　蛋用、肉用种番鸭参考免疫程序

接种日龄	疫苗名称	疫苗用量	使用方法	备注
1～3 日龄	鸭病毒性肝炎疫苗或抗体	0.5～1.0 毫升/羽	皮下或肌内注射	根据情况接种鸭疫里默氏杆菌病疫苗
	番鸭细小病毒病高免血清或抗体			
	番鸭花肝病高免血清或抗体			
	鸭疫里默氏杆菌病疫苗			
10～15 日龄	禽流感灭活苗(H5 亚型)	0.5 毫升/羽	皮下或肌内注射	—
14～21 日龄	番鸭花肝病灭活疫苗	1 羽份	皮下或肌内注射	—
21～28 日龄	鸭瘟冻干苗	1 羽份	皮下或肌内注射	根据情况接种鸭疫里默氏杆菌病疫苗
	鸭疫里默氏杆菌病疫苗			
70～84 日龄	禽流感灭活苗(H5 亚型)	1 毫升/羽	皮下或肌内注射	
产前 1 个月	鸭瘟冻干苗	1 羽份	分别皮下或肌内注射	在接种病毒性肝炎疫苗后 1 周再增强免疫一次,对雏鸭有更高的保护率
	病毒性肝炎弱毒苗	1 羽份		
	禽流感灭活疫苗(水禽专用)	1 羽份		
	番鸭细小病毒病弱毒疫苗	1 羽份		
	番鸭花肝病灭活疫苗	1 羽份		
产后每半年	鸭瘟冻干苗	1 羽份	分别皮下或肌内注射	
	病毒性肝炎弱毒苗	1 羽份		
	禽流感灭活疫苗(水禽专用)	1 羽份		
	番鸭细小病毒病弱毒疫苗	1 羽份		
	番鸭花肝病灭活疫苗	1 羽份		

表 10-11　商品肉鸭的免疫参考程序（一）

日龄	疫苗	接种方法	剂量	备注
1 日龄	副伤寒福尔马林菌苗	胸肌注射	0.5 毫升/羽	10 天后重复 1 次
	鸭瘟-鸭病毒性肝炎二联弱毒疫苗	胸肌注射	1～2 羽份	父母代没有进行正规接种或种蛋购于市场的接种；2 周和 4 周再各接种一次
1～3 日龄	鸭传染性浆膜炎（鸭疫巴氏杆菌病）-雏鸭大肠杆菌病多价蜂胶复合佐剂二联苗	皮下注射	0.5 毫升/羽	父母代没有进行正规接种或种蛋购于市场的接种
7～10 日龄		皮下注射	0.5 毫升/羽	父母代进行正规接种的在 7～10 日龄接种
21 日龄		皮下注射	0.5 毫升/羽	二次免疫
65 日龄左右	禽霍乱菌苗	皮下注射	0.5～1.0 毫升/羽	120 日龄再接种一次

表 10-12　商品肉鸭的免疫参考程序（二）

日龄	疫苗	接种方法	剂量
1 日龄	鸭瘟-鸭病毒性肝炎二联弱毒疫苗	颈部皮下注射	1～2 羽份
5 日龄	鸭传染性浆膜炎（鸭疫巴氏杆菌病）-雏鸭大肠杆菌病多价蜂胶复合佐剂二联苗	颈部皮下注射	0.5 毫升/羽
7～10 日龄	禽流感灭活疫苗（H5 亚型）	翼部肌内注射	0.5 毫升/羽
17～20 日龄	禽流感灭活疫苗（H5 亚型）	翼部肌内注射	0.5 毫升/羽

表 10-13　商品肉番鸭的免疫参考程序

日龄	疫苗	接种方法	剂量
1 日龄	鸭病毒性肝炎弱毒疫苗	颈部皮下或肌内注射	1 羽份
3 日龄	番鸭细小病毒病弱毒疫苗或组织灭活苗	颈部皮下或肌内注射	1 羽份
7～9 日龄	鸭传染性浆膜炎（鸭疫巴氏杆菌病）-雏鸭大肠杆菌病多价蜂胶复合佐剂二联灭活苗	颈部皮下注射	0.5 毫升/羽
10 日龄	禽流感灭活疫苗（H5 亚型）	翼部肌内注射	0.5 毫升/羽
15 日龄	鸭瘟冻干苗	翼部肌内注射	1 羽份
30～35 日龄	禽流感灭活疫苗（H5 亚型）	翼部肌内注射	1.0 毫升/羽

第八节　药物预防

一、肉鸭和蛋鸭的药物保健程序

肉鸭和蛋鸭的药物保健程序参考表10-14、表10-15。

表10-14　肉鸭药物保健方案

日龄	作用	方案
1～5日龄	防治沙门菌病、鸭传染性浆膜炎、大肠杆菌病,减轻应激,提高健雏率、抗病力、成活率	①1日龄饮水中加入5％葡萄糖＋电解多维200克。②2～5日龄饮水中加入电解多维。③1～5日龄可选择使用以下药物:每100千克饲料添加恩诺沙星8～10克＋甲氧苄啶2克或环丙沙星8～10克＋甲氧苄啶2克。④鸭病高发区可配合使用抗病毒药、中药(如黄芪)、植物提取物(如连翘的提取物金丝桃素)等
6～10日龄	维持肠道健康	使用微生态制剂益生素,补充有益菌,提高抗病力,调节肠道菌群,提高生长速度,提高利用率
11～13日龄	防治鸭传染性浆膜炎、沙门菌病、大肠杆菌病	每100千克饮水中添加丁胺卡那或新霉素8～10克＋甲氧苄啶2克或氟苯尼考8～10克＋甲氧苄啶2克
14～18日龄	维持肠道健康	使用微生态制剂益生素或料中加入大蒜,补充有益菌,提高抗病力,调节肠道菌群,提高生长速度,提高利用率
19～21日龄	防治鸭传染性浆膜炎、大肠杆菌病、禽霍乱	每100千克饮水中添加氟苯尼考8～10克＋甲氧苄啶2克
	防禽流感	以上药方基础上添加黄芪多糖1000毫升＋维生素C 8克
22～26日龄	修复由于疾病和用药造成的肝肾损伤,调节肠道菌群	益生素、电解多维等饮水或拌料
27～32日龄	防治大肠杆菌病、禽霍乱、鸭败血型支原体病等	①每100千克水中添加庆大霉素8～10克＋甲氧苄啶2克或强力霉素8克＋泰乐菌素8克＋甲氧苄啶2克或泰乐菌素8克＋红霉素50克＋甲氧苄啶2克。②清瘟败毒散拌料
33日龄～出栏	调节肠道菌群平衡	料中可拌入大蒜素或添加益生素,饮水中加入电解多维等

表 10-15　蛋鸭药物保健方案

日龄	作用	方案
1～6 日龄	防治鸭沙门菌、葡萄球菌感染	入舍后饮 5% 葡萄糖(或白糖)＋维生素 C(10 克/100 千克)水，并在水中加入 0.005% 恩诺沙星，连用 3 天;然后使用庆大霉素 2 万～4 万单位/升饮水
7～12 日龄	防治大肠杆菌病及鸭伤寒等	注射鸭病毒性肝炎疫苗。每 100 千克水中加入庆大霉素 8～10 克＋甲氧苄啶 2 克或强力霉素 8 克＋泰乐菌素 8 克＋甲氧苄啶 2 克饮用
13～50 日龄	防治鸭传染性浆膜炎、大肠杆菌病、鸭支原体病、流感、鸭瘟等病	做好免疫。每隔 3～5 天，即用黄芪多糖＋氟苯尼考(也可用一些抗菌、抗病毒西药)，连用 3 天。肠道病使用硫酸新霉素、林可霉素等治疗;呼吸道病用酒石酸泰乐菌素、强力霉素等治疗
51～120 日龄	防治鸭传染性浆膜炎、大肠杆菌病、鸭支原体病、流感、鸭瘟等	做好免疫。每隔 10 天，用黄芪多糖＋氟苯尼考(也可用一些抗菌、抗病毒西药)，连用 3 天。其它同 13～50 日龄
开产前	预防生殖系统疾病	阿莫西林，连用 3 天以上
120 日龄以后	预防鸭输卵管炎	①每月用黄芪多糖 4～5 天，以提高抗病力，防止发病。②每月定期预防输卵管炎一次，使用抗菌药，如阿莫西林或头孢噻呋钠，连用 3 天。③产蛋前 1 个月接种大肠杆菌病、鸭霍乱、鸭流感、鸭产蛋下降综合征等疫苗。④发现产蛋下降、产软皮蛋、产沙皮蛋、蛋小、异形蛋等，首先要分析病因，有生殖系统疾病时，用阿莫西林。有病毒时，黄芪多糖配合利巴韦林等使用;没有疾病症状时，可用黄芪多糖配合阿莫西林应用。一般 5～6 天可提高机体免疫力和预防输卵管炎

二、定期驱虫

鸭场实施有计划的定期驱虫是预防和控制鸭寄生虫病的一项有效措施，对于已发病的鸭具有治疗作用，对感染而未发病的鸭可以起着预防作用，有利于促进鸭群正常生长发育和维持健康。

1. 驱虫种类

（1）治疗性驱虫　不仅可以消灭鸭体内和体表的寄生虫，解除危害，使得患病鸭早日康复，而且还可以消灭病原，对健康鸭也起到预防作用。如果同时采取一些对症治疗和加强护理的措施，效果将会更好。

（2）预防性驱虫　或叫计划性驱虫，是在鸭群中发现了寄生虫，但还没有出现明显的症状时，或引起严重损失之前，定期驱虫。要根据当地的具体情况，确定驱虫的适当时机，并在生产实践中将它作为一种固定的措施加以执行。

在组织大规模定期驱虫工作时，应先做小群试验，在取得经验后，再全面展开，以防用药不当，引起中毒死亡。所选用的药物，应考虑广谱（即对吸虫、绦虫、线虫等不同类型的寄生虫均可驱除）、高效、低毒、价钱便宜、使用方便等。同时，也应注意避免寄生虫产生抗药性，在同一地区，不能长期使用单一品种的药物，应经常更换驱虫药的种类，或联合用药。

2. 加强粪便管理

鸭大多数寄生虫的虫卵、幼虫或卵囊是随其粪便排出体外的。因此，加强粪便管理、避免病原扩散，对控制寄生虫病的传播和流行非常重要。在寄生虫病流行区，应该将家禽粪便，尤其是驱虫后的粪便，集中起来，堆积发酵，当温度上升到 $60\sim75℃$ 时，经一周就可杀死粪便中的虫卵、幼虫、卵囊等。经处理的粪便方可作为肥料用。

3. 消灭中间宿主及传播媒介

许多鸭寄生虫，包括吸虫、绦虫、棘头虫和部分线虫，在发育过程中都需有中间宿主和传播媒介的参与，用化学药品杀灭它们或造成不利于它们生存的环境，对控制寄生虫病的发生和流行具有重要的意义。

4. 加强饲养管理

加强饲养管理，搞好环境卫生，适当增加富含矿物质、维生素、蛋白质等营养成分的饲料和添加青绿饲料等，以提高鸭抵抗寄生虫感染的能力。还应采取措施尽可能地保护鸭不接触病原。寄生虫病主要危害幼龄鸭，因此，最好能将成年鸭和幼龄鸭分开饲养，以减少幼禽的感染机会。另外，对外地引进的鸭要进行隔离检疫，确定无病时再和当地家鸭合群，以避免当地本来没有的寄生虫病的流行。

第九节　发生疫情的紧急措施

疫情发生时，如果处理不当，很容易扩大流行和传播范围。

一、隔离

当鸭场发生传染病或疑似传染病的疫情时，应将病鸭和疑似病鸭立即隔离，指派专人饲养管理。在隔离的同时，要尽快诊断，以便采取有效的防治措施。经诊断，属于烈性传染病时，要报告当地政府和兽医防疫部门，必要时采取封锁措施。

二、消毒

在隔离的同时，要尽快采取严格消毒。消毒对象包括鸭场门口、鸭舍门口、道路及所有器具；垫草和粪便要彻底清扫，严格消毒；病死鸭要深埋或无害化处理。

三、紧急免疫接种

当鸭场已经发病，威胁到其它鸭舍或鸭场时，为了迅速控制或扑灭疫病，一个重要的措施，就是对疫区受威胁的鸭群进行紧急接种。紧急接种可以用免疫血清，但现在主要是使用疫苗。

四、紧急药物治疗

对病鸭和疑似病鸭要进行治疗，对假定健康鸭的预防性治疗也不能放松。治疗的关键是在确诊的基础上尽早实施，这对控制疫病的蔓延和防止继发感染起着重要作用。

第十一章
鸭场疾病诊断与防制

第一节　病毒性传染病

一、鸭瘟

鸭瘟又称鸭病毒性肠炎，是由鸭瘟病毒引起的一种高死亡率、急性败血性传染病。该病的主要特征是头颈肿大、高热、流泪、下痢、粪便呈灰绿色，两腿麻痹无力，俗称"大头瘟"。

1. 病原

病原为鸭瘟病毒，属于疱疹病毒科，具有疱疹病毒科的典型特征。在病鸭的血液和内脏中含有大量病毒，以肝、脾的含毒量最高。本病毒对乙醚和氯仿敏感，对外界环境有较强的抵抗力。例如在 $-10 \sim -20℃$ 环境中，能存活 347 天，$50℃$ 时经 $90 \sim 120$ 分钟才能灭活，而在室温 $22℃$ 时，需 30 天才能失去感染力。但对一般浓度的常用消毒药较敏感。例如 $1\% \sim 3\%$ 苛性钠（火碱）溶液、$10\% \sim 20\%$ 漂白粉混悬液、5% 甲醛溶液等，均能较快地杀灭病毒。其他如直射阳光、高温干燥等因素，都不利于病毒的繁殖。

2. 流行病学

鸭瘟的发生和流行无明显的季节性，但以春、秋鸭群的运销旺季最易发病流行。不同日龄、不同品种的鸭均可感染，但以番鸭、麻鸭和绵鸭最易感，北京鸭次之。在自然感染条件下，成年鸭发病率和死亡率较高，30 日龄以内的雏鸭却较少发病；但在人工感染时，雏鸭却较成年鸭容易发病，且死亡率也高。鸭瘟的传染源主要是病鸭和带毒鸭，其次是其他带毒的水禽、飞鸟之类。这些带毒的禽类，特别是病鸭，很容易通过排出粪便及其分泌物污染饲料、饮水、饲养工具等散播病毒。当健康鸭群与病鸭群一同放牧，或间接食入污染的饲料时，均可感染发病，造成该病的流行。消化道感染是主要的传染方式。其他如通过滴鼻、泄殖腔、肌内注射等人工接种的方式，也可引起发病。某些吸血昆虫，也有可能是该病的传播媒介。

3. 临床症状

鸭瘟病毒的潜伏期为 2～4 天，病初体温急剧升高，一般可达 43℃以上，呈稽留热型。病鸭呈现精神不振，低头缩颈，食欲减退或废绝，渴欲增加，羽毛松乱，翅膀下垂，两腿发软，步态不稳，喜卧地，驱赶时以翅膀扑地匍匐向前。这时，病鸭不愿下水，若强迫下水，也无力游动，并挣扎回岸。病鸭出现神经症状，头和颈部肿胀，较健康鸭明显肿大，流出浆液性、血性分泌物，上、下眼睑粘连失明。病鸭下痢，排出绿色或灰白色稀便，常附于泄殖腔周围。泄殖腔黏膜充血、出血和水肿，严重时黏膜外翻，并附有绿色的假膜，不易剥脱，人为剥脱后留有溃疡面（图 11-1～图 11-3）。

4. 病理变化

鸭瘟的病变，以全身性急性败血症为主要特征。病鸭的全身皮肤、黏膜、浆膜和内脏器官，都有不同程度的出血斑点。皮下尤其是头颈部的皮下组织有弥漫性水肿，在"大头瘟"的典型病例中，切开头颈部肿胀的皮肤，即刻流出淡黄色透明的液体。口腔黏膜有黄色坏死性假膜覆盖，用刀刮离假膜后，可见到黏膜有出血性溃疡灶。气管环有出血。食管黏膜表面具有纵行排列的灰黄色坏死性假膜覆盖，此膜不易剥离，剥离后呈现出不同大小的、特征性的红色斑块或条索状痂块。腺胃黏膜有出血斑点，有时在腺胃与食管膨大部交界处，有一条灰黄色坏死灶带或出血带。肌胃角质下层充血、出血。肠黏膜有充血和出血性炎症。小肠淋巴组织出血，呈带状。泄殖腔有严重充血、出血，黏膜表面覆盖有一层棕褐色或绿褐色的坏死痂块，不易剥落。

肝脏的早期病变有出血性斑点，后期出现大小不同的灰色坏死灶，在

图 11-1 鸭瘟症状（一）

病鸭体温升高，精神不振（上左图）；饮水增多（上右图）；头颈部肿胀，
流出浆液性、血性分泌物，呈湿眼圈（下左图）；上下眼睑粘连失明（下右图）

图 11-2 鸭瘟症状（二）

羽毛松乱，离群独处，两腿麻痹，行走困难（左图）；强行驱赶，
则扑翅向前跳跃（中图）；病鸭出现角弓反张姿势（右图）

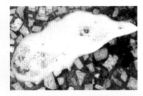

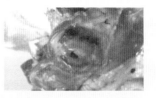

图 11-3 鸭瘟症状（三）

病鸭排的白色稀便（左图）；病鸭排的黄绿色稀便，甚至带血（中图）；

泄殖腔黏膜充血、出血和水肿（右图）

坏死周围有时可见环形出血带，而在坏死灶中心却常有小出血点。脾脏体积缩小，呈黑紫色。法氏囊黏膜充血发红，有针尖状的黄色小斑点。到后期，囊壁变薄，囊腔中充满红色凝固的渗出物。心外膜、冠状脂肪有出血。产蛋母鸭的卵巢可能充血、变形或变色，有时有一部分卵泡破裂，卵黄散布于腹腔中而引起腹膜炎（图 11-4～图 11-7）。

图 11-4 鸭瘟病变（一）

头颈、胸部皮下胶冻样浸润（左图）；喉头、食管黏膜表面

形成黄色伪膜（中图）；食管黏膜出血（右图）

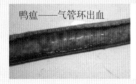

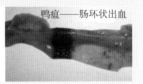

图 11-5 鸭瘟病变（二）

气管环出血（左图）；腺胃和食管膨大部的交界处有出血带，

小肠出血（中图）；肠环状出血（右图）

图 11-6 鸭瘟病变（三）

肝表面有不规则坏死灶或出血斑点（左图）；肠道浆膜充血、出血，以十二指肠和
直肠最为严重，还可见到黏膜溃疡坏死，有出血点（中图、右图）

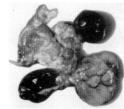

图 11-7 鸭瘟病变（四）

脾脏肿胀坏死（上左图）；法氏囊出血（上中图）；心外膜、冠状脂肪出血（上右图）；
产蛋母鸭的卵巢萎缩、卵泡充血、变形或变色、出血（下左图）；有时有一部分卵泡破裂，
卵黄散布于腹腔中而引起腹膜炎，或出现血性渗出物（下右图）

5. 诊断

确诊需要进行病毒的分离鉴定、血清中和试验、酶联免疫吸附试验、荧光抗体技术和聚合酶链式反应等实验室检查。在临诊中，应注意与鸭出血症、种鸭坏死性肠炎、鸭念珠菌病、鸭球虫病、鸭维生素A缺乏症等相区别（表11-1）。

表 11-1　鸭瘟的类症鉴别

病名	发生特点及相似处	与鸭瘟的鉴别点
鸭出血症	鸭出血症是一种由新型疱疹病毒（鸭疱疹病毒Ⅱ型）引起的可侵害各品种鸭、各日龄鸭的传染病，多发于 10～55 日龄的鸭群，病理变化中的小肠和直肠明显出血与鸭瘟的病变相似	鸭瘟病鸭的食管黏膜和泄殖腔黏膜有黄褐色坏死假膜或溃疡，鸭出血症则没有这一变化；鸭出血症肝脏肿大，呈树枝样出血或淤血，而鸭瘟的肝脏变化则为有灰黄或灰白色坏死点，少数坏死点中间有小出血点
种鸭坏死性肠炎	种鸭坏死性肠炎是由产气荚膜梭菌引起的一种消化道传染病，其病理变化中的肠黏膜充血出血与鸭瘟有相似之处	种鸭坏死性肠炎的肠道病变多集中于空肠和回肠，而鸭瘟的肠道病变多在十二指肠和直肠；鸭瘟病鸭的食管黏膜有黄褐色坏死假膜或溃疡，种鸭坏死性肠炎病鸭没有这一变化
鸭念珠菌病	鸭念珠菌病是由白色念珠菌所引起一种霉菌性传染病，其病理变化中可见口腔或食管黏膜有坏死性假膜和溃疡，这一点与鸭瘟相似	鸭念珠菌病还伴有气囊的炎性变化，而鸭瘟则还可见泄殖腔黏膜出血或坏死，肝脏有不规则的大小不等的坏死点和出血点；鸭念珠菌病多发生于雏鸭，而鸭瘟自然流行时多见于成年鸭
鸭球虫病	鸭球虫病是由鸭球虫引起的一种危害严重的寄生虫病，主要侵害鸭的肠道，以出血性肠炎为主要特征，与鸭瘟有相似之处	鸭球虫的肠道变化还表现为肠内容物为淡红色或鲜红色黏液或胶冻状黏液，而鸭瘟无这一变化；鸭球虫病发生于高温高湿季节，而鸭瘟则多流行于春夏之际和购销旺季；鸭瘟病鸭的食管黏膜和泄殖腔黏膜有黄褐色坏死假膜或溃疡，鸭球虫病则没有这一变化
鸭维生素 A 缺乏症	鸭维生素 A 缺乏症是由于饲料中维生素 A 或胡萝卜素不足或缺乏而引起的，病理变化中可见到口腔或食管黏膜有灰黄白色的假膜，这一点与鸭瘟相似	维生素 A 缺乏症在肾脏、心脏、肝、脾表面有尿酸盐沉积，而鸭瘟无此病理变化；维生素 A 缺乏症无传染性，而鸭瘟具有很强的传染性

6. 防制

① 注意隔离、卫生和消毒。采用"全进全出"的饲养制度。不从疫区引种，需要引进种蛋或种雏时，一定要严格进行健康检查和消毒处理，经隔离饲养 10～15 天后证明无病方可并群饲养。鸭群不可在可能感染疫病的地方放牧（如上游有病鸭，下游就不能放牧）。饮水每升要加入 50～100 毫克百毒杀等消毒。被污染的放牧水体也要按 667 平方米泼洒 20～30 千克生石灰进行消毒。

② 科学饲养管理。鸭舍要每天打扫干净，粪水等集中密闭堆埋发酵。鸭舍、运动场、用具、贩运车辆和笼子等每周或每天应用 10%～20% 石灰乳或 5% 漂白粉或 1∶300～1∶400 抗毒威等消毒。

③ 免疫接种。使用疫苗时要严格按瓶签上标明的剂量接种，不使用非正规厂家生产的疫苗。疫苗使用时要用生理盐水或蒸馏水稀释，30 日龄以内的鸭可稀释 40 倍，每羽肌内注射 0.2 毫升；2 月龄以内鸭可稀释 100 倍，每羽肌内注射 0.5 毫升；5 月龄以上鸭可稀释 200 倍，每羽肌内注射 1 毫升。疫苗接种后 7 天内会产生免疫力。为产生坚强免疫力，最好隔 21～30 天再加强免疫 1 次，种鸭和产蛋鸭在产蛋前可再接种疫苗 1 次。1 月龄以内雏鸭的有效免疫期为 1 个月，2 月龄以上的鸭有效免疫期为 6 个月。

④ 发病后措施

【处方 1】高免血清或干扰素治疗。早期治疗每羽肌内注射 0.5 毫升鸭瘟高免血清，有一定疗效；或成年鸭每羽肌内注射 1 毫升聚肌胞（一种内源干扰素），3 日 1 次，连用 2～3 次，有一定疗效。此法特别适用于因鸭瘟疫苗免疫失败而引发鸭瘟的治疗，可有效控制死亡并降低死亡率（或禽用干扰素每瓶 10 毫升稀释 25 倍，肌内注射 1000 羽）。

【处方 2】抗病毒药物治疗。复方利巴韦林（病毒唑）可溶性粉 0.05% 饮水（或 0.01% 拌料），连用 3～5 天。或复方病毒灵可溶性粉 0.025% 饮水（或 0.05% 拌料），1 天 2 次，连用 3～5 天。

【处方 3】党参、车前子、朱砂、巴豆、白蜡、桑螵蛸、枳壳、乌药、甘草各 50 克，蜈蚣、全蝎各 10 条，生姜、滑石各 250 克，神曲 200 克，桂枝、良姜、川芎各 100 克，肉桂 150 克，白酒 0.5～1 升，小麦或稻谷 10 千克。将药物用布包好与小麦同时入锅，加水以浸没小麦和药物为宜；先用武火煮，后用文火煮，待小麦吸尽汁液后再拌白酒喂鸭；本剂药可喂鸭 400 羽，喂药后 4 小时不可让鸭下水。本方对此病有很好疗效。

【处方 4】红花、山木通各 20 克，桃仁、醋炒香附各 30 克，黄连、甘草各 10 克，活全蝎、活地鳖各 50 克，威灵仙 15 克，鲜松针（捣碎）60 克，鲜小杨梅根、鲜芦根各 80 克，用 1 升米酒密封浸泡

15 天后滤汁，每羽鸭 1 次肌内注射 3 毫升，每天 2 次，连用 2～3 天，疗效显著。

【处方 5】稻谷、仙鹤草、枫树油、红辣椒按 100∶10∶1∶1 的比例加水适量同煮。每天每羽鸭喂药 50 克，连喂 3 天，治愈率可达 65％～85％。

二、鸭病毒性肝炎

鸭病毒性肝炎是雏鸭的一种传播迅速的急性传染病，死亡率高达 90％左右。病程极短，主要病变在肝脏。其特征是肝炎、肝体积肿大，并有出血斑点。

1. 病原

病原为鸭肝炎病毒（Ⅰ型）。病毒的大小 20～40 纳米，能够在发育鸭胚的尿囊液内生长繁殖，但不太适应一般的细胞培养。肝是该病的靶器官，是最好的送检病料。病毒对外界环境的抵抗力很强，在污染的育雏室内的病毒至少能够生存 10 周，阴湿处粪便中的病毒能够存活 37 天。含有病毒的胚液保存在 2～4℃冰箱内，700 天后仍保持存活。病毒在 2％来苏儿溶液中 37℃能够存活 1 小时，在 0.1％福尔马林中能够存活 8 小时。

2. 流行病学

此病一年四季都可发生，但多数在冬季或早春暴发。该病主要发生于 3 周龄以内的雏鸭。成年鸭也可感染但不发病，而是此病的带毒者。被病毒污染的鸭舍、饲料、饲养用具、水、人员、车辆等都可成为该病的传播媒介。其传染途径是通过咽和上呼吸道或消化道感染。传染源主要是患病雏鸭及带毒成年鸭。病愈康复鸭的粪便，能继续带毒 1～2 个月。

3. 临床症状

潜伏期 1～4 天。有些雏鸭没有任何症状而突然死亡。病程进展迅速，常常不超过几小时。病鸭离群，缩头拱背，行动呆滞，不久即伏地不能走动，食欲废绝，眼半闭呈昏迷状态。有些病鸭腹泻，以后出现神经症状，如运动不协调、双脚呈痉挛性运动、头向后仰像游泳样，翅膀下垂，呼吸困难。死前头颈扭曲于背上，腿伸直向后张开，呈角弓反张姿势，俗称"背脖病"，这是该病死亡时的典型体征。康复的雏鸭生长缓慢（图11-8、图11-9）。

图 11-8 鸭病毒性肝炎症状（一）

病鸭精神沉郁，食欲废绝（左图）；病鸭角弓反张（中图）；
平衡失调，两脚痉挛性踢腾（右图）

图 11-9 鸭病毒性肝炎症状（二）

病雏鸭排出白色稀便（左图）；濒死时头颈后仰，呈角弓反张姿态（观星状、背脖状）（右图）

4. 病理变化

特征为肝脏肿大，质脆，呈淡红色或斑驳状，表面有出血点或出血斑，有的肝脏有坏死灶。胆囊肿大，充满胆汁。脾脏有时也肿大，外观有类似肝脏的花斑。多数肾脏充血、肿胀。心肌如煮熟状。胰腺充血。有些病例有心包炎，心冠脂肪有出血斑点，气囊中有微黄色渗出液和纤维素絮片，肌肉出血（图11-10～图11-12）。

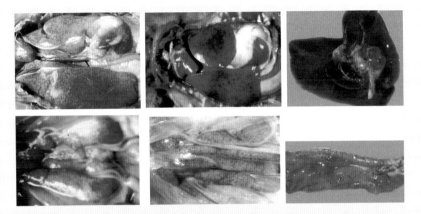

图 11-10 鸭病毒性肝炎病变（一）

病鸭肝肿大，颜色发黄，肝脏表面有大小不等的出血斑点（上左图）；
肝脏黄染，弥漫性出血（上中图）；胆囊肿大，充满胆汁（上右图）；
肾脏肿胀、黄染、充血、出血（下左图、下中图）；胰腺充血呈粉红色（下右图）

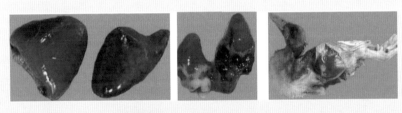

图 11-11 鸭病毒性肝炎病变（二）

病鸭脾脏肿胀，有细小出血点，呈斑驳状（左图）；
心脏软化如熟肉样（中图）；腿部肌肉出血（右图）

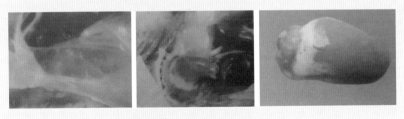

图 11-12 鸭病毒性肝炎病变（三）

病鸭气囊上附有黄色干酪样物（左图）；病鸭心包积有黄色的液体（中图）；
病鸭心冠脂肪有出血斑点（右图）

5. 诊断

确诊还需进行病毒的分离鉴定、雏鸭接种试验及血清学检测等。注意类症鉴别（表 11-2）。

表 11-2　鸭病毒性肝炎的类症鉴别

鸭瘟	鸭瘟 3 周龄以内的雏鸭较少发生死亡,病毒性肝炎 1～2 周龄易感雏鸭有极高的发病率和死亡率,3 周龄以上的发病率和死亡率很低,对成年鸭没有影响。鸭瘟患鸭以食管、泄殖腔和眼睑黏膜呈出血性溃疡和假膜为主要特征性病变。鸭病毒性肝炎患鸭肝脏有明显肿大并且有大小不等的出血点,而鸭瘟患鸭肝脏以灰黄色或灰白色的坏死点为主要症状
鸭巴氏杆菌病	鸭巴氏杆菌病发病率和病死率很高,青年鸭、成年鸭比雏鸭更易感,尤其是 3 周龄以内的雏鸭很少发生;而鸭病毒性肝炎对 1～3 周龄易感雏鸭有极高的发病率和死亡率。鸭巴氏杆菌病鸭肝脏肿大,有灰白色针头大的坏死灶,心冠脂肪组织有出血斑,心包积液,十二指肠黏膜严重出血等。鸭病毒性肝炎病鸭肝脏肿大、质脆,呈淡红色或斑驳状,表面有出血点或出血斑。肝脏触片、心包液涂片,革兰氏染色或亚甲蓝染色,鸭巴氏杆菌可见有许多两极染色的卵圆形小杆菌。用肝脏和心包液接种血琼脂能分离到巴氏杆菌,而鸭病毒性肝炎均为阴性
鸭流感	鸭流感发生于各种日龄鸭,发病时一般会出现各种神经症状,如扭颈呈"S"状、头顶触地、仰翻、侧卧、横冲直撞和共济失调等。病毒性肝炎对 1～2 周龄的易感雏鸭有较大的发病率和致死率,超过 3 周龄的雏鸭不发病;表现的神经症状则以头颈背向呈角弓反张状为主,且多在临死前发生。鸭流感除肝脏出血外还伴有胰腺出血、表面有大量针头大小的白色坏死点或透明样液化灶,心肌表面有白色条纹样坏死等。将病料接种易感鸭胚,如死亡胚尿囊液具有血凝活性,并能被禽流感抗血清所抑制,可认为是鸭流感病毒所致;如死亡胚尿囊液无血凝活性,可认为是鸭病毒性肝炎
鸭出血症	鸭出血症多发于 10～55 日龄的鸭群,而雏鸭病毒性肝炎对 1～2 周龄的易感雏鸭有较大的发病率和致死率,超过 3 周龄的雏鸭不发病。鸭出血症病死鸭双翅羽毛管内淤血,外观呈紫黑色,一般不会出现神经症状;而鸭病毒性肝炎表现以头颈背向呈角弓反张状为主的神经症状,且多在临死前发生。鸭出血症的肝脏出血以树枝状为主,鸭病毒性肝炎的肝脏出血以点状、条状或刷状为主
鸭副黏病毒病	鸭副黏病毒病胰腺有轻微出血或白色坏死点,腺胃黏膜脱落和腺胃乳头轻微出血;病毒性肝炎病鸭的肝脏明显肿大、质地脆弱,色泽暗淡或稍黄,肝脏表面有明显的出血点或出血斑,有时可见有条状或刷状出血带
鸭疫里默氏杆菌病	鸭疫里默氏杆菌病后期神经症状与多数鸭病毒性肝炎雏鸭临死前症状相似,但病变不同。剖检鸭疫里默氏杆菌病为心包炎、肝周炎和气囊炎;而鸭病毒性肝炎病鸭的肝脏明显肿大、质地脆弱,色泽暗淡或稍黄,肝脏表面有明显的出血点或出血斑,有时可见有条状或刷状出血带

6. 防制

（1）预防措施　平时应做好预防工作，严格孵化室、鸭舍及周围环境的卫生消毒；不从有发病史的鸭场引进雏鸭。用鸭病毒性肝炎疫苗免疫，无母源抗体的雏鸭，于 1 日龄皮下注射 20 倍稀释的疫苗 0.5 毫升；有母源抗体的雏鸭（即母鸭曾注射过鸭病毒性肝炎疫苗或该鸭群曾患过该病），于 7～10 日龄皮下注射疫苗 1 毫升。免疫力可保持 6 周以上。种鸭在开产前 13 周、8 周、4 周分别用鸭病毒性肝炎弱毒疫苗免疫 2～3 次，其母鸭的抗体至少可以保持 7 个月。若在用弱毒疫苗基础免疫后再肌内注射鸭病毒性肝炎灭活疫苗，则能在整个产蛋期内产生带有母源抗体的后代雏鸭，其母源抗体可维持 2 周左右，并能有效抵抗强毒攻击。

（2）发病后措施　整个鸭舍用复合酚溶液（配成 0.3%～1% 的水溶液）喷雾消毒，一天一次，连用 5 天。使用药物治疗。

【处方 1】抗体疗法。在发病早期用鸭病毒性肝炎康复鸭的血清或高免卵黄抗体进行治疗，每只雏鸭皮下或肌内注射 1 毫升。一般注射 1 次，必要时次日再重复注射 1 次。在应用特异疗法的基础上，复方利巴韦林（病毒唑）可溶性粉 0.05% 饮水（或 0.01% 拌料），连用 3～5 天；或复方病毒灵可溶性粉 0.025% 饮水（或 0.05% 拌料），1 天 2 次，连用 3～5 天。在饮水中添加维生素 C（50 千克水 10 克）或速溶多维。

【处方 2】板蓝根 25 克、大青叶 251 克、栀子 50 克、黄芪 40 克、黄柏 30 克、龙胆草 30 克、当归 10 克、柴胡 10 克、钩藤 10 克、甘草 10 克，车前草适量为引，文火煎至 5000 毫升，分 2 次饮用，每羽 2～5 毫升，每天 1 剂，连用 2～3 天。预防用每羽每天 2 毫升，分 2 次饮用，连用 5 天。

【处方 3】龙胆草 80 克、黄连 80 克、藿香 80 克、茵陈 70 克、黄柏 70 克、黄芩 70 克、金银花 60 克、柴胡 60 克、白术 60 克、厚朴 60 克、陈皮 60 克、苦参 50 克、栀子 50 克、甘草 30 克（500 羽雏鸭的剂量）。上药煎汤后取药液 1 份加水 9 份，让病雏鸭自饮，每日上下午各 1 次，每天 1 剂，连用 2 剂。本方由黄连解毒散、龙胆泻肝散及藿香正气散三方精简组合而成，具有清热解毒、祛肝经湿热、清肝利胆、健脾和胃之功效。

三、番鸭细小病毒病

番鸭细小病毒病是由番鸭细小病毒侵害 3 周龄以内的雏番鸭而引起的，以腹泻、喘气和软脚为主要症状的一种新的传染病，故又称番鸭"三周病"。

1. 病原

番鸭细小病毒，属细小病毒科，细小病毒属成员。病毒分布于病鸭的肝、脾、胰腺和肠道等器官组织，也存在于肠道上皮细胞和骨髓细胞中。病毒在 56℃ 内至少存活 60 分钟，在 pH 3～9 内很稳定，对脂溶剂也不敏感。福尔马林、氧化剂、紫外线、β-丙内酯等能使之灭活。在 4℃ 中保存多年，滴度无明显下降。

2. 流行病学

该病多发生于 8～20 日龄的雏番鸭，最早发病日龄为 7 日龄，最迟为 30 日龄。一般发病率和死亡率与日龄密切相关，日龄越小发病率和死亡率越高。发病死亡高峰均在 10～18 日龄，死亡率为 20%～55%。成年番鸭不发病；除雏番鸭外，其它品种的雏鸭和成年鸭均未见类似疾病。该病一年四季均可发生，但以春、夏较多。病鸭可通过排泄物导致病毒的水平传播。

3. 临床症状

病雏主要表现精神沉郁，减食或拒食，饮水增加，消瘦；排出白色或黄绿色稀便，怕冷，喜蹲伏，软脚，喘气，张口呼吸；流泪和鼻涕；死前出现神经症状，多呈角弓反张及两脚麻痹（图 11-13、图 11-14）。

4. 病理变化

心脏变圆，心壁松弛，尤以左心室病变明显；肝脏稍肿大，胆囊充盈，肾和脾脏稍肿大，胰腺肿大且表面散布针尖大灰白色病灶。整个肠道呈卡他性炎症，充血或出血，以十二指肠及直肠最明显。常见小肠中下段肠黏膜有不同程度的脱落。剖开小肠膨大部，可见质地较

图 11-13 番鸭细小病毒病症状

病鸭初时精神沉郁，厌食（左图）；

死后双脚干瘪，体重明显减轻（中图）；张口呼吸，蹲伏（右图）

图 11-14 患病番鸭排便情况

病鸭排白色稀便（左图）；病鸭排黄白色粪便（中图）；病鸭肛门周围被粪便污染（右图）

软，表面覆盖一层灰白色或黄白色的干酪样物，形成栓子，堵塞肠管（图 11-15～图 11-17）。

图 11-15 病雏鸭胰腺病变

病雏鸭胰腺肿大且表面散布针尖大灰白色病灶（左图）；

胰腺肿大，充血、出血、坏死（右图）

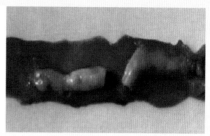

图 11-16 番鸭细小病毒病病变（一）

病鸭发生纤维素性肠炎，小肠中后段膨大，触感硬实（左图）；
病鸭发生纤维素性肠炎，小肠黏膜脱落，下层出血，肠内呈白色柱状（右图）

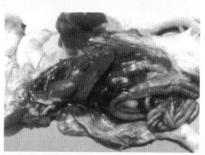

十二指肠黏膜出血

图 11-17 番鸭细小病毒病病变（二）

十二指肠黏膜出血（左图）；胆囊肿胀，充满胆汁（右图）

5. 诊断

确诊可进行病毒的分离鉴定、琼脂扩散试验、血清中和试验、荧光抗体技术、酶联免疫吸附试验及乳胶凝集试验等，其中以乳胶凝集试验最为实用。注意与雏番鸭小鹅瘟、鸭副黏病毒病鉴别（表11-3）。

表 11-3　番鸭细小病毒病的类症鉴别

病名	特征
小鹅瘟	小鹅瘟多发生于 5～25 日龄的雏番鸭,1 月龄以上番鸭也有发病,而雏番鸭细小病毒病主要侵害出壳后数日龄至 3 周龄左右的雏番鸭,成年番鸭多不发病;小鹅瘟可侵害雏番鸭和雏鹅,而雏番鸭细小病毒病只侵害番鸭;小鹅瘟较雏番鸭细小病毒病发病率与病死率更高,严重下痢,肠道病变较为明显,呈渗出性肠炎,且患病鸭胰腺无白色坏死点,而雏番鸭细小病毒病胰腺表面有大量白色坏死点,肠道呈卡他性肠炎,存在腹泻,但不如小鹅瘟严重;另外,还可采用易感雏鸭和易感雏鹅做感染试验,如仅引起雏鸭发病死亡,并其特征性病变而雏鹅健活,则为番鸭细小病毒所致
鸭副黏病毒病	鸭副黏病毒病肠道表现卡他性炎症,黏膜有不同程度的充血和出血,与雏番鸭细小病毒病相似,但鸭副黏病毒病胰腺的变化轻微,常见腺胃黏膜脱落和腺胃乳头轻微出血,而雏番鸭细小病毒病病例胰腺表面有大量白色坏死点;鸭副黏病毒病的发病日龄为 8～30 日龄,中大鸭也可感染发病,只是症状较轻,而雏番鸭细小病毒病主要侵害出壳后数日龄至 3 周龄左右的雏番鸭;鸭副黏病毒病可侵害各品种鸭,雏番鸭细小病毒病只侵害雏番鸭

6. 防制

（1）预防措施　雏番鸭出生后 48 小时内,皮下注射番鸭细小病毒弱毒疫苗;在疫区的雏番鸭,可在出壳后 4 天内注射番鸭细小病毒的高免血清或高免蛋黄液;在种鸭产蛋前用番鸭细小病毒灭活苗进行免疫,孵出的雏番鸭将获得母源抗体,可抵抗番鸭细小病毒感染。

（2）发病后措施　全群番鸭用百毒杀、抗毒威按常规剂量带鸭消毒,每天 1 次,连用 1 周。

药物治疗：板蓝根 800 克、白头翁 500 克、黄连 800 克、黄柏500 克、山栀子 500 克、黄芩 800 克、金银花 200 克、地榆 200 克、穿心莲 500 克、甘草 200 克（黄连解毒散加减治疗）,每剂两次煎汁70～80 千克,浓缩药液至 40～50 千克,供 1500 只 3 周龄番鸭自由饮用,每日 1 剂（重症不能自饮的病鸭用注射器灌服,每只番鸭 3～5 毫升,7～8 小时喂 1 次）。服药期间适当减少供水量。采用中药治疗的同时,给已感染发病的番鸭注射 1 次抗番鸭细小病毒血清,每只番鸭 0.8 毫升;病情严重番鸭每只注射 1 毫升,连用 2 次。

四、禽副黏病毒病

禽副黏病毒病是由禽Ⅰ型副黏病毒引起的导致禽类发生消化道和呼吸道症状的传染病。禽Ⅰ型副黏病毒所引起的禽类疾病类型和严重程度有很大差异；不同的分离株感染禽类后其临床表现、危害程度等随宿主种类、日龄大小、免疫状况及感染毒株的毒力不同而存在差异。以往认为水禽只是该病毒的储存宿主，带毒而不发病。但1997年7月以来，陆续报道了鹅、鸬鹚、企鹅、番鸭等水禽感染了禽Ⅰ型副黏病毒引起死亡的病例。事实证明，鸭等水禽已成为禽Ⅰ型副黏病毒自然感染发病、死亡的易感禽类。

1. 病原

禽Ⅰ型副黏病毒为副黏病毒科副黏病毒亚科腮腺炎病毒属成员，至今有9个血清型，其中代表毒株为新城疫病毒。

2. 流行病学

该病对番鸭、半番鸭、产蛋麻鸭以及鹅均有致死性，其中番鸭和鹅相对较敏感。肉鸭发病在8～30日龄之间，日龄越小，发病越严重。中大鸭病情相对较轻或呈隐性感染。各种年龄的鹅都具有较强的易感性，日龄愈小，发病率、死亡率愈高，雏鹅发病后常引起死亡。不同品种的鹅均可感染致病，对鸡亦有较强的易感性。发生该病的鹅群，其附近尚未接种疫苗的鸡也可感染发病死亡。产蛋鸭和鹅感染后，产蛋率下降。该病无季节性，一年四季均可发生，常引起地方性流行。发生该病后，病鸭和病鹅并非短时间内大批死亡，而是不间断地每天总有数只发生死亡，继发感染（主要是大肠杆菌病和鸭疫里默氏杆菌病）使鸭鹅群的病情加剧，造成较大经济损失。

3. 临床症状

病初病鸭食欲减少，羽毛松乱，饮水增加，缩颈，两腿无力。早期排白色稀便，中期粪便可转为红色，后期则成绿色或黑色。部分病禽出现呼吸困难、甩头、口中有黏液蓄积。有些病鸭出现转圈或向后仰等神经症状，有典型的蓝眼睛。发病率可达50%，死亡率可高达20%～30%。产蛋鸭可出现产蛋率下降和蛋品质下降等症状。少数雏鸭发病后有甩头、咳嗽等呼吸道症状。雏鸭常在发病后2～3天内死亡（图11-18、图11-19）。

图 11-18 禽副黏病毒病症状（一）

病雏鸭精神沉郁，有神经症状如瘫痪（左图）；病鸭软脚、衰弱（中图）；病鸭出现典型的蓝眼睛（右图）

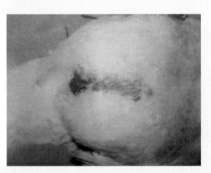

图 11-19 禽副黏病毒病症状（二）

病鸭排黄白绿色稀便（左图）；病鸭排白色、绿色稀便，肛门污染（右图）

4. 病理变化

肝、脾肿大，表面有大小不等的白色坏死灶，十二指肠、空肠和回肠出血、坏死，胰腺也有白色坏死点，结肠可见不同形状大小的溃疡。腺胃与肌胃交界处有出血斑。鸭口腔黏液较多，喉头出血，食管黏膜有灰白色或淡黄色结痂。产蛋鸭可出现卵巢变性、输卵管炎症以及卵黄性腹膜炎等病变。与传染性浆膜炎混合感染可引起肝周炎、肠肿胀、胰腺出血（图11-20～图11-23）。

图 11-20 禽副黏病毒病病变（一）

病鸭肝脏肿大，胰腺有出血点（左图）；病鸭脾脏肿大、出血，
有坏死灶（中图）；病鸭胰腺呈圆点状变性与坏死（右图）

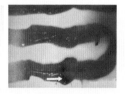

图 11-21 禽副黏病毒病病变（二）

病鸭口腔黏膜灶性坏死形成黄白色伪膜（左图）；
腺胃与肌胃交界处有出血斑（中图）；肠道有大小不一的溃疡灶（右图）

图 11-22 禽副黏病毒病病变（三）

食管黏膜出血，有伪膜（左图）；肠及肠管系膜出血（中图）；
肠黏膜坏死脱落、出血（右图）

5. 诊断

病毒分离鉴定、鸭胚接种试验和人工感染试验等可确诊。注意与
雏番鸭细小病毒病和雏番鸭小鹅瘟相区别（表 11-4）。

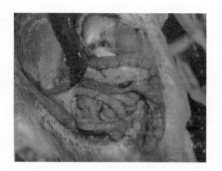

图 11-23 副黏病毒病与传染性浆膜炎混合感染引起的肝周炎、肠肿胀、胰腺出血

表 11-4　禽副黏病毒病的类症鉴别

病名	特征
雏番鸭细小病毒病	俗称"三周病"，是由番鸭细小病毒引起的一种急性或亚急性传染病，主要侵害出壳后数日龄至 3 周龄的雏番鸭。而鸭副黏病毒病的多发日龄为 8～30 日龄，中、大鸭也可感染发病，只是症状较轻。雏番鸭细小病毒病只侵害雏番鸭，而鸭副黏病毒病可侵害各品种鸭；雏番鸭细小病毒病病鸭肠道呈卡他性炎症，黏膜有不同程度的充血和出血，与鸭副黏病毒病相似，但雏番鸭细小病毒病病鸭胰腺表面有大量白色坏死点，而鸭副黏病毒病胰腺的变化轻微，常见腺胃黏膜脱落和腺胃乳头轻微出血
雏番鸭小鹅瘟	多发于 5～25 日龄的雏番鸭。雏番鸭小鹅瘟肠道的卡他性肠炎和黏膜出血与鸭副黏病毒病有相似之处，但特征性病变为小肠的中、后段整片肠黏膜坏死脱落与纤维素性渗出物凝固形成栓子或假膜，包裹在肠内容物表面，状如腊肠，质地坚硬，堵塞肠腔。而鸭副黏病毒病的病变以十二指肠和直肠出血为特征，另外还有神经症状
雏鸭病毒性肝炎	多数鸭肝炎病毒感染鸭在临死之前表现的神经症状与鸭副黏病毒病有相似之处。但二者的病变完全不同，病毒性肝炎病鸭的肝脏明显肿大，质地脆弱，色泽暗淡或稍黄，肝脏表面有明显的出血点或出血斑，有时可见有条状或刷状出血带。而鸭副黏病毒病表现胰腺的轻微出血或白色坏死点，腺胃黏膜脱落和腺胃乳头轻微出血
鸭流感	雏鸭流感发病时一般会出现各种神经症状，与鸭副黏病毒病有相似之处。但雏鸭流感还伴有胰腺出血、表面有大量针尖大小的白色坏死点或坏死斑，或透明样，或液化样坏死点或坏死灶，心肌表面有白色条纹样坏死等，而鸭副黏病毒病胰腺的变化轻微，常见腺胃黏膜脱落和腺胃乳头轻微出血，心肌偶有出血；禽流感发生于各种日龄鸭，而鸭副黏病毒病多发于 8～30 日龄各品种鸭，中、大鸭病情相对较轻。将病料接种易感鸭胚，死亡胚尿囊液具有血凝活性，如能被禽流感抗血清所抑制，可认为是鸭流感病毒所致；如能被禽Ⅰ型副黏病毒抗血清所抑制，可认为是鸭副黏病毒所致

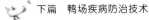

病名	特征
鸭疫里默氏杆菌病	疾病后期病鸭表现神经症状如头颈震颤、转圈、不停地点头或摇头,甚至角弓反张和抽搐。这一点与鸭副黏病毒病有相似之处。鸭疫里默氏杆菌病的病变表现为心包炎、肝周炎和气囊炎,与鸭副黏病毒病完全不同;用肝脏接种巧克力琼脂,鸭疫里默氏杆菌能生长而鸭副黏病毒无细菌生长;将病料接种易感鸭胚,死亡胚尿囊液具有血凝活性并能被禽Ⅰ型副黏病毒抗血清所抑制,可认为是鸭副黏病毒所致,鸭疫里默氏杆菌病病鸭的病料不会引起鸭胚死亡

6. 防制

（1）预防措施　饲喂全价配合日粮;鸭群增加青饲料（嫩牧草）。鸭鹅鸡不混养,避免与野鸟接触;做好鸭场和鸭舍的隔离、卫生,禽舍和场地用1∶300稀释的双链季铵盐络合碘液喷洒消毒,每天1次,连续7天;试用新城疫疫苗免疫接种。

（2）发病后措施　首先隔离病鸭病鹅,并对场地严格消毒,使用双链季铵盐络合碘按1∶800浓度进行消毒,每天1次,连用5天。治疗宜采取抗体疗法,同时配合抗病毒、抗感染等辅助疗法。

【处方1】新城疫高免卵黄液,每羽注射1毫升,严重病例可再注射1次。若在卵黄液中加入利高霉素和病毒唑（利巴韦林）,治疗病鸭效果更好。

【处方2】生石膏200克、生地黄40克、水牛角40克、栀子20克、黄芩20克、连翘20克、知母20克、丹皮15克、赤芍15克、玄参20克、淡竹叶15克、甘草15克、桔梗15克、大青叶100克,以上为200羽雏鸭剂量,煎水饮服,每日1剂,连用3天。

五、鸭流行性感冒

鸭流行性感冒是由A型流感病毒引起家禽的一种急性传染病。水禽不但是禽流感病毒的巨大贮存库,而且已成为自然感染、高度易感、死亡率高的禽类和重要传染源。自然和人工感染病例中,鸭、雏番鸭的发病率可高达100%,死亡率也可高达90%以上,其他年龄番鸭的发病率达90%以上,死亡率达80%以上。肉鸭,无论是樱桃谷肉鸭、半番肉鸭,发病率都可达80%以上,死亡率为40%～80%;

肉种鸭的发病率为 40％～50％，死亡率为 30％～40％。

1. 病原

禽流感病原是 A 型流感病毒，属于正黏病毒科流感病毒属，其形状呈球状、杆状或长丝状，病毒粒子的直径为 80～120 纳米，粒子表面有一层棒状和蘑菇状的纤突，根据血凝素与神经氨酸酶的不同，可组成众多血清亚型流感病毒。禽流感的多样性表现在病毒自身的变异性，而且不同的病毒毒株感染所出现的临床症状、病理变化、发病率和死亡率均明显不同。目前一般将禽流感病毒分为高致病性毒株、低致病性毒株和不致病性毒株。感染高致病性禽流感，呈急性发病死亡，严重者往往导致禽群全群覆没；低致病性临床症状较为温和，死亡率仅为 10％～20％，但生长速度或产蛋率明显下降；而非致病性往往只携带病毒而不出现明显临床症状，仅从血清中检出禽流感病毒抗体。禽流感的多次暴发，都是由高致病性的禽流感病毒 H5 和 H7 引起的，发病急，传染快，死亡率可达 100％。

一般来说，禽流感病毒对热的抵抗力较弱，60℃ 10 分钟或 70℃ 4 分钟即可灭活，在阳光直射下，40～48 小时灭活；对酸和有机溶剂的抵抗力弱，常用消毒剂如福尔马林、稀酸、漂白粉、碘剂、脂溶剂等能迅速破坏其致病力；但低温冻干或甘油保存可使病毒存活 1 年以上。

2. 流行病学

禽流感病毒可以从病禽呼吸道、消化道和眼结膜排出，其感染方式包括与易感禽的直接接触及易感禽与受到污染的各种物品的间接接触。在家禽中以鸡和火鸡的易感性最高，其次是珍珠鸡、野鸟和孔雀。鸭、鹅及其它水禽类的易感性较差，多为隐性感染或带毒。鸽子可以携带病毒，但很少自然发病。由于禽的分泌物和排泄物、组织器官、禽蛋中均可带有病毒，因此带毒的候鸟可作为载体将其做世界性传播。

禽流感主要经呼吸道传播，其次通过密切接触感染的禽类及其分泌物、排泄物、受病毒污染的水以及直接接触病毒株也可以进行传播。对鸭来讲，各品种鸭均有易感性，但纯种番鸭较其他品种鸭更易感。各种日龄鸭对鸭流感均易感，但临床上以 1 月龄以上鸭发病多见。在雏鸭，尤其是雏番鸭发病率可高达 100％ ，病死率达 80％以上。在中鸭、成年鸭，发病率和病死率随日龄的增大而下降，一般发病率为 15％～70％ ，病死率为 5％～30％ 。种母鸭、蛋用鸭发生该病时，发病率高，但病死率较低（一般为 3％～18％ ）或无死亡。该病一年四季均有发生，但以春冬两季为主要流行季节。患该病的鸭群有的并发或继发鸭传染性浆膜炎、鸭大肠杆菌病、鸭沙门菌病、鸭霍乱或球虫病等。凡并发或继发其他疾病的鸭群其病死率明显高于该病的单一感染。

3. 临床症状与病理变化

该病的潜伏期从数小时至 2～3 天，由于鸭的品种、年龄、有无并发病、感染病毒株和外界环境条件的不同，表现的症状和病理变化有很大的差异。

（1）产蛋鸭 无论是种番鸭、蛋鸭还是肉种鸭感染病毒后，鸭群最初部分鸭有轻度咳嗽或轻度喘气症状，但鸭群食欲、饮水、大便及精神未见有明显变化，也无死亡现象。数天内鸭群产蛋量迅速下降，有的鸭群产蛋率由原来 95％高峰期可降至 10％以下或停蛋；开产期鸭群患病后很难有产蛋高峰期。在减蛋期内常见有仅为正常蛋 1/4～1/2 重量的小型蛋、畸形蛋。患病鸭群经 10～15 天后产蛋量开始逐渐恢复，但常出现小型蛋和畸形蛋。

肉种鸭感染后有 40％～50％发病率和 30％～40％死亡率。发病后 3～5 天内整个鸭群出现大幅度减蛋和各种畸形蛋，以致出现绝蛋。鸭群食欲减少，饲料消耗量大减。其症状和病理变化与番鸭相似，但病变较轻，尤其肠道仅有轻微病变，而生殖器官病变明显，与产蛋母番鸭相同。公鸭睾丸常见有一半出血。鸭群康复后一般要 30 天左右才能恢复较高的产蛋量。

（2）雏鸭 多发生于 2～4 周龄，无论是雏番鸭，还是青成年番鸭均有很高的发病率和死亡率，其中雏番鸭发病率可高达 100％，死亡率也可高达 90％以上，其它日龄番鸭发病率达 90％以上，死亡率达 80％以上。患病鸭群有咳嗽等呼吸道症状。食欲速减或废绝，仅饮水，排白色或淡黄色或淡绿色水样稀便。精神沉郁，两腿无力，不能站立，伏卧地上，缩颈。有的病例表现头颈向后仰，或向下勾，或不断左右摇摆，尾部向上翘等神经症状；患病鸭流泪、鼻腔有黏液；患鸭迅速脱水、消瘦，病程急而短。鸭群感染发病 2～3 天内引起大批死亡（图 11-24）。

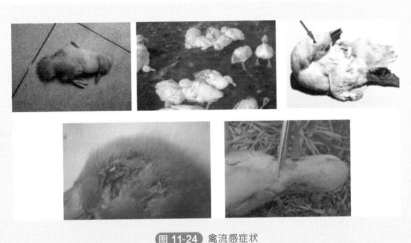

图 11-24　禽流感症状

患病雏番鸭精神沉郁，头颈向后勾，尾部向下勾（上左图）；
各种姿势形态的神经症状（上中图）；病鸭角弓反张（上右图）；
患病鸭流泪、四周绒毛黏结、失明（下左图）；病鸭的鼻腔充满黏液（下右图）

患鸭全身皮肤充血、出血，尤其是喙、头部皮肤和蹼更明显，呈紫红色，鼻腔出血。皮下特别是腹部皮下充血、出血和脂肪有散在性出血点。肝脏肿大，质地较脆，有条状或斑状出血。脾脏肿大、出血，有灰白色针头大坏死灶。心脏冠状脂肪有出血点，心肌有灰白色条状或块状坏死，心内膜有条状出血。胰腺充血，有出血斑。肾脏肿大，呈花斑状出血。腺胃与食管、腺胃与肌胃交界处黏膜有出血带或出血斑。十二指肠黏膜充血、出血；空肠、回肠黏膜有间段性 2～5 厘米环状带，呈出血性或紫红色溃疡带，这种特殊的病变，从浆膜即可清楚可见。直肠和泄殖腔黏膜常见有弥漫性针头大出血点。喉头和气管环黏膜出血。胸腺多数萎缩、出血。胸膜严重充血，胸膜及胸壁、腹腔有大小不一、形态不整淡黄色纤维素附着。胆囊肿大、充满胆汁。脑膜充血、出血,脑组织充血。有的患病雏鸭法氏囊黏膜出血。患病产蛋鸭除了上述病变外,主要病变在卵巢,较大的卵泡膜严重充血和有较大出血斑,有的卵泡萎缩。病程较长者整个卵巢的各卵泡膜严重出血,呈紫葡萄串样。输卵管蛋白分泌部有凝固性的蛋清。有的病例大卵泡破裂于腹腔中,使腹腔充满卵黄液,但没有异常臭味(图11-25～图11-33)。

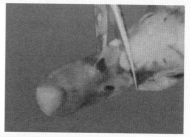

图 11-25 禽流感病变(一)

患病鸭头部肿大、眼充血、出血(左图);病鸭喙色暗红,鼻腔出血严重(右图)

图 11-26 禽流感病变(二)

患病番鸭喙和头部皮肤充血、出血(左图);患病番鸭蹼充血、出血(右图)

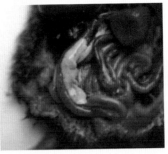

图 11-27 禽流感病变（三）

患病番鸭肝脏肿大，有灰白色坏死灶（左图）；脾脏肿大出血（右图）

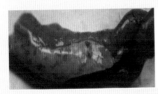

图 11-28 禽流感病变（四）

病鸭胰腺出血，有坏死点（左图）；病鸭胰腺有透明坏死灶（中图）；病鸭胸腺出血（右图）

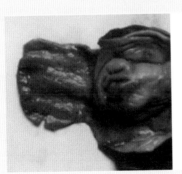

图 11-29 禽流感病变（五）

患病鸭腺胃黏膜乳头与肌胃交界处黏膜出血（左图）；
患病番鸭心肌有灰白色条状或块状坏死灶（右图）

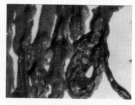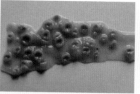

图 11-30 禽流感病变（六）

患病番鸭肠道黏膜有弥漫性出血点和出血斑（左图）；
肠道黏膜有环状紫黑色出血斑（中图）；病雏鸭肠道出现纽扣状病变（右图）

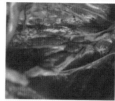

图 11-31 禽流感病变（七）

患病番鸭气管环出血（左图）；患病番鸭肾脏肿大，呈花斑状出血（中图）；
患病番鸭胸膜严重充血，并有淡黄色纤维素附着（右图）

图 11-32 禽流感病变（八）

感染禽流感的蛋鸭生殖道充血、出血（上左图）；
病鸭肌胃角质膜下有出血点和出血块（上右图）；
病鸭的胰腺出血坏死（下左图）；病鸭心冠脂肪、心外膜出血（下右图）

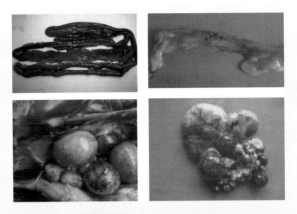

图 11-33 禽流感病变（九）

患病鸭肠道有弥漫性出血点和出血斑（上左图）；病鸭腹部脂肪点状出血（上右图）；
患病产蛋鸭卵泡膜严重充血、出血（下左图）；病鸭卵泡出血、萎缩、液化（下右图）

（3）脑炎型　各种日龄鸭，尤其是 10～70 日龄的番鸭、半番鸭、蛋鸭和肉鸭均有较高的发病率和死亡率，但与感染日龄和品种有一定差异性：发病率为 60%～95%，死亡率为 40%～80%。患病鸭群有不同程度咳嗽等呼吸症状，食欲减少，精神委顿，排白色稀便；具有的特征性症状是，绝大多数患鸭有间隙性转圈运动，尤其是在应激下转圈的次数大幅度增加，转圈后倒地不断滚动，腹部朝天两腿划动等神经症状。有的病例头颈部不断做点头动作。有的病例嘴不断抖动。有的病例有歪头、勾头等症状（图 11-34）。

图 11-34 病鸭的神经症状

患病鸭特征性的肉眼病变在脑和心脏。脑膜充血，脑组织充血，尤其是在不同部位大脑组织有大小不一，小如芝麻绿豆大，大如小蚕豆的灰白色坏死灶。心肌颜色变淡，像开水烫过样，有块状或条状灰白色坏死灶，心内膜有出血条斑。肺充血、出血。内脏器官如肝、肾、脾、胰以及喉、气管、消化道和皮肤等组织器官，病变不典型或不明显（图 11-35、图 11-36）。

图 11-35 脑炎型病变（一）

脑膜充血、出血（左图）；心外膜出血（右图）

图 11-36 脑炎型病变（二）

鸭流感肺出血（左图）；心包炎、肝淤血（右图）

4. 诊断

病毒的分离鉴定（应按国家相关规定在生物安全三级实验室内进行）、琼脂扩散试验、血凝及血凝抑制试验、酶联免疫吸附试验和聚合酶链式反应等可确诊。注意鸭流感的类症鉴别（表 11-5）。

表 11-5　鸭流感的类症鉴别

病名	特征
雏番鸭细小病毒病	胰腺表面有大量白色坏死点、肠道、心冠脂肪、心肌出血与鸭流感有相似之处。雏番鸭细小病毒病主要侵害出壳后数日龄至 3 周龄左右的雏番鸭,成年番鸭多不发病,而鸭流感可使各日龄的番鸭发病;雏番鸭细小病毒无血凝特性,而鸭流感病毒具有血凝特性
鸭巴氏杆菌病	心冠脂肪、心肌出血与鸭流感有相似之处。鸭巴氏杆菌病伴有肝脏的灰白色针尖大小坏死灶,而鸭流感则还伴有胰腺出血,表面有大量针尖大小的白色坏死点或透明样液化灶,心肌表面有白色条纹样坏死等;鸭巴氏杆菌病多发生于青年鸭和成年鸭,而鸭流感则可发生于各种日龄鸭;鸭流感发病时一般会出现各种神经症状,如扭颈呈"S"状、头顶触地、仰翻、侧卧、横冲直撞、共济失调等,而鸭巴氏杆菌病病鸭则不表现神经症状;病死鸭肝脏接种马丁琼脂,鸭巴氏杆菌会长成露珠样小菌落,禽流感病毒不会生长
鸭伪结核病	心冠脂肪出血、心肌出血与鸭流感有相似之处。鸭伪结核病伴有肝、脾和肺的灰白色或灰黄色结节,而鸭流感则还伴有胰腺出血,表面有大量针尖大小的白色坏死点或透明样液化灶,心肌表面有白色条纹样坏死等;鸭伪结核病多发生于幼龄鸭,而鸭流感则可发生于各种日龄鸭;鸭流感发病时一般会出现各种神经症状,如扭颈呈"S"状、头顶触地、仰翻、侧卧、横冲直撞、共济失调等,而鸭伪结核病病鸭则不表现神经症状
雏鸭病毒性肝炎	雏鸭的一种传播迅速和高度致死性的病毒性传染病,其病理变化中的肝脏出血和鸭流感有相似之处。但鸭流感还伴有胰腺出血,表面有大量针尖大小的白色坏死点或透明样液化灶,心肌表面有白色条纹样坏死等,而雏鸭病毒性肝炎没有这种变化;雏鸭病毒性肝炎对 1～2 周龄的易感雏鸭有较大的发病率和致死率,超过 3 周龄的雏鸭不发病,而鸭流感可发生于各种日龄鸭;鸭病毒性肝炎表现的神经症状以头颈背向呈角弓反张状为主,且多在临死前发生,而鸭流感发病时一般会出现各种神经症状,如扭颈呈"S"状、头顶触地、仰翻、侧卧、横冲直撞和共济失调等。将病料接种易感鸭胚,如死亡胚尿囊液具有血凝活性,并能被禽流感抗血清所抑制,可认为是禽流感病毒所致。如死亡胚尿囊液无血凝性,可认为是鸭病毒性肝炎所致
鸭出血症	肝脏出血和鸭流感有相似之处。但鸭流感还伴有胰腺出血,表面有大量针尖大小的白色坏死点或透明样液化灶,心肌表面有白色条纹样坏死等,而鸭出血症没有这种变化;鸭出血症不表现神经症状,而鸭流感发病时一般会出现各种神经症状如扭颈呈"S"状、头顶触地、仰翻、侧卧、横冲直撞和共济失调等。将病料接种易感鸭胚,如死亡胚尿囊液具有血凝性,并能被禽流感抗血清所抑制,可认为是禽流感病毒所致;如死亡胚尿囊液无血凝性,可认为是鸭出血症

病名	特征
鸭疫里默氏杆菌病	鸭疫里默氏杆菌病疾病后期病鸭表现神经症状如头颈震颤、转圈、不停地点头或摇头,甚至角弓反张和抽搐,这一点与鸭流感有相似之处。鸭疫里默氏杆菌病的病变表现为心包炎、肝周炎和气囊炎,与鸭流感完全不同;鸭疫里默氏杆菌病多发生于1～8周龄各品种鸭,而鸭流感则可发生于各种日龄鸭;用肝脏接种巧克力琼脂,鸭疫里默氏杆菌能生长而鸭流感无细菌生长
鸭副黏病毒病	病鸭表现扭头、转圈或歪脖等神经症状,与鸭流感相似。鸭副黏病毒病胰腺的变化轻微,常见腺胃黏膜脱落和腺胃乳头轻微出血,心肌偶有出血,而鸭流感还伴有胰腺出血,表面有大量针尖大小的白色坏死点或坏死斑或透明样或液化有样坏死点或坏死灶,心肌表面有白色条纹样坏死等;鸭副黏病毒病多发于8～30日龄各品种鸭,中大鸭病情相对较轻,而鸭流感则发生于各种日龄鸭。将病料接种易感鸭胚,死亡胚尿囊液具有血凝活性,如能被禽Ⅰ型副黏病毒抗血清所抑制,可认为是鸭副黏病毒所致,如能被禽流感抗血清所抑制,可认为是禽流感病毒所致

5. 防制

（1）预防措施　有效的预防是免疫接种。灭活疫苗有免疫保护性,是预防该病的主要措施和关键手段。应选用与本地流行的禽流感病毒株或占优势亚型灭活苗免疫。灭活疫苗免疫应根据鸭的品种及其用途和该病的流行情况决定其免疫程序。

① 肉鸭。饲养期为40天左右的肉鸭。在有该病流行的区域,应在5～7日龄进行免疫,每羽皮下或肌内注射0.5毫升灭活苗。在无该病流行的区域,应在10～15日龄进行免疫,每羽皮下或肌内注射0.5毫升油乳剂灭活苗。

② 种鸭和蛋鸭。种鸭（蛋种鸭、肉种鸭、种番鸭）和蛋鸭的首免、二免按上述方法进行免疫。三免在产蛋前15天左右进行免疫,种鸭,每羽肌内注射1.0～1.5毫升,蛋鸭每羽1.0毫升油乳剂灭活苗。在产蛋中期（即三免后2～3个月）进行四免,剂量同三免。

（2）发病后措施　一旦发现疫情,应迅速上报及做出正确诊断,立即采取控制及扑灭措施,淘汰病鸭;进行烧毁或深埋,彻底消毒场地和用具。

目前对该病尚无特效的治疗措施,但在发病初期,可以抗生素和抗病毒药物并用，同时加强营养，增强机体抵抗力。抗病毒药物可选用复方吗啉胍或吗啉胍原粉，配以扑热息痛、扑尔敏和维生素C，供饮水用。抗菌药物可选用硫酸新霉素、丁胺卡那、阿莫西林等饮水或拌料。另外，可在饮水或饲料中添加电解质（如氯化钠、氯化钾、碳酸氢钠）和电解多维。

治疗一定要及时。初期用药效果好，且要连续用药5～7天。如用药迟，尤其在大群已出现明显症状时再用药效果差，甚至无效。

六、鸭减蛋综合征

鸭减蛋综合征是由禽Ⅰ型副黏病毒、某些腺病毒和其它一些病原因素及营养缺乏因素（如甲硫氨酸、精氨酸、维生素E、维生素A缺乏等）综合作用而引起的，以鸭群产蛋率急剧下降为特征的急性、低致死率的传染病。

1. 病原

病原为禽腺病毒，属腺病毒科禽类腺病毒属。该病毒能凝集禽的红细胞，且可被特异性血清中和。其是一种无囊膜的双股DNA病毒，粒子大小为76～80纳米，病毒颗粒呈正二十面体。减蛋综合征（EDS-76）病毒有抗醚类的能力，在50℃条件下，对乙醚、氯仿不敏感。对不同范围的pH性质稳定，即抗pH范围较广，如在pH为3～10的环境中能存活。加热到56℃可存活3小时，60℃加热30分钟丧失致病力，70℃加热20分钟则完全灭活。在室温条件下至少存活6个月以上，0.3%甲醛24小时、0.1%甲醛48小时可使病毒完全灭活。

2. 临床症状和病理变化

初期症状不明显，采食和外观无异常。后期表现精神沉抑，个别病鸭头部肿胀，并有结膜炎，部分种鸭羽毛松乱，下痢；开产日龄推迟，产蛋上升缓慢及不能达到产蛋高峰；种蛋合格率明显下降，产畸形蛋、薄壳蛋、破壳蛋，蛋壳表面粗糙，外面布满石灰状物。后来蛋形变小，蛋重变轻，蛋壳色泽变淡，蛋壳变薄、变软。发病后期采食量有明显下降变化；后期剖检其他脏器无明显变化，主要表现为卵巢萎缩、变小,子宫和输卵管黏膜出血和有卡他性炎症,输卵管黏膜肥大增厚;腔内见白色渗出物或干酪样物;还有的输卵管萎缩、腺体水肿,染色可见单核细胞浸润,黏膜上皮细胞变性坏死,病变细胞可见核内包涵体(图11-37)。

图 11-37 鸭减蛋综合征病变

病鸭头部肿胀,并有结膜炎(左图);病鸭产下的软壳蛋、薄壳蛋等畸形蛋(中图);病鸭口腔黏膜有条纹状灰白色坏死性伪膜(右图)

3. 防制

(1)加强管理 由于此病是垂直传播,因此要严格注意从非疫区引种,杜绝减蛋综合征病毒的传入,以减少发病机会。坚决不能使用来自感染鸭群的种蛋;病毒能在粪便中存活,具有抵抗力,因此要有合理有效的卫生管理措施。严格控制外人及野鸟进入鸭舍,以防疾病传播;对肉用鸭采取"全进全出"的饲养方式,对空鸭舍全面清洁及消毒后,空置一段时间方可进鸭。对种鸭采取鸭群净化措施,即将产蛋鸭所产蛋孵化成雏后,分成若干小组,隔开饲养,每隔6周测定一下抗体,一般测定10%～25%的鸭,淘汰阳性鸭,直到100%阴性小鸭继续养殖。

(2)免疫接种 用鸭产蛋下降综合征油乳剂灭活疫苗免疫接种。15～20日龄首免,皮下注射0.5毫升/只,产蛋前1个月再肌注1～1.5毫升/只,以后每年春末、冬初(或中秋)各接种一次,1.0～1.5毫升/只。在此免疫接种过程可以同时考虑配合免疫接种大肠杆菌灭活苗和鸭瘟疫苗,并做好常规的饲养管理与卫生消毒工作。

(3)发病后措施 该病尚无特效治疗药物,在饲粮中增加维生素、鱼肝油和矿物质有利于产蛋的恢复。

七、鸭痘

鸭痘是由痘病毒引起的一种接触性传染病，以表面和羽囊显著的暂时炎症过程和增生肥大，在细胞浆内形成包涵体，最后变性，上皮形成痂皮和脱落为特征。在一些病例的咽喉、食管出现类白喉样假膜或增生性病变。

1. 病原

病原为禽痘病毒属中的鸭痘病毒。目前，对该病毒的生物学特征了解甚少。但在临诊症状和病理变化上与其他禽类的痘病相似。

2. 临床症状

各种日龄的鸭均可感染，雏鸭比成年鸭易感，该病可分为皮肤型、口腔型和眼型三种不同的临诊类型。其中以皮肤型较多见。

① 皮肤型。约占鸭痘患病型的90%，在鸭的嘴角与鸭喙连接的皮肤上、眼睑处皮肤上出现大小不等的结节样疹，并经常汇集成较大的疣状结节。

② 口腔型。最初在口腔黏膜上出现灰白色痘疹，在口角处有结节样疹，痘疹逐渐变黄，后期形成溃疡。

③ 眼型。病初有水样分泌物，后来逐渐形成脓性结膜炎，常将上、下眼睑黏合在一起，严重时可导致一侧或两侧眼失明。

3. 病理变化

一般鸭痘的病变除化脓期外，其余与鸡痘的各阶段相似，痘样结节状病变干固后成痂，痂脱落后留下一个暂时性瘢痕。

4. 诊断

可采取皮肤痘痂及病变组织，送兽医检验部门做病毒分离进行诊断；组织学变化，皮肤结节在上皮层发生坏死，破坏了正常的细胞结构，表皮下层细胞增生，个别细胞明显膨大似气球，在这样的多数细胞中有包涵体。

5. 防制

该病尚无有效的治疗方法，也无疫苗进行疫苗接种。发生后，为了预防细菌性疾病的继发感染，可用碘制剂涂擦局部。通常采取一般综合性防治措施。

八、鸭冠状病毒性肠炎

鸭冠状病毒性肠炎俗称"烂嘴壳"，是由冠状病毒属的鸭肠炎病毒引起的，以剧烈腹泻为特征的急性传染病。该病是近年来发现的一种新的传染病。

1. 病原

病原为冠状病毒属的肠炎病毒，该病毒外有囊膜，囊膜外有许多突起，排列规则，颇似日冕。对外界环境有较强抵抗力。

2. 流行病学

病原主要随传染源的排泄物向外界排出，以水平传播的方式传播。20日龄前后的鸭发病率最高，甚至凶猛暴发流行。开始少数发病，1～2天后出现死亡高峰。发病率和死亡率几乎100%。

3. 临床症状

发病急，病雏缩头凸背，畏寒，眼半闭。开始排稀便，进而腹泻，粪便呈白色或黄绿色。喙壳由黄变紫，喙上皮脱落破溃。眼有黏液性分泌物，有的表现神经症状，如两脚后蹬、直伸，头向后弯曲，呈观星状，稍加驱逐可促进死亡。

4. 病理变化

病鸭咽喉黏膜呈卡他性炎症，黏膜易脱落。整个肠管充血、水肿，尤以十二指肠最为严重，十二指肠及肠系膜出血，外观呈紫红色，内有血性黏液，黏膜脱落，并形成溃疡。盲肠盲端黏膜有白色附着物。

5. 防制

人工感染或发病后痊愈的鸭可以抵抗再次感染。可在种鸭产蛋前建立主动免疫，使雏鸭出壳时即具有母源抗体，到10日龄时再给予高免抗体，对预防该病有明显效果。加强饲养管理，执行消毒卫生制度，提高机体的免疫力。

目前对该病尚无特效治疗药物，发病后可以使用黄芪多糖和抗菌药物控制继发感染和提高机体抵抗力，以降低死亡率。

第二节　细菌性传染病

一、鸭传染性浆膜炎

鸭传染性浆膜炎（鸭疫里默氏杆菌病或鸭疫巴氏杆菌病），各品种、性别、日龄的鸭均可感染，主要侵害 2～3 周龄的雏鸭，发病率常高达 90％以上，死亡率达 5％～75％不等。该病往往与鸭大肠杆菌病混合或并发感染。特征是发生纤维素性心包炎、肝周炎、气囊炎、腹膜炎等。

1. 病原

该病的病原体为鸭疫巴氏杆菌，革兰氏染色阴性，菌体为小杆菌，有的呈椭圆形，有荚膜，瑞氏染色见有少数菌体两端浓染。在巧克力琼脂平板上菌落不溶血，呈小露珠状。在普通琼脂和麦康凯培养基上不能生长。绝大多数鸭疫巴氏杆菌在 37℃ 或室温下于固体培养基上存活不超过 3～4 天。4℃ 条件下，肉汤培养物可保存 2～3 周。55℃ 下培养 12～16 小时即失去活力。在水中和垫料中可分别存活 13 天和 27 天。

2. 流行病学

该病多发在秋冬之交和春夏之交。在一般情况下，主要发生于 1～8 周龄的雏鸭。8 周龄以上的鸭很少发病。成年鸭罕见发病，但可带菌，成为传染源。该病主要经呼吸道或皮肤伤口感染，也可通过种蛋垂直传播。被污染的饲料、饮水、空气等都是重要的传染途径，育雏舍饲养密度过大、换气不畅、潮湿、营养不良都是该病发生的诱因。

3. 临床症状

该病潜伏期一般为 1～3 天，有时可长达 7 天，雏鸭发病较急，常在应激条件下突然发病，且未见明显症状而很快死亡。病程稍长的病鸭嗜睡、精神沉郁、离群独处、食欲减退或废绝，摇头缩颈，体温升高，呼吸急促，眼、鼻流出分泌物，眼被污染，两腿无力，有的出现神经症状，如运动失调、阵发痉挛，排黄绿色恶臭稀便。有的病鸭出现鼻窦炎，脚蹼有伤痕，跗关节肿胀，内有渗出物。少数病鸭表现跛行和伏地不起等关节炎症状（图 11-38～图 11-40）。

图 11-38　病鸭的神经症状

病鸭精神沉郁，缩颈（左图）；病鸭表现共济失调，站立不稳，走路时倒退、左右摇摆等神经症状，打瞌睡（中图）；病鸭在后期常发生抽搐、仰卧、痉挛等神经症状（右图）

图 11-39　鸭传染性浆膜炎症状（一）

有的病鸭出现鼻窦炎，病鸭两侧鼻窦高度肿大（左图）；病鸭的脚蹼有伤痕（中图）；病鸭跗关节肿胀，切开关节可见腔内有浑浊渗出物（右图）

 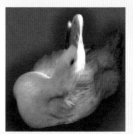

图 11-40　鸭传染性浆膜炎症状（二）

慢性病鸭头颈歪曲（左图）；病鸭角弓反张，呼吸困难（右图）

4. 病理变化

急性病例的病变为全身脱水，肝脾肿大。最明显的肉眼病变是浆膜面上有纤维素性炎性渗出物。主要表现为心包炎、心包积液，心包膜有纤维素性渗出物，肝肿胀明显大于正常，呈土黄色或灰褐色，质地较脆，表面覆盖一层灰白色或灰黄色纤维素膜，容易剥脱，出现纤维素性肝周炎、纤维素性气囊炎，腹部气囊后部出现黄白色干酪样渗出物，有的出现输卵管炎和关节炎。有的病鸭脑膜出血，皮下形成蜂窝织炎（图 11-41～图 11-43）。

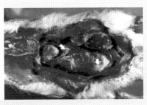

图 11-41 鸭传染性浆膜炎病变（一）
病鸭的脾因白色坏死灶而呈花斑状（左图）。
病鸭的内脏器官与体壁形成粘连（中图）。病鸭心包增厚，心外膜有纤维性渗出物。
肝脏微肿，表面有纤维素渗出，形成纤维素膜（右图）

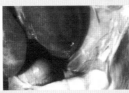

图 11-42 鸭传染性浆膜炎病变（二）
肝周炎，肝脏表面有一层纤维素性渗出物膜（左图）；
纤维性气囊炎（中图）；纤维性心包炎（右图）

5. 诊断

细菌的分离鉴定、聚合酶链式反应及荧光抗体技术等可确诊；注意与鸭大肠杆菌病、鸭衣原体病、雏番鸭"花肝病"、鸭沙门菌病、鸭流感、鸭副黏病毒病、鸭病毒性肝炎鉴别（表 11-6）。

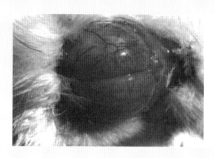 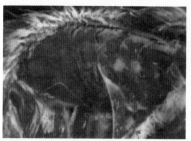

图 11-43 鸭传染性浆膜炎病变（三）

病鸭脑膜出血（左图）；皮下形成蜂窝织炎（右图）

表 11-6　鸭传染性浆膜炎的类症鉴别

病名	特征
鸭大肠杆菌病	鸭大肠杆菌病是由致病性大肠杆菌引起的鸭全身或局部感染的一种细菌性传染病，表现多种病型。大肠杆菌性败血症的病变表现为心包炎、肝周炎和气囊炎，与鸭疫里默氏杆菌病的病变非常相似。大肠杆菌病病鸭心脏和肝脏表面附着的渗出物较厚，一般为干酪样。而鸭疫里默氏杆菌病病鸭心脏和肝脏表面附着的渗出物较薄，一般较湿润。鸭疫里默氏杆菌病病鸭表现头颈震颤、歪斜等神经症状，而大肠杆菌病不表现神经症状；用肝脏接种麦康凯培养基，鸭疫里默氏杆菌不能生长而大肠杆菌能长出亮红色菌落
鸭衣原体病	鸭衣原体病是由鹦鹉热衣原体引起的一种接触传染性疾病，病理变化表现为心包炎、肝周炎和气囊炎，与鸭疫里默氏杆菌病的病变非常相似。鸭衣原体病鸭粪便呈黄绿色水样，气味恶臭，而鸭疫里默氏杆菌感染的病鸭常排白色黏稠样粪便；鸭疫里默氏杆菌病病鸭表现头颈震颤、歪斜等神经症状，而鸭衣原体病鸭不表现神经症状；用肝脏接种巧克力琼脂，鸭衣原体不能生长而鸭疫里默氏杆菌能生长
雏番鸭"花肝病"	病程较长的"花肝病"病鸭表现的心包炎与鸭疫里默氏杆菌病有相似之处，但鸭疫里默氏杆菌病病鸭还表现肝周炎和气囊炎，雏番鸭"花肝病"则没有肝周炎和气囊炎的变化；雏番鸭"花肝病"发生于 7～35 日龄雏番鸭、雏半番鸭和雏鹅，鸭疫里默氏杆菌病则多发生于 1～8 周龄各品种鸭
鸭沙门菌病	鸭沙门菌病是由沙门菌属中的一些在血清学上有关系的种引起的鸭的急性或慢性传染病。鸭疫里默氏杆菌感染的病鸭常排白色黏稠样粪便，而鸭沙门菌感染的病鸭常排绿色或浅绿色水样粪便或黑褐色糊状粪便；二者病程较长后均可引起鸭喘气、消瘦和神经症状，但剖检时鸭疫里默氏杆菌感染的病鸭可见心包炎、肝周炎和气囊炎，而沙门菌感染的病鸭偶见心包炎，以肝脏呈古铜色，表面有灰白色小坏死点及盲肠肿胀、内有干酪样物质形成的栓子为特征；用肝脏接种麦康凯培养基，鸭疫里默氏杆菌不能生长而鸭沙门菌能长出白色菌落

6. 防制

（1）加强饲养管理　给鸭群供应优质、全面、充足的饲料，保持合理的环境温度、空气湿度和饲养密度，加强鸭只的运动，并及时更换垫料，做好通风换气工作，增强鸭只的体质。为了防止疫病的产生和扩散，要对鸭舍、饲槽、水槽以及鸭只经常活动的场所进行定期消毒。

（2）合理用药　磺胺类药物、链霉素、庆大霉素、红霉素、四环素等药物对鸭疫巴氏杆菌均有效，但由于近年来抗菌药物的滥用，细菌耐药性日益增强，因此，在用药时最好先做药敏试验，有针对性地用药，并及时更换药物，提高疗效。在防治中，通常在饲料中添加磺胺二甲基嘧啶，连续喂3天效果较好。

（3）做好接种工作　对该病的预防可使用鸭疫里默氏杆菌灭活菌苗，在10～14日龄和2～3周龄各接种一次。

（4）发病后措施　发病期间每天带鸭消毒一次，并在水槽中按1∶8000的比例加入百毒杀对饮水进行消毒。将死鸭进行焚烧或深埋，防止疫情的蔓延和病原的残留。

药物治疗：发病鸭进行隔离，氟苯尼考注射剂（每支5毫升含量1.5克），肌内注射，25毫克/千克体重，每天2次，连用2～3天。大群鸭全天分2次在水中加入喘痢健（大观霉素），每瓶兑水150千克。晚上在水中加入电解多维以增强机体抵抗力，如果采食量下降，可在饲料中加入食母生（干酵母），根据体重大小每只鸭子1～2片。

二、鸭大肠杆菌病

鸭大肠杆菌病是由大肠杆菌的某些致病性血清型菌株引起的多种疾病的总称，包括大肠杆菌性肉芽肿、腹膜炎、输卵管炎、脐炎、滑膜炎、气囊炎、眼炎、卵黄性腹膜炎等疾病，是鸭细菌病中危害最严重的疫病，各种日龄的鸭均易感，防制难度极大。

1. 病原

大肠杆菌为革兰氏阴性中等大小杆菌，不形成芽孢，有鞭毛，有的菌株可形成荚膜。在普通培养基中生长良好，需氧或兼性厌氧，菌落不透明、光滑、有光泽，有的菌落带有黏稠性。有的菌株在血琼脂上表现有溶血性。本菌对一般消毒剂敏感，对抗生素及磺胺类药等极易产生耐药性。

2. 流行病学

各品种和年龄的鸭均可感染大肠杆菌，但多为2~6周龄者，发病季节以秋末冬春多见。禽大肠杆菌在鸭场普遍存在，特别是通风不良、禽舍大量积粪等环境中及污染的用具、道路、粪场、孵化厅等处细菌最多。该病可通过口、呼吸道、眼结膜、污染的胚蛋等传播，多由饲养管理不善引发。此病的血清型众多，目前已知的约有154个血清型致病。

在各种禽类中，以鸡、鸭、鹅等较为易感。各种年龄均可感染，其发病率与死亡率因受发病日龄、病程长短、受侵害的组织器官及是否并发其他疾病等各种因素影响而有差异。该病主要通过种蛋、空气中的尘埃、污染的饲料和饮水而传播。

一年四季均可发生，多雨、污秽、拥挤、闷热、潮湿季节多发。过冷过热或温差很大的气候，有毒有害气体（氨气、硫化氢等）长期存在，饲养管理失调，营养不良（特别是维生素的缺乏）以及病原微生物（如支原体及病毒）感染所造成的应激等均可促进该病的发生。

3. 临床症状

该病临床诊断上有多种病型，其中以雏鸭或鸭的败血症和产蛋母鸭的卵黄性腹膜炎（蛋子瘟）危害最为严重。病雏精神沉郁，食欲减退或废绝，渴欲增加，呼吸困难，下痢，排黄白色稀便，粪便恶臭，带有白色黏液或混有血丝、血块和气泡，一般为青绿色或灰白色，肛门周围污秽，脐部红肿。大都有明显的神经症状，如共济失调，头颈震颤、摇头和昏迷等。母鸭的卵黄性腹膜炎主要发生于开产前的母鸭或正在产蛋的母鸭，母鸭腹部膨大，排白色带有蛋白碎片的粪便。公鸭阴茎肿大且部分外露（图11-44、图11-45）。

图 11-44 鸭大肠杆菌病症状（一）

病雏鸭脐部红肿，腹部膨大（左图）；病鸭因下痢而严重脱水，双脚干瘪（中图）；
病鸭外生殖器脱出，黏膜坏死形成伪膜（右图）

图 11-45 鸭大肠杆菌病症状（二）

脐孔周围皮肤红肿（左图）；排白色、黄绿色稀便（右图）

4. 病理变化

雏鸭表现为脐炎，脐孔愈合不全，红肿，卵黄吸收不良，呈黄棕色或黄绿色。有的雏鸭出现跛行，跗关节肿胀、发炎。病死的鸭肺脏充血，肝脏呈暗红色，肝表面有针头大小的灰白色坏死灶或出血点，肝脏表面覆盖有一层灰白色纤维素性渗出物。病死鸭心包积液，心包膜增厚，呈纤维素性心包炎。胸腹等气囊壁增厚呈灰黄色或混浊，囊腔内有数量不等的黄色纤维素性渗出物或干酪样物。病死鸭呈卡他性肠炎，肠黏膜肿胀，有出血点，肠系膜附有大量的黄色纤维素性渗出物或干酪样物。

产蛋鸭发病后表现为卵黄性腹膜炎和输卵管炎，严重者输卵管黏膜发炎、出血、内有干酪样物；卵泡充血、出血，破裂后掉入腹腔，造成各种脏器表面附有黄色干酪样物。发病公鸭阴茎肿大、出血，表面有结节或溃疡，严重时脱垂外露，不能恢复。（图 11-46～图 11-49）。

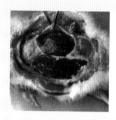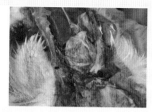

图 11-46 鸭大肠杆菌病病变（一）

心包炎，病鸭心包膜增厚，浑浊（左图）；肝周炎，肝脏表面有
纤维素沉着（中图）；气囊炎，气囊壁显著增厚（右图）

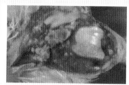

图 11-47 鸭大肠杆菌病病变（二）

肠肿胀、出血（左图）；大肠杆菌病
关节炎（中图）；卵巢炎（右图）

图 11-48 鸭大肠杆菌病病变（三）

输卵管壁出血，胶冻样渗出（左图）；卵黄吸收不良，
囊壁充血、出血（右图）

图 11-49 鸭大肠杆菌病病变（四）

肺脏炎性充血、实变（左图）；卵泡充血、出血（右图）

5. 诊断

细菌的分离鉴定可确诊；注意鉴别诊断（表 11-7）。

表 11-7　鸭大肠杆菌病的类症鉴别

病名	特征
鸭沙门菌病	鸭沙门菌病发生于初生雏鸭时表现的卵黄吸收不全和脐炎与大肠杆菌卵黄囊感染的表现十分相似，单靠临诊表现和病理变化难以区别。将卵黄囊接种于麦康凯培养基，鸭沙门菌能长出白色菌落而鸭大肠杆菌则长出亮红色菌落
鸭疫里默氏杆菌病	鸭疫里默氏杆菌病病变为心包炎、肝周炎和气囊炎，与大肠杆菌性败血症的病变非常相似。大肠杆菌病病鸭心脏和肝脏表面附着的渗出物较厚，一般为干酪样。而鸭疫里默氏杆菌病病鸭心脏和肝脏表面附着的渗出物较薄，一般较湿润。鸭疫里默氏杆菌病病鸭表现头颈震颤、歪斜等神经症状，而大肠杆菌不表现神经症状；用肝脏接种麦康凯培养基，鸭疫里默氏杆菌不能生长而大肠杆菌能长出亮红色菌落
鸭衣原体病	鸭衣原体病变为心包炎、肝周炎和气囊炎，与鸭大肠杆菌病的病变非常相似。鸭衣原体病鸭粪便呈黄绿色水样，气味恶臭，而鸭大肠杆菌感染的病鸭常排稀便、泄殖腔周围常有粪便附着；大肠杆菌病病鸭眼结膜常无病变，而鸭衣原体病鸭眼结膜发炎，病程长者眼球萎缩；用肝脏接种麦康凯培养基，鸭衣原体不能生长而大肠杆菌能长出亮红色菌落

6. 防制

① 加强管理。降低饲养密度，注意控制温湿度和通风，减少空气中细菌污染，禽舍和用具经常清洗消毒，种鸭场应加强种蛋收集、

存放和整个孵化过程的卫生消毒管理，搞好常见多发病的预防工作，减少各种应激因素，避免诱发大肠杆菌病的发生与流行。

② 药物预防。大肠杆菌对多种抗生素如卡那霉素、新霉素、磺胺类等药物都敏感，但极易产生耐药性。药物预防对雏禽常有一定意义，一般可在雏禽出壳后开食时，在饮水中投 0.03%～0.04% 庆大霉素等。可选择敏感药物在发病日龄前 1～2 天进行预防性投药。

③ 发病后措施。早期投药可控制早期感染的病鸭，促使痊愈，同时可防止新发病例的出现。但在大肠杆菌病发病后期，若出现了气囊炎、肝周炎、卵黄性腹膜炎等较为严重的病理变化，使用抗生素疗效往往不显著甚至没有效果。

【处方 1】氨苄青霉素（氨苄西林）按 0.2 克/升饮水或按 5～10 毫克/千克拌料内服、庆大霉素 2 万～4 万单位/升饮水、卡那霉素 2 万单位/升饮水或 1 万～2 万单位/千克体重肌注，每日一次，连用 3 天。

【处方 2】硫酸新霉素 0.05% 饮水或 0.02% 拌饲、链霉素 30～120 毫克/千克饮水（13～55 克/吨拌饲），连用 3～5 天。

【处方 3】土霉素按 0.1%～0.6% 拌饲（0.04% 饮水）、强力霉素 0.05%～0.2% 拌饲，连用 3～5 天。

【处方 4】在饲料中加入 70 毫克/千克的恩诺沙星或环丙沙星，或在饮水中加入 30 毫克/千克的恩诺沙星或环丙沙星，连续服药 3～5 天。

【处方 5】四环素 0.03%～0.05% 拌饲，连用 3～5 天。

【处方 6】甲砜霉素按 0.01%～0.02% 拌饲、红霉素 50～100 克/吨拌饲、泰乐菌素 0.2%～0.5% 拌饲、泰妙菌素 125～250 克/吨拌料，连用 3～5 天。

【处方 7】磺胺嘧啶 0.2% 拌饲（0.1%～0.2% 饮水），连用 3 天。

【处方 8】白头翁 600 克，龙胆 300 克，黄连 100 克（白龙散）。1～3 克/只，拌料，连用 3～5 天。

【处方 9】白头翁 60 克，黄连 30 克，黄柏 45 克，秦皮 60 克（白头翁散）。2～3 克/只，拌料，连用 3～5 天。

【处方 10】白头翁 300 克，马齿苋 400 克，黄柏 300 克（白马黄柏散）。1.5～6 克/只，拌料，连用 3～5 天。

【处方 11】黄柏 120 克，黄连 120 克，大黄 60 克（三黄汤）。水煎，连同药汁拌料，混匀后供 200～400 只食用，1 天 1 剂，连服 3 天。

【处方 12】黄连 100 克，黄柏 100 克，板蓝根 100 克，穿心莲 100 克，大黄 50 克，龙胆草 50 克。水煎，连同药汁拌料，混匀后供 500～1000 只食用，1 天 1 剂，连服 4 天。

三、鸭巴氏杆菌病

鸭巴氏杆菌病又名鸭霍乱或鸭出血性败血症，是引起鸭大量发病和死亡的一种接触性急性败血性传染病。

1. 病原

病原为鸭多杀性巴氏杆菌，存在于病鸭的内脏器官、体液和分泌物中。其为革兰氏染色阴性，细小的球杆菌。本菌抵抗力弱，阳光直射下数分钟即死亡，一般消毒药数分钟可杀死，但在腐败禽体中可生存 1～3 个月。

2. 流行病学

各种家禽和多种野禽都能感染发病，常为散发，或呈地方性流行，发病无明显的季节性，各种日龄的鸭均可感染，但一般 1 月龄内的鸭发病率较高，死亡率也高。病鸭和其他病禽是该病的传染源。饲养管理不良、阴雨潮湿、长途运输和气候骤变等诱因能促使该病的发生和流行。主要通过消化道、呼吸道传染。

3. 临床症状

该病的潜伏期为 12 小时至 3 天，按病程长短可分为最急性型、急性型和慢性型三种类型。

① 最急性型。常见于流行初期，无明显症状，吃食或饮水时突然倒地死亡。

② 急性型。病鸭精神呆滞、行动缓慢、不愿下水、羽毛松乱易湿、食欲不振、饮欲增加、体温升高，倒提病鸭时有大量恶臭液体从口和鼻流下，病鸭常摇头，故又称"摇头瘟"。排白色或铜绿色稀便，少数鸭两脚瘫痪，不能行走，1～3 天内死亡（图 11-50）。

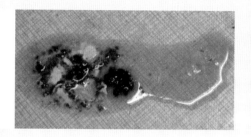

图 11-50 鸭巴氏杆菌病症状

病鸭精神呆滞，摇头（左图）；病鸭下痢，排出黄白色或黄绿色稀便（右图）

③ 慢性型。多为急性型转化而来，病鸭表现为一侧或两侧关节肿胀，局部发热，疼痛，跛行或不能行走，生长缓慢，亦可转为急性型而死亡。

4. 病理变化

病死鸭尸僵完全，皮肤上有少数散在的出血斑点。心包液增多，心外膜、心耳、心冠有弥漫性出血斑点。肝脏略肿大，呈黏土色，质地柔软，易碎，表面有针尖大出血点和灰白色坏死灶。肺呈多发性肺炎，间有气肿和出血。关节囊增厚，内含暗红色、浑浊的黏稠液体。肠管肿胀、出血、充血，脑充血、出血，腹部充血、出血，脾肿大，有坏死灶（图 11-51～图 11-54）。

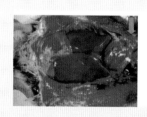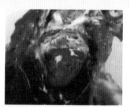

图 11-51 鸭霍乱病变（一）

病鸭主动脉弓、心冠脂肪有出血点（左图）；心冠脂肪、心肌出血，心内外膜出血（中图）；肺脏高度淤血、出血、水肿（右图）

图 11-52 鸭霍乱病变（二）

病鸭肝脏黄染，表面有针尖大小灰白色坏死点（左图）；肝肿大，表面有针尖
到粟粒大的灰白色坏死点，心肌出血（中图）；病鸭心外膜有出血斑，
肝肿大，表面有许多白色针尖大小的坏死灶（右图）

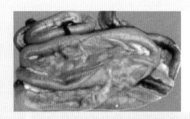

图 11-53 鸭霍乱病变（三）

病鸭肠管膨胀，浆膜面充血、出血（左图）；病鸭脑充血和
出血（中图）；脾肿大，有坏死灶（右图）

图 11-54 鸭霍乱病变（四）

鸭霍乱十二指肠黏膜出血（左图）；鸭霍乱肠道外观
变红（中图）；腹部皮下脂肪出血（右图）

5. 诊断

细菌的分离鉴定、荧光抗体技术、琼脂扩散试验及酶联免疫吸附
试验等可确诊；注意与鸭沙门菌病、雏番鸭"花肝病"、鸭"白点

病"、鸭伪结核病、鸭流感等鉴别（表 11-8）。

表 11-8　鸭巴氏杆菌病的类症鉴别

病名	特征
鸭沙门菌病	鸭沙门菌病是由沙门菌属中的一些在血清学上有关系的种引起鸭的急性或慢性传染病。二者均表现肝脏上有大量灰白色的坏死点，但沙门菌病鸭肝脏常呈古铜色，肠壁上也有灰白色坏死点，且肠黏膜呈糠麸样坏死。而鸭霍乱肠道的病变为内容物呈胶冻样，肠淋巴结肿大出血。鸭沙门菌病多发生于 1～3 周龄雏鸭，而鸭霍乱多发生于 1 月龄以上的鸭。用肝脏接种麦康凯培养基，多杀性巴氏杆菌不生长而鸭沙门菌能长出白色菌落
雏番鸭"花肝病"	雏番鸭"花肝病"与鸭霍乱均表现肝脏和脾脏上有大量灰白色的坏死点，但雏番鸭"花肝病"还表现胰腺及肾脏有灰白色坏死点，而鸭霍乱心冠脂肪出血及肠内容物呈胶冻样。鸭霍乱肝脏触片、心包液涂片，革兰氏染色或亚甲蓝染色见有许多两极染色的卵圆形小杆菌。用肝脏和心包液接种血琼脂培养基能分离到巴氏杆菌，而雏番鸭"花肝病"均为阴性；雏番鸭"花肝病"雏鸭易感，发病率和病死率高，鸭霍乱则为青年鸭和成年鸭比雏鸭更易感
鸭"白点病"	鸭"白点病"是由鸭疱疹病毒Ⅲ型引起的番鸭和半番鸭的一种病毒性传染病。二者均表现肝脏和脾脏上有大量灰白色的坏死点及肠黏膜的出血及有出血环，但鸭"白点病"则在胰腺及肾脏可见与肝脏相似的变化，而鸭霍乱则表现为心冠脂肪出血和肠内容物呈胶冻样。鸭霍乱肝脏触片、心包液涂片，革兰氏染色或亚甲蓝染色见有许多两极染色的卵圆形小杆菌。用肝脏和心包液接种血琼脂培养基能分离到巴氏杆菌，而鸭"白点病"均为阴性；鸭"白点病"的多发日龄为 10～32 日龄和 50～75 日龄两个日龄段，鸭霍乱则为青年鸭和成年鸭比雏鸭更易感
鸭伪结核病	鸭伪结核病是由伪结核耶尔森菌引起的一种慢性接触性传染病，心冠脂肪出血与鸭霍乱有相似之处。鸭伪结核病肝脏表面有小米粒大小黄白色坏死灶，而鸭霍乱肝脏坏死灶为灰白色针尖大小且数量多；鸭伪结核病多发生于幼龄鸭，而鸭霍乱则多发生于青年鸭和成年鸭
鸭流感	鸭流感心冠脂肪、心肌出血与鸭霍乱有相似之处，鸭流感还伴有胰腺出血，有大量针尖大小的白色坏死点或透明样液化灶，心肌表面有条纹样坏死等，而鸭霍乱则伴有肝脏的灰白色针尖大小坏死灶；鸭流感各种年龄都可发生，而鸭霍乱则多发于青年鸭和成年鸭；鸭流感出现各种神经症状，如扭颈呈"S"状、触地、仰翻、侧卧、横冲直撞、共济失调等，而鸭霍乱病鸭无神经症状；病死鸭肝脏接种马丁琼脂，鸭巴氏杆菌会长成露珠样小菌落，而鸭流感病毒不会

6. 防制

① 加强饲养管理。做到雏鸭、中鸭、成年鸭分群饲养，不从疫区引进鸭。鸭在非疫区引进后要先隔离饲养 15～20 天，确认无病后才能转入场内。周围地区发生疫情时，应停止放牧，并立即接种禽霍

乱疫苗；保持鸭舍干燥、清洁、卫生，提高家禽抗病力。

② 疫苗预防。在禽霍乱多发地区和季节，使用疫苗预防。2 月龄以上的鸭肌注 2 毫升禽霍乱氢氧化铝灭活苗，8～10 天后再用一次，免疫期 3 个月以上；或用禽霍乱弱毒疫苗免疫注射，免疫期可达 4 个月。

③ 发病后措施。一旦发病，应立即封锁鸭群，对全群鸭及可疑病鸭及时隔离并治疗，用药量要足。

【处方 1】青霉素，每只鸭肌内注射 5 万～10 万单位，每日 2 次，连用 2～3 天。

【处方 2】链霉素，每只成年鸭肌注 10 万单位，每日 2 次，连用 2～3 天。

【处方 3】土霉素，每只鸭土霉素片每天 1 片（25 万单位），连用 3～5 天，也可饲料中添加 0.05% 连喂数天。

【处方 4】林可霉素饮水，每升水 300 毫克，连用 3～5。病重鸭按每千克体重 30 毫克颈部皮下注射，每日 1 次，连用 3 天。或用环丙沙星 0.01% 浓度饮水，连用 3～5 天。

【处方 5】饲料中添加 0.2% 的磺胺二甲嘧啶（或按 0.1% 的比例添加在饮水中），连用 3～4 天。或复方新诺明（或长效磺胺），每只成年鸭用 0.2～0.3 克，每日 1 次，连用 3～4 天。

【处方 6】泰乐菌素 50 克＋磺胺间甲氧嘧啶钠 50 克＋甲氧苄啶 10 克，拌料 1000 千克，混饲，连用 3～5 天。

【处方 7】白头翁 60 克，连翘 20 克，黄连 40 克，黄柏 40 克，金银花 40 克，白花蛇舌草 40 克，菊花 80 克，板蓝根 80 克，明矾 80 克，蒲公英 80 克，雄黄 4 克。粉碎后，按照 4% 比例拌料（治疗慢性禽霍乱），连用 4～5 天。

【处方 8】黄连须、黄芩、黄柏、黄药子、金银花、山栀子、柴胡、大青叶、防风、雄黄、明矾、甘草各等份。粉碎后，内服，2 克/千克体重用药，1 天 2 次，连用 3 天。

【处方 9】黄连 450 克，黄芩 300 克，黄柏 300 克，栀子 450 克，穿心莲 450 克，板蓝根 450 克，山楂 100 克，神曲 1000 克，麦芽 1000 克，甘草 200 克（黄连解毒散加减）。水煎，拌料喂服，1 天 1 剂，连用 3 剂。供 2000 只肉鸭服用，不食者取煎液直接灌服或饮用。

【**处方10**】①黄连60克，黄芩60克，黄柏60克，大黄60克，苍术40克，厚朴40克，甘草30克；②大黄25克，黄芩25克，乌梅30克，白头翁30克，苍术20克，厚朴20克，当归20克，党参15克，甘草10克。方①煎浓汁，煮谷物饲料饲喂400～500只成年鸭；方②煎浓汁，拌料喂服1000～12000只雏鸭。1天1剂，连用3～5剂。

四、鸭沙门菌病

鸭沙门菌病（鸭副伤寒）是由沙门菌属的细菌引起的鸭的急性或慢性传染病，雏鸭感染时常发生大批死亡，成年鸭为带菌者。该菌广泛存在于畜禽和人体内及外界环境中，危害动物和人的健康，危害公共卫生安全。

1. 病原

病原为沙门菌，为革兰氏染色阴性小杆菌，血清型种类很多，达2000余种。该菌抵抗力不强，对热和一般常用消毒剂都很敏感。菌体60℃15分钟死亡，但在土壤、粪便和水中生存时间较长，可达数周至数月之久。该菌的毒素较为耐热，75℃1小时仍有毒力，可使人发生食物中毒。

2. 流行病学

各品种鸭均可感染发病。1～3周龄的雏鸭最易感，呈流行性发生，死亡率10%～20%，严重时达80%以上，种蛋污染后可引起死胚和孵化率严重下降。成年鸭多呈隐性或慢性经过。发病鸭和带菌鸭是该病的主要传染源；消化道是该病的主要传播途径，也可经卵垂直传播；被污染的饲料、饮水、用具，以及土壤等都是该病的传播媒介，鼠类和苍蝇等也是该病的传播者。鸭舍的卫生状况和饲养管理不良时会增加该病的发病率和死亡率。

3. 临床症状

经垂直传播或孵化器感染的雏鸭常呈败血症经过，不表现症状即迅速死亡。雏鸭水平感染后常呈亚急性经过，病鸭呆立，精神不振、昏睡打堆，两翼下垂、羽毛松乱，排绿色或黄色水样粪便（图11-55），常突然倒地死亡，病程长的病鸭消瘦、衰竭而死。成年鸭感染后一般不表现症状，偶见下痢死亡。

图 11-55　病鸭排出的黄白色水样粪便

4. 病理变化

初生幼雏的主要病变是卵黄吸收不全和脐炎，俗称"大肚脐"。日龄较大的小鸭常见肝脏肿大，边缘钝圆，表面色泽不均匀，有时呈灰黄色，肝表面及实质中有针尖大密集的灰白色坏死点；整个肠道黏膜充血、出血，表面可见针头大灰白色坏死点，有的肠黏膜坏死脱落，表面形成一层糠麸样物；最特征的变化是盲肠肿胀，呈斑驳状，内容物有干酪样的团块。有的病鸭脾肿大，产蛋鸭卵子变形、变性，部分卵泡充血。慢性病变可见心包炎和关节炎（图 11-56、图 11-57）。

图 11-56　鸭沙门菌病病变（一）
病鸭肝脏显著肿大，呈青铜色（左图）；病鸭脾肿大（中图）；
病鸭肠管坏死，肠道壁有多量针尖大的坏死点（右图）

图 11-57 鸭沙门菌病病变（二）

病鸭肝白色坏死灶（左图）；患病产蛋鸭卵子变形、变性，部分卵泡充血（右图）

5. 诊断

细菌的分离培养和生化试验、血清学诊断、动物回归试验等可确诊；注意与鸭巴氏杆菌病、鸭疫里默杆菌病、鸭大肠杆菌病、雏番鸭"花肝病"、鸭"白点病"、鸭衣原体病等鉴别（表 11-9）。

表 11-9　鸭沙门菌病的类症鉴别

病名	特征
雏番鸭"花肝病"	雏番鸭"花肝病"是由番鸭呼肠孤病毒引起的对雏番鸭有着较高发病率和病死率的一种传染病。二者均表现肝脏和肠壁上有大量灰白色的坏死点，但雏番鸭"花肝病"病鸭还表现脾脏、胰腺及肾脏有灰白色坏死点，而沙门菌病鸭肝脏常呈古铜色，肠黏膜呈糠麸样坏死；用肝脏接种麦康凯培养基，雏番鸭"花肝病"病鸭无细菌生长而鸭沙门菌能长出白色菌落。抗生素对鸭沙门菌病效果良好，但对雏番鸭"花肝病"无效
鸭"白点病"	鸭"白点病"是由鸭疱疹病毒Ⅲ型引起的番鸭和半番鸭的一种病毒性传染病。二者均表现肝脏和肠壁上有大量灰白色的坏死点，但鸭"白点病"病鸭还表现脾脏、胰腺及肾脏有灰白色坏死点，而沙门菌病鸭肝脏常呈古铜色，肠黏膜呈糠麸样坏死；用肝脏接种麦康凯培养基，鸭"白点病"病鸭无细菌生长而鸭沙门菌能长出白色菌落

病名	特征
鸭衣原体病	鸭衣原体病是由鹦鹉热衣原体引起的一种接触性传染性疾病,病理变化中的心包炎与鸭沙门菌感染某些病型表现的心包炎相似,鸭衣原体病鸭还表现肝周炎和气囊炎,而沙门菌感染的病鸭以肝脏呈古铜色,表面有灰白色小坏死点及盲肠肿胀,内有干酪样物质形成的栓子为特征;鸭衣原体病鸭粪便呈黄绿色水样,气味恶臭,而鸭沙门菌感染的病鸭常排绿色或浅绿色水样粪便或黑褐色糊状粪便;用肝脏接种麦康凯培养基,鸭衣原体不能生长而鸭沙门菌能长出白色菌落

6. 防制

（1）预防措施　首先应加强和改善养鸭场的环境卫生，防止场地和器具污染沙门菌；其次是要加强鸭群的饲养管理，提高鸭群的抵抗力；不要从发病或污染的鸭场购买雏鸭或种蛋。防止蛋壳被沙门菌污染，种蛋和孵化器要定期消毒。

（2）发病后措施　首先淘汰鸭群中病情特别严重且腹部膨大者，集中深埋；药物治疗。

【处方1】强力霉素，每千克饲料100毫克拌料饲喂，连用5～7天。

【处方2】氟苯尼考（或丁胺卡那霉素）按100千克水8～10克饮用，连用5～7天。

使用上述药物治疗的同时，饲料中添加复合维生素制剂。特别注意补充亚硒酸钠、维生素E和维生素C，以提高鸭的免疫力和抗应激能力。

五、鸭葡萄球菌病

鸭葡萄球菌病是由金黄色葡萄球菌引起的鸭的一种急性或慢性有多种临床表现的条件性传染病，是鸭群中常见的细菌性疾病，特别是饲养管理水平差时容易发生。临床上有多种病型：腱鞘炎、创伤感染、败血症、脐炎、心内膜炎等。感染该病可引起增重减缓、产蛋下降，并且时有死亡发生。

1. 病原

病原是金黄色葡萄球菌，是微球菌科葡萄球菌属中的一种。该菌耐盐性强，在含10％～15％氯化钠培养基中亦能生长，故可用高盐培养基分离金黄色葡萄球菌。该菌革兰氏染色阳性，显微镜下呈堆状或葡萄串状排列，但在脓汁中或生长在液体培养基中的球菌常呈双球状或短链状排列。本菌抵抗力极强，在干燥的脓汁或血液中可存活2～3个月，80℃ 30分钟才能杀死，煮沸可迅速使它死亡。

2. 流行病学

各品种鸭均可感染，发病日龄从10～60日龄不等，一般在40日龄以上。金黄色葡萄球菌无处不在，环境、病鸭、病愈鸭和健康带菌鸭都可能是传播媒介。伤口（皮肤、黏膜损伤）的接触性感染是该病传播的主要途径。鸭葡萄球菌病的发病率和病死率通常较低，除非在孵化环境中存在大量的细菌或免疫接种操作出现严重污染。饲养管理条件的优劣程度决定了发病率、病死率的高低。该病无明显季节性。

3. 临床症状

病鸭表现的症状主要分急性型和慢性型。

急性型病鸭表现精神不振，食欲废绝，两翅下垂，缩颈，嗜眠，下痢，排出灰白色或黄绿色稀便。典型症状为胸腹部以及大腿内侧皮下浮肿，有血样流体渗出。破溃后，流紫红色液体，周围羽毛污染；跗、胫和趾关节发生炎性肿胀，有热痛；也常见结膜炎或腹泻；有时龙骨上发生浆液性滑膜炎。小鸭感染后可产生脐炎，表现脐部肿大，紫黑色；时间稍久，形成脓样干固坏死物。

慢性病例主要表现为关节炎，多发生在种鸭。病鸭站立时频频抬脚，驱赶时表现跛行或跳跃式步行，跖枕部流出大量血液和脓性分泌物。早期触摸感染关节有热痛感，后期变硬。跖趾、跗关节肿胀变形，破溃，关节面粗糙（图11-58）。

图 11-58　鸭葡萄球菌病症状

病鸭关节肿胀，身体某些部位有伤痕（左图）；病鸭的跖、趾部肿大，肿胀部可见陈旧的原始创口（中图）；跖关节和趾关节肿大、变硬（右图）

4. 病理变化

关节炎、关节周围炎和滑膜炎较常见。关节感染部位明显肿大，切开常可见肿胀块或关节肿积液。关节腔内积有淡黄色脓性分泌物或纤维素性脓性渗出物。腹腔常有化脓灶。死鸭有腹水，肝肿大，质脆，呈黄绿色；脾肿大，淤血。心外膜有出血点。成年鸭感染，出现爪垫脓肿——"跟跄脚"，导致脚爪极度肿胀和跛行（图 11-59、图 11-60）。

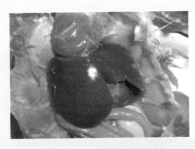

图 11-59 鸭葡萄球菌病病变（一）

病鸭肝肿大，变脆，有坏死灶（左图）；病鸭肝脏有大量黄色点状坏死灶（右图）

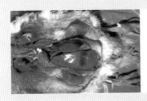
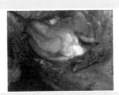

图 11-60 鸭葡萄球菌病病变（二）

病鸭肝肿大，黄绿色，质脆。右侧跗趾关节肿胀，心外膜有出血点（左图）。患病鸭跗趾关节局部溃破的创内有干酪样黄白色坏死物质（中图）。腹腔有化脓灶（右图）

5. 诊断

细菌的分离鉴定、酶联免疫吸附试验快速检测肠毒素等可确诊；临诊上可引起鸭跛行及腿部疾病的病因较多，其中包括大肠杆菌、多杀性巴氏杆菌及链球菌等引起的关节炎，还有腱破裂及营养缺乏，应注意鉴别。

6. 防制

（1）疫苗免疫接种　针对发病率较高的鸭场可考虑使用金黄色葡萄球菌苗（自家苗）进行免疫预防。特别是在种鸭开产前2周左右接种鸭葡萄球菌油佐剂疫苗，可大大地降低该病的发生。

（2）平时其他预防措施　加强科学的饲养管理，喂给必要的营养物质，特别是供给足够的维生素制剂和矿物质；鸭舍要适时通风，保持干燥；饲养密度不宜过大，避免拥挤。这样，可以增强鸭的体质，提高抵抗力。做好鸭舍及鸭群周围环境的消毒工作，以减少环境中含菌量，降低感染机会。特别要注意种蛋、孵化器及孵化过程和工作人员的清洁、卫生和消毒工作，防止污染葡萄球菌，引起鸭胚、雏鸭感染或发病；尽量避免和减少外伤的发生，如雏鸭网育的铁丝网结构合理，防止铁丝等刺伤皮肤，种鸭运动场应平整等。

（3）发病后措施　隔离病鸭，将死鸭掩埋或焚烧。清理的粪便应堆肥发酵处理后运出。应对鸭舍、场地及各种用具进行彻底、严格的清洗和消毒。药物治疗，应首先采集病料分离出病原菌，通过药敏试验选择敏感药物进行治疗。种鸭发病早期，可切开发病个体感染部位，进行清创治疗或局部注射庆大霉素等敏感药物，有一定的疗效，但费时、费力。

【处方1】庆大霉素，3000～5000单位/千克体重，肌内注射，每天2次，连用3天。

【处方2】卡那霉素，1000～1500单位/千克体重，肌内注射，每天2次，连用3天。

【处方3】红霉素，按0.01%～0.02%药量加入饲料中喂服，连用3天（或土霉素、四环素或金霉素，0.2%比例混入饲料中喂服，连用3～5天。

【处方4】黄连、黄柏、焦大黄、黄芩、板蓝根、茜草、大蓟、车前子、神曲、甘草各等份，共研细末，成年鸭按每千克体重1克、雏鸭按每千克体重0.6克拌料饲喂，每天1次，连用3～5天。

【**处方 5**】黄芩 100 克、黄柏 100 克、黄连 100 克、白头翁 100 克、陈皮 100 克、厚朴 100 克、香附 100 克、茯苓 100 克、甘草 100 克（加减三黄加白汤），煎汁供饮用，500 羽体重 1 千克以上鸭的一天量，连用 2～3 天。

【**处方 6**】黄连、黄芪、金银花、大青叶、雄黄等适量，共研末，按每日每千克体重 1～2 克，拌料或饮水，连用 3 天。

【**处方 7**】金银花 35 克、连翘 35 克、黄花地丁 35 克、茵陈 30 克、板蓝根 30 克、赤茯苓 30 克、神曲 20 克、山楂 20 克、青皮 15 克、甘草 15 克，为 100 羽雏鸭一天剂量，水煎取汁，2/3 供病鸭饮服，1/3 同时拌料饲喂，每天 1 剂，待病鸭停止死亡后用量减半，继续使用 3～4 天。

六、种鸭坏死性肠炎

种鸭坏死性肠炎（种鸭肠毒血症或"烂肠病"）是发生在种鸭的一种消化道传染病。其临床特征是体质衰弱，食欲降低，不能站立，常突然死亡，其病变特征是肠道黏膜坏死。该病的发生极为频繁，对养鸭业损害极大。

1. 病原

病原是产气荚膜梭菌（或产气荚膜杆菌），属梭菌属。依据主要致死性毒素与其抗毒素的中和试验可将此菌分为 A、B、C、D 和 E 共 5 个型。该菌呈直杆状，无鞭毛，不运动，革兰氏染色阳性。芽孢大而卵圆，位于菌体中央或近端。多数菌株可形成荚膜。芽孢抵抗力强，在 90℃ 30 分钟或 100℃ 5 分钟死亡，食物中毒型菌株的芽孢可耐煮沸 1～3 小时。

2. 流行特点

主要发生于种鸭，北京鸭较敏感。粪便、土壤、污染的饲料、垫料或肠内容物均含有产气荚膜梭菌，可能成为传播媒介。该病通过消化道传染。在一些饲养管理条件不良的情况下，以及在一些应激因素的影响下易诱发该病。鱼粉或小麦或大麦含量高的日粮、高纤维垫料、各种球虫感染等均可促进或加重该病的暴发。多发于潮湿温暖的季节，发病率不高，病死率一般为 1% 左右，但也可能高达 40%。

3. 临床症状

蛋鸭群患病后，产蛋急剧下降。病鸭精神沉郁，不能站立，常被公鸭蹂躏伤害。常见头部、背部与翅羽毛脱落。食欲减退，甚至废绝，腹泻，排便量减少。往往迅速消瘦，呈急性死亡，有的不见任何症状突然倒毙。有的病例出现肢体痉挛，头颈弯斜，两腿外撇，并伴有呼吸困难，口腔流出混有食糜的黏液，鼻腔流出棕褐色液体（图 11-61）。

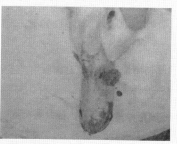

图 11-61 种鸭坏死性肠炎症状

病鸭精神沉郁，常卧地不起（左图）；死鸭鼻腔流出棕褐色液体（右图）

4. 病理变化

主要病变在空肠和回肠段，肠管褪色和肿胀，严重者可见整个空肠和回肠充满血样液体，有散在的枣核状溃疡灶，十二指肠黏膜出血。疾病后期肠内充满恶臭气体，空肠和回肠黏膜增厚，其表面附着一层黄绿色伪膜（纤维素性渗出物和坏死的肠黏膜），肠内容物混有血液，小肠扩张。个别病例气管有黏液，喉头出血。另在母鸭的输卵管中，常见有干酪样物质堆积，卵巢出血。肝脏肿大呈浅土黄色，肝脏表面有大小不一的黄白色坏死斑点。胆囊肿大，肺脏出血。脾脏肿大呈紫黑色。胰腺充血出血。可见食管膨大部充盈，肌胃中充满食物（图 11-62～图 11-64）。

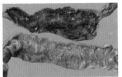

图 11-62 种鸭坏死性肠炎病变（一）

病鸭肠道内有血样液体（左图）；空肠及盲肠黏膜坏死（中图）；后期回肠和
盲肠黏膜可见黄白色纤维样坏死性伪膜（右图）

图 11-63 种鸭坏死性肠炎病变（二）

病鸭小肠黏膜增生、充血，内有灰绿色内容物（左图）；病鸭胰腺充血、出血、
黄白色坏死，肠内容物呈棕黄色或污黑色（中图）；病鸭小肠扩张（右图）

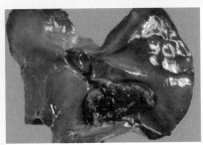

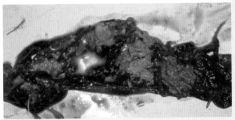

图 11-64 种鸭坏死性肠炎病变（三）

肝脏肿胀、变性、出血，胆囊肿大（上左图）；肺脏出血（上右图）；卵巢出血、变性、
坏死（下左图）；输卵管黏膜坏死，内有灰白色干酪样坏死物（下右图）

5. 诊断

当分离到毒力较强的菌株或病鸭每克肠内容物产气荚膜梭菌有 $10^7 \sim 10^8$ 个菌落形成单位（正常鸭只有 $10^2 \sim 10^4$ 个菌落形成单位）时有一定诊断意义。另一有参考价值的诊断方法为肠内容物毒素检查。注意与其他病的鉴别（表 11-10）。

表 11-10　种鸭坏死性肠炎的类症鉴别

鸭球虫病	鸭瘟	鸭出血症
鸭球虫病是由鸭球虫引起鸭高发病率、高病死率的一种寄生虫病。球虫感染引起的病变与种鸭坏死性肠炎的病变相似，通过采取肠道粪便涂片检查有无球虫进行区别。各种年龄的鸭均对球虫有易感性，雏鸭发病严重，成年鸭感染率较低，而坏死性肠炎则主要发生于种鸭	鸭瘟是鸭瘟病毒引起的一种高病死率的急性传染病。其病理变化中的肠黏膜充血出血与鸭坏死性肠炎有相似之处。鸭瘟的肠道病变多在十二指肠和直肠，而种鸭坏死性肠炎的肠道病变则多集中于空肠和回肠；鸭瘟病鸭的食管黏膜有黄褐色坏死假膜或溃疡，种鸭坏死性肠炎病鸭没有这种变化	鸭出血症是由鸭疱疹病毒Ⅱ型侵害各品种、各日龄鸭引起的传染病，多发于 10～55 日龄的鸭群。小肠和直肠明显出血与鸭坏死性肠炎相似，但坏死性肠炎还伴有肠黏膜增厚，附着一层黄绿色伪膜，肠内容物混合血液；鸭出血症除肠道出血外，肝脏、脾脏、胰腺和肾脏均有不同程度的出血，鸭坏死性肠炎无这一变化；出血症可侵害不同日龄鸭

6. 防制

（1）加强饲养管理　适当调节日粮蛋白质水平，从日粮中去掉鱼粉可预防该病的感染，以玉米为基础的日粮亦可预防坏死性肠炎的发生。此外，酶制剂、益生素等也都可以对此病起到一定的预防作用；改善环境卫生，定期清除粪便，同时用两种以上的消毒剂，经常交叉用药消毒，夏秋适当扩大消毒范围和增加消毒次数；圈养蛋鸭尽可能采取高架隔式饲养方法，并保持一定的温度与湿度，切忌湿度过大，应保证良好的通风条件。老鸭舍或低洼的鸭舍应及时调整舍场位置。发现病鸭及时隔离治疗。

（2）疫苗免疫接种　适时进行疫菌接种，鉴于此病易发生在夏秋季，应在春季进行肠毒血清免疫。

（3）发病后措施　隔离病鸭，及时治疗，并经常交叉使用两种以上消毒剂消毒。通过药敏试验选择高敏药物饮水用药，特别严重时可以肌内注射，同时适当补充电解质及口服补液盐。常用的抗生素有泰乐菌素、青霉素、弗吉尼亚霉素、氨苄西林、杆菌肽、林可霉素和土霉素等。

七、鸭曲霉菌病

该病又称为曲霉菌肺炎，是由真菌中的曲霉菌引起的，主要侵害呼吸器官的急性传染病。该病常在雏鸭中暴发，发病率和死亡率均较高。成年鸭多为散发。

1. 病原

病原以烟曲霉致病力最强，其他的还有黑曲霉、黄曲霉等。曲霉菌广泛存在，尤其是其产生的孢子广泛分布于自然界，对外界环境有较强的抵抗力，只要在温暖潮湿的环境下就能很快繁殖，产生大量孢子散布在环境中，进入机体后能产生毒力很强的毒素，使肺产生病变，对血液、神经组织都有损害作用。

2. 流行病学

各种禽类均对该病有易感性，特别是幼龄禽更易感染。鸭以20日龄内雏鸭易感性高；其中4～12日龄的雏鸭发病率最高，病死率可达50％以上；成年鸭发病较少。该病主要经呼吸道和消化道感染。被曲霉菌污染的垫料和发霉的饲料是该病主要的传播媒介；此外，该病亦可经被污染的孵化器传播。因此，饲养管理不善、饲料霉变、卫生条件不良及通风不良、饲养密度过大等均是该病暴发的诱因。

3. 临床症状

该病潜伏期2～10天，急性病例发病后2～3天内死亡。主要发生于雏鸭，病鸭精神食欲不振，缩颈呆立，眼半闭，羽毛粗乱；特征性症状为呼吸困难，张口呼吸，咳嗽，有时有"沙哑"或"呼哧声"的喘鸣音。口腔和鼻腔常流出浆液性分泌物，迅速消瘦而死亡。有的侵害脑部引起神经症状，痉挛抽搐而死。如污染种蛋可造成大批死胚。成年鸭发病时多呈慢性经过，病死率较低。主要表现为生长缓慢，发育不良，羽毛松乱无光泽，病鸭不愿走动，逐渐消瘦而死亡。产蛋鸭感染该病则表现为产蛋量减少或停产，病程延至数周（图11-65）。

图 11-65 鸭曲霉菌病症状

病雏鸭头颈伸直，张口呼吸（左图）；病鸭出现呼吸困难，喘气（右图）

4. 病理变化

鼻黏膜上覆盖有厚的污灰色坏死伪膜，或黄色伪膜将鼻道完全阻塞，伪膜剥离后鼻道黏膜呈弥漫性出血。喉头、气管、口角等处附有较厚的灰白色或黄色伪膜状物，难剥离，剥离后常见有出血斑。肺组织中散布粟粒大至豆粒大灰白色或黄白色结节，结节柔软有弹性，切开见有层次结构，中心为干酪样坏死组织；气囊膜形成点状、大小、数量不一的白色结节，严重者整个气囊壁增厚，气囊内含有灰白色或黄白色炎性渗出物，后形成干酪样物；有的气管内也有黄白色结节；肝、肾、心等脏器以及胸腔、腹腔浆膜上也有灰白色结节或病斑（图 11-66）。

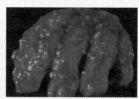

图 11-66 鸭曲霉菌病病理

病鸭肺组织中许多绿豆至芝麻大小的灰白色霉菌性结节（左图）；病鸭两侧肺和胸壁气囊有大小不等的灰白色结节（中图）；气囊膜形成点状、大小、数量不一的白色结节（右图）

5. 诊断

病原经分离鉴定可确诊；注意与鸭结核病和鸭伪结核病等的类症鉴别（表 11-11）。

表 11-11　鸭曲霉菌病的类症鉴别

病名	特征
鸭结核病	鸭结核病的结节分布于几乎所有内脏，而鸭曲霉菌病的结节一般仅分布于肺和气囊，偶见于其余脏器；鸭结核病多发生于老龄鸭，而鸭曲霉菌病则多发生于幼龄鸭
鸭伪结核病	鸭伪结核病的结节分布于几乎所有内脏，而鸭曲霉菌病的结节一般仅分布于肺和气囊，偶见于其余脏器；鸭伪结核病除结节外，心、肺、肝、脾和肾脏等还有出血变化，鸭曲霉菌病则无其他明显病变

6. 防制

（1）预防措施　不用发霉的垫料、不喂发霉的饲料；保持鸭舍通风、干燥和清洁。

（2）发病后措施　如发现病鸭，应立即更换垫料，用立可灵 1：50 进行舍内消毒；药物治疗。

【处方 1】制霉菌素，可按雏鸭 5000～8000 单位/只和成年鸭 2 万～4 万单位/只口服，一日 2 次，连用 3～5 天。

【处方 2】克霉唑按雏鸭 0.01 克/只混料，饮水中加 0.05% 硫酸铜，连用 3～5 天，也有一定疗效。

【处方 3】金银花、连翘、炒莱菔子各 30 克，牡丹皮、黄芩各 15 克，柴胡、知母各 18 克，桑白皮、枇杷叶、生甘草各 12 克，煎汤取汁 1000 毫升，供 400 羽鸭使用，每天 4 次拌料喂服，重症鸭灌服 0.5 毫升，每天 1 剂，连用 4 剂。

【处方 4】桔梗 250 克，蒲公英、鱼腥草、紫苏叶各 500 克，供 1000 羽鸭使用，煎汤取汁拌料喂服，每天 2 次，连用 1 周。另在水中加 0.1% 高锰酸钾。

【处方 5】鱼腥草 360 克、蒲公英 180 克、黄芩 90 克、桔梗 90 克、葶苈子 90 克、苦参 90 克。粉碎，按 0.5%～1% 比例拌料，连用 5 天。

八、鸭链球菌病

鸭链球菌病（鸭链球菌感染）主要是由兽疫链球菌、粪链球菌所引起的一种以败血症、发绀、下痢为特征的急性或慢性传染病。主要引起雏鸭的急性死亡，成年鸭或种鸭也患病。

【提示】链球菌种类很多，有的是鸭肠道正常菌群的组成部分，在鸭舍及其周围环境中也普遍存在。因此，一般认为链球菌感染多为继发性感染或非致病菌感染，未能引起养殖者和兽医工作者的关注和重视。但近年来，该病的发生呈明显上升趋势，虽然在鸭群中并不常见，但是一旦发生，损失也是惨重的，应当引起养鸭者的足够重视。

1. 病原

病原菌主要为粪链球菌。

2. 流行病学

鸭链球菌病多发于 3～4 周龄雏鸭，多为急性败血性感染，鸟链球菌、兽疫链球菌、粪链球菌等感染雏鸭发病。链球菌主要通过口腔和空气传播，饮食不洁的污水或饲料常导致该病的发生，多个临床病例发现，因为注射不合格抗体或因注射药物操作不规范也可引起传播（伤口传播）。如有其他病原如葡萄球菌、大肠杆菌、巴氏杆菌等感染，常继发感染链球菌，这与鸭的肠道上皮的完整性遭到破坏有关。

3. 临床症状和病理变化

症状一般分为急性型和慢性型，急性型病程 1～5 天，以败血症变化为主。病鸭腹泻，临死前可见痉挛或角弓反张，成年鸭跗关节或趾关节肿胀。病理变化为皮下及全身浆膜、肌肉水肿出血。心包及腹腔内有浆液性出血性或浆液性纤维素性渗出物，心外膜有出血。肺脏发炎并充血出血。脾肿大、充血。肾肿大、充血，尿酸盐沉积。肝肿大、呈淡黄色，脂肪变性，并见有坏死灶。肠壁肥厚，时而见有出血性肠炎。输卵管发炎。有的病例在气管、喉头黏膜可见出血点和坏死灶，表面有黏性分泌物，有的发生气囊炎，气囊浑浊、增厚。病程长的出现纤维素性关节炎、卵黄性腹膜炎和纤维素性心包炎，肝、脾、心肌等实质器官出现变性、坏死病灶（图 11-67）。

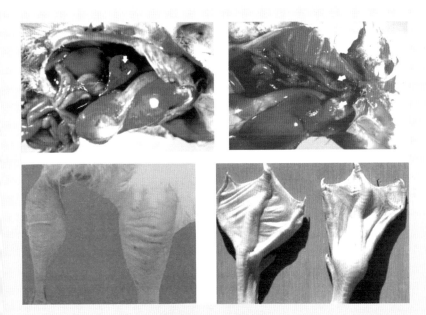

图 11-67 鸭链球菌病病变

病鸭脾脏肿胀，表面有出血斑点（上左图）；病鸭心冠脂肪上有出血点，肺部有出血
病变（上右图）；病鸭跗关节肿大（下左图）；病鸭，胫趾关节肿胀（下右图）

4. 诊断

实验室进行涂片镜检、分离培养、生化试验、动物接种试验等可以确诊。

5. 防制

（1）预防措施 加强饲养管理，尽量减少应激的发生，如气候变化，温度降低，环境污秽不卫生，阴暗潮湿，空气混浊，饲养密度过大和体况低下等，以提高鸭群对病原菌的抵抗力；搞好卫生防疫工作，保持场舍和环境的清洁卫生，健全消毒制度，消灭可能存在的病原菌；定期投服药物预防，可通过药敏试验选择几种高敏药物交替使用，以免细菌产生耐药性。

（2）发病后措施 用 0.01% 的百毒杀对鸭舍、场地等环境进行消毒，连用 3～5 天。

【处方 1】对发病鸭用庆大霉素 1 万单位/只饮水，每日 2 次，同时口服补液盐，连用 3～5 天。重症病鸭肌注庆大霉素按 2000 单位/只，每日 2 次。

【处方 2】复方新诺明，0.04% 比例拌料，连续用药 3 天。

【处方 3】新生霉素 0.0386% 拌料，连续使用 3～5 天。或泰妙菌素 0.125～0.25 克/升饮水，连用 3 天，也可拌料。

【处方 4】（氟苯尼考 100 克＋多西环素 200 克）/1000 千克拌料混饲，连用 3～5 天。

九、鸭衣原体病

衣原体病（鹦鹉热或鸟疫），是由鹦鹉热衣原体引起的一种接触性传染性疾病，也是畜禽和人类共患的传染病。该病可以通过呼吸道传染给人，使人发生一种类似流感样的传染病，如发高烧、流鼻液和流泪等，养鸭者应注意防范。

1. 病原

病原为鹦鹉热衣原体，属衣原体目衣原体科衣原体属。其是一类具有滤过性、严格细胞内寄生，并经独特发育周期以二等分裂繁殖和形成包涵体的革兰氏阴性原核细胞型微生物，介于立克次体与病毒之间。该病原对热、脂溶剂和去污剂以及常用的消毒剂均十分敏感。但对煤酚类化合物及石炭酸等一般较能抵抗。

2. 流行病学

鸭的衣原体毒力一般较低，在禽类衣原体中属低毒力株，很少造成暴发，常呈无症状感染，但饲养管理不良或有其他感染并发时易造成流行。不同年龄鸭对该病的易感性不同，一般幼龄鸭较成年鸭易感。衣原体传染给鸭和在鸭之间的传播主要是通过空气途径经呼吸道而感染，也可垂直传播。

3. 临床症状

病初表现为眼结膜潮红，流泪，眼周围的羽毛潮湿，粪便呈黄绿色，水样腹泻，气味恶臭。接着，病鸭眼睑肿胀，眼部分泌物由水样转为黏稠状，甚至出现脓性分泌物，有的病鸭鼻部也有脓性分泌物。眼周围的羽毛粘连，有的病鸭眼睑被脓性分泌物粘连而闭合。扒开眼睑，可见眼结膜发生严重的炎性水肿，眼球被淡灰色的分泌物所覆盖。病鸭常因失明而无法觅食，十分瘦弱。

4. 病理变化

眼结膜发炎，病程长者眼球萎缩。肌胃角质层及内容物呈绿色，肠壁稍增厚，肝脏稍肿大，病程长者明显肿大、微黄，肝周发炎。脾脏缩小，病程长的则稍肿大。全身性浆膜炎如心包炎、肝周炎及气囊炎等。病程长的还可见到胸肌萎缩。

5. 诊断

病原的分离鉴定、间接补体结合试验、琼脂扩散试验及酶联免疫吸附试验等可确诊；注意与鸭疫里默氏杆菌病、大肠杆菌性败血症和鸭沙门菌病的鉴别。

6. 防制

（1）预防措施　鸟类是鹦鹉热衣原体携带者，因此鸭场内严禁养鸟。防止饲料、饮水被鹦鹉热衣原体污染。为防止继发其他疾病，平时应搞好鸭场的消毒工作。应避免与其他鸟类及其排泄物接触，以控制一切可能的传播媒介。新引进的鸭必须隔离观察，经确认无病才可合群饲养。由于人类也能感染该病，所以饲养人员和兽医人员，必须注意个人防护和防止污染周围环境。目前该病还没有疫苗用于预防。

（2）发病后措施　隔离病鸭，病死鸭要深埋或焚烧。及时清理粪便，地面勤洗刷消毒。每天用 0.2% 过氧乙酸带鸭消毒 1 次，保持鸭舍清洁卫生，通风透气；药物治疗。

【处方 1】金霉素，按 1% 比例拌料饲喂，连用 30～45 天，本药不宜饮水和注射。

【处方 2】强力霉素，按每千克体重 75～100 毫克胸部肌内注射，在 45 天内注射 8～10 次可发挥作用（或每千克体重 8～25 毫克口服，每天 2 次，连用 30～45 天。重病可按每千克体重 10～100 毫克静脉注射 1～2 次，然后再给予口服剂量治疗）。

【处方 3】四环素，按每千克饲料 0.2～0.4 克混饲，连续饲喂

1～3 周。

另外还可选择泰乐菌素、青霉素、红霉素、多黏菌素 B 等对病鸭进行注射或按一定比例拌料，全群喂服。

十、鸭支原体病

鸭支原体病（鸭传染性窦炎或鸭慢性呼吸道病）主要是由鸭支原体引起的以慢性呼吸道疾病为特征的疾病。该病广泛发生于世界各地的养鸭区，但该病的危害较小，未能引起养鸭者的重视。

1. 病原

在国内已经鉴定证实的禽源支原体种有鸡毒支原体、滑液支原体、鸡支原体、雏鸡支原体、禽支原体、依阿华支原体和鸭支原体等 7 个种。引起鸭支原体病的病原主要是鸭支原体，属支原体属。支原体对营养要求较高，且生长缓慢，2～6 天才长出必须用低倍显微镜才能观察到的微小菌落。支原体对理化因素敏感，一般加热 45℃ 15～30 分钟或 55℃ 5～15 分钟即被杀死，对常用浓度的重金属盐类、石炭酸、来苏儿等消毒剂均比细菌敏感，对表面活性物质洋地黄敏感，易为脂溶剂乙醚、氯仿所裂解，但对醋酸铊、结晶紫、亚硝酸钾等有较强抵抗力。

2. 流行病学

该病可以发生于各种日龄的鸭，但以 2～3 周龄者多发，填鸭与成年鸭少见。病鸭和带菌鸭是危险的传染源，鸭舍的不良环境是构成该病发生和传播的重要应激因素。该病可以通过被污染的空气经呼吸道传染，也可通过带菌的种蛋垂直传染。发病率可能高达 80％ 以上。病死率不高，主要为慢性经过。该病的流行无明显的季节性。

3. 临床症状

一侧或两侧眶下窦肿胀（图 11-68），形成隆起的鼓包。发病初期触摸柔软，有波动感，窦内充满浆液性渗出物，随病程的发展逐步形成浆液性、黏液性及脓性渗出物，病后期形成干酪样物。鼓包变硬，渗出物明显减少。病鸭鼻腔亦有分泌物，鸭有时有甩头症状，有些鸭眼内也常充满分泌物，少数病鸭眼睛失明，病鸭常可自愈，多不死亡，但精神不佳，生长缓慢，商品鸭品质下降，产蛋减少。

图 11-68　两侧眶下窦肿胀

4. 病理变化

病理变化主要出现在呼吸道，呼吸道的变化轻重不一。较轻微的变化不易观察，鼻孔鼻窦、气管和肺中出现较多的黏性液体或卡他性分泌物。严重病例可见眶下窦肿胀，内充满透明或浑浊的浆液、黏液或有干酪样物蓄积，窦黏膜充血增厚。气囊浑浊，水肿，增厚。眼和鼻腔有分泌物。肺出血，卵泡出血、坏死（图 11-69）。

图 11-69　鸭支原体病病变

病鸭气囊浑浊，附有白色奶油状物（左图）；蛋鸭支气管被白色奶油状物堵塞，肺出血，卵泡出血、坏死（右图）

5. 诊断

通过病原检查（取鼻液和肺部病变组织直接涂片，吉姆萨染色，显微镜检查见有卵圆形直径 0.25～0.5 微米的病原体）、鸭支原体的分离、动物接种试验、凝集反应（将 0.025 毫升血清和等量抗原在玻板上用牙签快速混合，将玻板轻微转动，2 分钟后出现凝集颗粒，则为阳性反应，否则为阴性反应）、血凝抑制反应和酶联免疫吸附试验等可诊断该病。

6. 防制

（1）加强饲养管理　采用"全进全出"的饲养制度，空舍后彻底消毒；注意改善饲养管理环境，特别是鸭舍的通风、保温、防湿、适宜饲养密度以及卫生消毒等。

（2）禁从感染鸭支原体的鸭场购进鸭苗或种蛋　对可能被鸭支原体感染的种蛋，应进行药物处理，将孵化前的种蛋加温到 37℃ 而后立即放入 4～5℃ 的抑制支原体的抗生素［四环素、链霉素、泰妙菌素（支原净）、红霉素等］溶液中 15～20 分钟，然后沥干水分再入孵，或应用 45℃ 的恒温处理种蛋 14 小时，而后转入正常孵化。对可能被鸭支原体感染的种鸭群，应定期进行检疫，淘汰阳性鸭。

（3）对刚出壳的雏鸭要进行药物预防　可选用普杀平、福乐星、红霉素、林可霉素等进行饮水，连用 5～7 天。

（4）发病后措施　使用药物进行治疗。为了防止形成抗药性，用药量要足，一般连续用药 3～7 天。最好选用 2～3 种抗生素联合应用或交替使用，在同一鸭场中，种鸭和后代雏鸭应使用不同的抗生素，以免长期使用一种抗生素而形成抗药性。并使用选择解毒化痰、止咳平喘的中药辅助治疗。

【处方 1】泰乐菌素，0.5 克/升，连用 3～5 天，也可拌料。或延胡索酸泰妙菌素，0.125～0.25 克/升，连用 3 天（以泰妙菌素计），也可拌料。

【处方 2】林可霉素，每 1000 千克饲料 100 克，连喂 5 天。

【处方 3】氟苯尼考与多西环素联合用药，氟苯尼考 100 克＋多西环素 200 克，拌料 1000 千克，混饲，连用 3～5 天。

【处方 4】酒石酸泰乐菌素与盐酸多西环素联合用药，酒石酸泰乐菌素12.5克＋盐酸多西环素5克，加入50千克水中饮用，连用3～5天。

【处方5】泰乐菌素50克＋磺胺甲氧嘧啶钠50克＋甲氧苄啶10克。混饲，拌料1000千克，连用3～5天。

【处方6】桑白皮30克，知母25克，苦杏仁25克，前胡30克，金银花60克，连翘30克，桔梗25克，甘草20克，橘红30克，黄芩45克（清肺止咳散）。每天1～3克/只，混料，连用3～5天。

【处方7】香附300克，黄连200克，干姜300克，桔梗150克，山豆根100克，皂角刺40克，甘草100克，人工牛黄40克，蟾酥30克，雄黄30克，明矾50克（镇喘散）。每天1～3克/只，混料，连用3～5天。

【处方8】麻黄30克，杏仁30克，石膏150克，甘草30克（麻杏石甘散）。每天1～3克/只，混料，连用3～5天。

【处方9】石决明50克，决明子50克，苍术50克，桔梗50克，大黄40克，黄芩40克，陈皮40克，苦参40克，甘草40克，栀子35克，郁金35克，黄药子45克，白药子45克，三仙（麦芽、山楂、神曲）30克，龙胆草30克，紫苏叶60克，紫菀80克，鱼腥草100克。每天2.5～4克/只，混料，连用3天。

十一、雏鸭念珠菌病

禽念珠菌病是由白色念珠菌所引起的一种霉菌性传染病。雏鸭感染念珠菌时主要表现上消化道黏膜发生白色的假膜和溃疡。

1. 病原

白色念珠菌是半知菌纲中念珠菌属中的一种，它在自然界中广泛存在，在健康的畜禽及人的口腔、上呼吸道和肠道等处寄居。

2. 流行病学

该病主要通过消化道感染，也可通过蛋壳感染。不良的卫生条件和致弱机体抵抗力的因素，都可诱发该病，或发生继发感染；过多地使用抗菌药物，容易引起消化道正常菌群的紊乱，也是诱发该病的一个重要因素。

3. 临床症状

病鸭一般表现精神沉郁，羽毛粗乱，渴感强，饮水增多，食管膨大部有明显触痛感，食管膨大部积液，食欲下降或废绝，不愿移动，扎堆现象明显。病鸭呼吸急促，频频伸颈张口，呈喘气状，时而发出咕噜声，叫声嘶哑，腹泻，排绿白混杂的稀便。死前抽搐。倒提病鸭，可见有酸臭液体从部分鸭口中流出。

4. 病理变化

剖检病、死鸭，可在食管与食管膨大部壁均见干酪样假膜和溃疡。口、咽、食管和鼻腔有分泌物。口、咽、食管黏膜增厚，表面形成白色或灰白色伪膜或溃疡灶。在食管与气管及肠系膜结缔组织被膜有黑红或黄褐色的干酪样渗出物。肌胃角质层见出血斑，与食管交界处有出血，肠黏膜炎性出血，肠壁及泄殖腔变薄，泄殖腔弹性消失、炎性出血。心肌肥大，肝紫褐色且肿胀有出血斑，肺部右侧见坏死灶及干酪样物，肾脏肿大、坏死。脑水肿（图 11-70）。

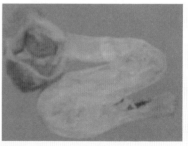

图 11-70 禽念珠菌病病变

病禽食管膨大部表面有黄白色斑块状的念珠菌伪膜（左图）；病禽食管黏膜出血、坏死，形成溃疡灶，腺胃与食管交界处出血（右图）

5. 诊断

取病变刮取物接种于沙堡琼脂平板上，37℃恒温培养 24 小时，长出圆形、光滑、隆起的乳白色菌落，略带酒糟气味。培养 48 小时，菌落变成奶浊色，继续培养菌落出现蜂窝状。镜检可清晰见到大量厚膜性孢子，形成假菌丝，菌丝体宽为 1.5～5 皮米，长为 40～500 皮米，孢子直径为 2.5～5 皮米。病原鉴定为白色念珠菌；注意与鸭瘟鉴别。

6. 防制

（1）预防措施　鸭场应加强饲养管理，搞好鸭舍和饮水的卫生，做好消毒与防病工作。减少应激因素，提高其抗病能力。特别应防止垫草、饲料霉变，不用发霉变质饲料，不长期使用抗菌药物。

（2）发病后措施　发病后，立即隔离病鸭，清除鸭舍不洁垫料、积粪及霉变饲料。保持鸭舍通风。

药物治疗：发病鸭群饮用 0.25%～0.5% 硫酸铜溶液，一天 2 次，连用 1 周。给病鸭按每千克饲料加入 80 毫克制霉菌素，连用 2 周。其他未见明显发病鸭按每千克饲料加入 40 毫克制霉菌素予以预防。对于不采食的病鸭要人工喂水、喂料，对其口腔溃疡部位用碘甘油或 5% 结晶紫涂擦，食管膨大部内灌入适量的 2% 硼酸溶液。

第三节　寄生虫病

一、球虫病

鸭球虫病是由艾美耳属和泰泽属的各种球虫寄生于鸭的肠道引起的疾病。该病分布很广，是条件简陋鸭场的一种常见病、多发病，常呈地方性流行，给养鸭业带来很大的威胁。

1. 病原

鸭球虫病据记载有 18 种之多，其中有 2 种寄生于肾小管上皮细胞内，其余 16 种寄生于肠道黏膜上皮细胞内。鸭球虫属孢子虫纲、球虫目、艾美耳科。危害我国家鸭的主要致病虫有以下两种。

① 毁灭泰泽球虫。寄生于小肠黏膜上皮细胞内，严重时盲肠和直肠有虫寄生，致病力强。卵囊小，短椭圆形，浅绿色，无卵膜，初排出的卵囊内充满含粗颗粒的合子，无空隙。

② 菲莱氏温扬球虫。寄生于小肠黏膜上皮细胞内，主要在回肠段，

盲肠和直肠也有虫寄生。卵囊大，卵圆形，浅淡蓝色，初排出的卵囊内被合子充满，无空隙，有卵膜孔，每个孢子囊内含4个子孢子。

它们属于直接发育型，无需中间宿主，发育需经3个阶段：孢子生殖阶段——在外界完成，又称外生发育；裂殖生殖阶段——在小肠上皮细胞内以复分裂法进行繁殖，毁灭泰泽球虫有两代裂殖生殖；配子生殖阶段——由上述中最后一代裂殖子分化形成大配子，大、小配子结合为合子，合子外周形成囊壁就成为卵囊。

2. 流行病学

鸭球虫病的传播主要是通过被病鸭或带虫鸭粪便污染的饲料、饮水、土壤或用具等来进行的，饲养管理人员也可能成为该病的机械性传播者。鸭球虫具有明显的宿主特异性，它只能感染鸭。同样，其他禽类的球虫也不能感染鸭。各种年龄的鸭对该病均易感，尤以1月龄左右的雏鸭最易感，且死亡率也高，耐过的鸭往往生长受阻，发育不良。鸭球虫病的发病与季节有密切关系，一般多见于7～10月发病。

3. 临床症状

急性鸭球虫病多发生于2～3周龄的雏鸭，于感染后第4天出现精神委顿，缩颈，不食，喜卧，渴欲增加等症状；病初排稀便，随后排暗红色或深紫色血便，发病当天或第二、三天发生急性死亡，耐过的病鸭逐渐恢复食欲，死亡停止，但生长受阻，增重缓慢。慢性型一般不显症状，偶见排稀便，常成为球虫携带者和传染源（图11-71）。

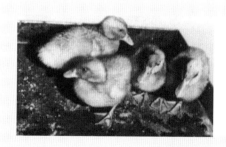

图 11-71 鸭球虫病症状
病鸭精神沉郁，喙苍白（左图）；病鸭排出血便（右图）

4. 病理变化

整个小肠呈泛发性出血性肠炎。肠黏膜充血，十二指肠有红色或深红色冻状物，有的肠黏膜上覆盖一层麸皮样物质，有的小肠严重出血，肠内充满煤焦油样的黑色物质，多数为低产鸭及未开产鸭（图 11-72）。

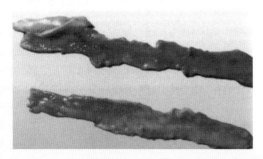

图 11-72 病鸭肠管出血（左图）和病鸭盲肠出血（右图）

5. 诊断

粪便中球虫卵囊镜检。由于鸭带虫现象普遍，必须结合其他方面综合诊断；注意与鸭瘟（见鸭瘟部分）、鸭出血症、种鸭坏死性肠炎（见坏死性肠炎部分）等疾病相区别。鸭出血症是一种由新型疱疹病毒（鸭疱疹病毒Ⅱ型）引起的可侵害各品种鸭、各日龄鸭的传染病，多发于 10～55 日龄的鸭群。其病理变化中的小肠和直肠明显出血与鸭球虫病的病变相似。鸭球虫病常伴有淡红色或深红色胶冻样血性黏液，而鸭出血症除肠道出血外，肝脏、脾脏、胰腺和肾脏均有不同程度的出血；鸭出血症可侵害不同日龄鸭，而鸭球虫病多发生于 20～40 日龄鸭；鸭球虫病以排暗红色或桃红色稀便为特征，而出血症病鸭粪便无特征性变化，以双翅羽毛管内出血或淤血，外观呈紫黑色为特征；鸭球虫病可用抗球虫药治疗，且效果不错，鸭出血症则用药治疗无效。

6. 防制

① 加强饲养管理。雏鸭必须按日龄分群单独饲养；保持鸭舍清洁干燥，定期清除粪便，并堆积发酵以消灭卵囊；要防止饲料和饮水被鸭粪污染，饲槽及饮水器应经常消毒，特别在该病流行严重时要定期更换垫料、铲除表土换新；禁止饲养人员串圈，谢绝外场人员参观，以免带进球虫卵囊。

② 药物预防。在球虫病多发地区、流行季节以及地面潮湿、污染大量卵囊，或雏鸭由网上饲养转为地面饲养时，可将下列药物的任何一种混于饲料中喂服，均有良效。

磺胺间甲氧嘧啶（SMM）按 0.1％混于饲料中，或复方磺胺间甲氧嘧啶（SMM＋TMP，以 5∶1 比例）按 0.02％～0.04％混于饲料中，连喂 5 天，停 3 天，再喂 5 天；或磺胺甲基异噁唑（SMZ）按 0.1％混于饲料，或复方磺胺甲基异噁唑（SMZ＋TMP，以 5∶1 比例）按 0.02％～0.04％混于饲料中，连喂 7 天，停 3 天，再喂 3 天；或克球粉按有效成分0.05％浓度混于饲料中，连喂 6～10 天；或克球多（0.05％）或球痢灵（0.0125％）等混于饲料，连用 10 天。若与磺胺药交替轮换使用，可避免磺胺药易产生耐药性的缺点和避免引起肠道出血。

③ 发病后措施。每天全群用百毒杀消毒 2 次，清除潮湿的垫料，换上新鲜的干燥垫料。

【处方 1】 抗球灵（地克珠利）饮水，剂量为 2 毫克/千克，连饮3～5 天。饲料中增加维生素的含量，尤其是维生素 A、维生素 K、维生素 C 的用量。对病情较重的，每天口服复方敌菌净片，2 片/只，连用 3～5 天。

【处方 2】 磺胺间甲氧嘧啶和甲氧苄啶合剂，二者的比例为 5∶1，合剂用量为 0.04％混合在粉料中，连喂 7 天，停药 3 天，再喂 3 天。

【处方 3】 驱球止痢散（常山 960 克、白头翁 800 克、仙鹤草 800克、马齿苋 800 克、地锦草 640 克），每千克饲料 2～2.5 克，混饲，连用 7 天。与西药配合效果更佳。

二、蛔虫病

鸭蛔虫病是由蛔虫寄生于鸭小肠内引起的一种常见寄生虫病。该病遍及全国各地，常影响雏鸭的生长发育，甚至造成大批死亡。

1. 病原

蛔虫是寄生在鸭体内最大的一种线虫，呈淡黄白色，雄虫长26～70毫米，雌虫长65～110毫米。虫卵呈深灰色，椭圆形，卵壳厚，表面光滑或不光滑。

2. 流行病学

线虫的发育是多种多样的，一般可分为直接发育和间接发育两种类型。直接发育的线虫不需要中间宿主，雌虫产卵排出体外，在外界适宜的温度、湿度条件下，虫卵孵出幼虫，并经过两次蜕皮变为感染性幼虫，被适宜的宿主吞食，在其体内发育为成虫。间接发育的线虫则需要蚯蚓、昆虫等作为中间宿主。线虫构成鸭类寄生蠕虫中最重要的群类，其寄生于鸭类种的数量和所造成的危害，均大大超过吸虫和绦虫。

3. 临床症状

雏鸭表现生长发育不良，贫血，消化机能障碍，下痢和便秘交替，有时稀便中混有带血黏液。严重感染者可造成肠阻塞导致死亡。

4. 病理变化

小肠黏膜发炎、出血，肠壁上有颗粒状化脓灶或结节。严重感染时可见大量虫体聚集，相互缠结，引起肠阻塞，甚至肠破裂和腹膜炎（图11-73）。

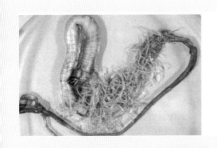
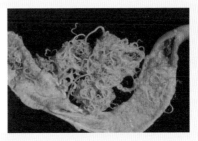

图 11-73 肠道内虫体

5. 防制

（1）预防措施　搞好日常环境卫生，及时清除粪便，堆积发酵，杀灭虫卵。定期预防性驱虫，每年 2～3 次。

（2）发病后措施

【处方 1】丙硫咪唑（抗蠕敏），按每千克体重 20 毫克的剂量一次投服。

【处方 2】左旋咪唑，20～30 毫克/千克体重，一次口服。

【处方 3】驱蛔灵（枸橼酸哌嗪），250 毫克/千克体重（或 500～1000 毫克/只），一次拌料内服。

【处方 4】驱虫净（噻咪唑），40～60 毫克/千克体重（或 80～250 毫克/只），一次拌料内服。

【处方 5】甲苯咪唑，每吨饲料添加 30 克，混匀后连喂 7 天。

三、异刺线虫病

异刺线虫病，又称盲肠虫病，是由异刺科鸡异刺线虫寄生在鸡、火鸡、鸭、鹅的盲肠内引起的。

1. 病原

鸡异刺线虫因寄生于盲肠，故又称鸡盲肠虫。虫体小，呈白色，头端略向背侧弯曲。体侧具有侧翼，向后延伸较长的距离。该虫呈细线状，淡黄白色，雄虫长 7～13 毫米，雌虫长 10～15 毫米。

2. 流行病学

不同年龄的鸡、火鸡、珍珠鸡、鸭、鹅、北美鹑、雉鸡和鹧鸪等都有易感性。带虫鸭是传染源，它们不断将虫卵随粪便排出体外，污染环境、饲料和饮水。虫卵在适宜的温度和湿度条件下，约经 2 周发育成含幼虫的感染性虫卵。其生活史为直接发育，不需中间宿主，鸭吃进虫卵后感染，幼虫移至盲肠先钻入黏膜内发育，然后重返肠腔发育为成虫。该虫在国内分布甚广，各地都有，造成很大危害。

3. 临床症状

患病鸭表现食欲下降、消瘦、贫血、腹泻、产蛋量下降；雏鸭发育受阻，衰弱致死。

4. 病理变化

尸体消瘦，盲肠有炎症和结节。盲肠可查出虫体。

5. 诊断

该病诊断时需粪检，发现虫卵或剖检病尸找到虫体可确诊。

6. 防制

（1）预防措施　搞好日常环境卫生，及时清除粪便、堆积发酵、杀灭虫卵。定期预防性驱虫，每年2～3次。

（2）发病后治疗　隔离病鸭，不要放牧。粪便应堆积发酵无害化处理。

【处方1】吩噻嗪，按0.5～1克/千克体重做成丸剂投服，给药前绝食6～12小时。

【处方2】左旋咪唑，按25～30毫克/千克体重混饲或饮水。

【处方3】丙硫咪唑，按40毫克/千克体重口服。

【处方4】枸橼酸哌嗪（驱蛔灵），按鸭子体重每千克用量250毫克，一次拌料喂服。

四、毛细线虫病

禽毛细线虫病是由毛首科毛细线虫属的多种线虫寄生于禽类消化道引起的，我国各地均有发生。严重感染时，可引起家禽死亡。各种年龄的禽均可发生。

1. 病原

病原为捻转毛细线虫，虫卵两端有卵塞。雄虫长14.3～16.6毫米，雌虫长28～70毫米，虫卵大小为（46～70）微米×（24～28）微米。该虫呈毛发状。身体的前部短于或等于身体的后部，并且比后部稍细。前部为食道部，后部包含肠道和生殖器官。阴门位于前、后部的连接处。雄虫有1根交合刺和1个交合刺鞘，有的没有交合刺而只有鞘。

2. 流行病学

成熟雌虫在寄生部位产卵，虫卵随禽粪便排到外界，直接型发育史的毛细线虫卵在外界环境中发育成感染性虫卵，其被禽类宿主吃入后，幼虫逸出，进入寄生部位黏膜内，约经 1 个月发育为成虫。间接型发育史的毛细线虫卵被中间宿主蚯蚓吃入后，在其体内发育为感染性幼虫，禽啄食了带有感染性幼虫的蚯蚓后，蚯蚓被消化，幼虫释出并移行到寄生部位黏膜内，经 19～26 天发育为成虫。

3. 临床症状

病鸭精神萎靡，头下垂；食欲不振，常做吞咽动作，消瘦，腹泻，严重者可发生死亡。

4. 病理变化

虫体寄生部位黏膜发炎、增厚，黏膜表面覆盖有絮状渗出物或黏液脓性分泌物，黏膜溶解、脱落甚至坏死。病变程度的轻重因虫体寄生的多少而不同。

5. 诊断

用饱和盐水漂浮法检查粪便发现虫卵，剖检病禽发现虫体及相应病变可做出诊断。

6. 防制

（1）预防措施　搞好日常环境卫生，及时清除粪便，堆积发酵，杀灭虫卵；消灭禽舍中的蚯蚓；定期预防性驱虫，每年 2～3 次。

（2）发病后治疗　隔离病鸭，不要放牧。粪便应堆积发酵无害化处理。

【处方 1】左旋咪唑，按每千克体重 20～30 毫克，一次内服。

【处方 2】甲苯咪唑，按每千克体重 20～30 毫克，一次内服。

【处方 3】甲氧苄啶，按每千克体重 200 毫克，用灭菌蒸馏水配成 10% 溶液，皮下注射。

【处方 4】越霉素 A，按每千克体重 35～40 毫克，一次口服。或按 0.05%～0.5% 比例混入饲料，拌匀后连喂 5～7 天。或四咪唑，每千克体重 40 毫克，溶于水中饮服。

五、丝虫病

鸭丝虫病是由龙线科鸟蛇属的线虫寄生于鸭子的皮下结缔组织

中引起的。该病主要分布在我国南方各省。感染率 50％左右，死亡率 20％左右，对养鸭业危害很大。该病主要危害 3～6 周龄的雏鸭。

1. 病原

寄生于鸭的鸟蛇线虫有 7 种，但国内仅发现台湾鸟蛇线虫（虫体细长呈丝状，白色，稍透明，头部钝圆，雌虫、雄虫差别很大。雄虫细小，长 6 毫米，直径 0.13 毫米，尾部向腹面弯曲，交合刺 1 对，不等长。雌虫较粗大，长 110～180 毫米，直径 0.56～0.88 毫米，尾渐变尖细，尾端弯曲成钩状。生殖孔位于虫体后半部，子宫内含有大量幼虫。幼虫纤细、白色，长 0.39～0.42 毫米）和四川鸟蛇线虫（雄虫体长 8.71～10.99 毫米，直径 0.14～0.16 毫米，交合刺 1 对，形状相同，近乎等长。雌虫体长 32.6～63.5 毫米，直径 0.64～0.80 毫米。子宫内的幼虫长 0.47～0.53 毫米）2 种。

2. 流行病学

鸟蛇线虫的生活史中有中间宿主剑水蚤。成虫寄生于鸭的皮下结缔组织中，并形成结节，患部皮肤渐变菲薄，被雌虫头端穿破，雌虫在水中自行破裂，子宫内的一期幼虫进入水中，被剑水蚤吞食，经过 8～12 天，蜕皮 2 次，变为三期幼虫（即感染性幼虫）。鸭食入含有感染性幼虫的剑水蚤即被感染。幼虫从鸭的肠腔经过移行，最后到达鸭子的下颚、咽喉、眼周围、腹部和腿部等的皮下，逐渐发育为成虫。

该病主要危害 3～6 周龄的雏鸭。鸭感染鸟蛇线虫是由于在稻田、池塘或沟渠等水中，食入了含感染性幼虫的剑水蚤。秋季和春季雏鸭易感多发。

3. 临床症状

症状典型，在下颚、颈部、眼周围、腹部、腿部等处的皮下结缔组织内形成瘤样肿胀，初期如豆大，较硬，以后逐渐变大、变软，患部呈紫色。肿胀发生在眼周围，导致结膜外翻，有的视力丧失；肿胀发生在颈部，病鸭采食困难；肿胀发生在腿部，致使病鸭行走不便或不能站立，病鸭发育迟缓，消瘦；可引起大批死亡。

4. 病理变化

病死鸭，切开紫色的瘤样肿胀，可见白色液体流出，镜检可见大量幼虫，同时可见成团的白色细线状虫体活动，易于确诊。

5. 防制

（1）预防措施 在发病季节，不要去疑有阳性剑水蚤的稻田沟渠等处放养雏鸭；消灭中间宿主。在有中间宿主——剑水蚤的地方（如稻田、水沟等处）撒布一些石灰或敌百虫（使浓度达到百万分之一）；用丙硫咪唑按每千克体重 50 毫克，每天喂服 1 次，连用 2 天进行预防性驱虫。

（2）发病后治疗 该病早期治疗，效果较好。可选用 1％敌百虫溶液，或 1％碘溶液，或 0.35％高锰酸钾溶液，或 2％左旋咪唑溶液，按瘤样肿胀大小，病灶内注射 0.5～2.0 毫升。

六、绦虫病

1. 病原

鸭绦虫病的病原体为剑带绦虫和带壳绦虫，其中剑带绦虫是鸭最常见的一种小肠寄生虫，它的成虫寄生在小肠内。这些绦虫都较大，一般长 10～30 厘米。

2. 流行病学

当虫卵被排出后，在水中被它的中间宿主——剑水蚤吞食并发育为感染性幼虫，鹅鸭吃了这种剑水蚤后而感染发病。此外淡水螺可作为某些膜壳绦虫的保虫宿主。鸭或鹅吞食感染的剑水蚤或保虫螺易受感染，幼虫会在肠内发育成成熟的绦虫。该病严重侵害 2 周龄至 4 月龄的雏禽，温带地区多在春末与夏季发病。

3. 临床症状

感染严重时，雏禽表现明显的全身症状，成年水禽也可感染，但症状一般较轻。病禽首先出现消化机能障碍，排出灰白色稀薄粪便，混有白色绦虫节片，食欲减退。到后期完全不吃，烦渴，生长停滞，消瘦，精神萎靡，不喜活动，离群，腿无力，向后面坐倒或突然向一侧跌倒，不能起立，一般在发病后的 1～5 天内死亡。当大量虫体聚集在肠内时，可引起肠管阻塞；虫体代谢产物被吸收时，可出现痉挛、精神沉郁、贫血与渐进性麻痹而死。

4. 病理变化

小肠发生卡他性炎症与黏膜出血，其他浆膜组织也常见有大小不一的出血点，心外膜上更显著。

5. 诊断

用水洗沉淀法发现有绦虫节片，再将粪渣过滤，涂片镜检，有椭圆形虫卵，无卵囊包裹，即可确诊。

6. 防制

（1）预防措施　雏鸭与成年鸭分开饲养，3月龄内雏鸭最好实行舍饲，特别是不应到不流动、小而浅的死水域去放牧（因为这种水域利于中间宿主剑水蚤的孳生）；注意鸭群驱虫前，应绝食12小时，投药时间宜在清晨进行，鸭粪应收集堆积发酵处理，以防散播病原。

每年对鸭群定期进行两次驱虫，一次在春季鸭群下水前，一次在秋季终止放牧后。平时发现虫体，随时驱虫。驱虫办法如下：氢溴酸槟榔碱，配成0.1%的水溶液，一次灌服，每千克体重用药1～2毫克。或槟榔100克，石榴皮100克，加水至1000毫升，煎成800毫升。内服剂量：20日龄雏鸭1毫升，30～40日龄雏鸭1.5～2毫升，成年鸭3～4毫升，拌料，连喂2次，1日1次。南瓜子，煮沸脱脂打成细粉，按雏鸭5～10克、成年鸭10～20克拌料喂服。

（2）发病后措施　由于绦虫的头牢固地吸附在肠壁上，往往后面的节片已被驱出，而头节还没有驱出，经过2～3周，又重新长出节片变成一条完整的绦虫。所以第一次喂药后，隔2～3周再驱虫一次，才达到彻底驱除绦虫的效果。其粪便须经堆积发酵腐熟杀死虫卵后才作肥料，对病死鸭采用深埋处理，减少二次感染的机会。治疗原则是"急则其治标，缓则治其本"。

【处方1】阿苯达唑，25毫克/千克体重，复方新诺明，250毫克/只，每天一次，连用两次。

【处方2】吡喹酮，每千克体重10～15毫克内服，本药效果较好。

　　【处方3】氯硝柳胺（灭滴灵），按 60～150 毫克/千克体重，一次口服。

　　【处方4】硫双二氯酚，每千克体重用药 90～110 毫克，把药片磨细后加水稀释，用胶头滴管灌入食管或与精饲料拌匀，于早晨喂饲料后喂服。

　　【处方5】丙硫咪唑，按 20～30 毫克/千克体重，一次口服。

　　注：①与大肠杆菌混合感染时，上述处方可配合中药（黄连解毒散与白头翁散加减）治疗。方剂：黄连 45 克、黄芩 45 克、黄柏 45 克、白头翁 45 克、栀子 50 克、苦参 50 克、龙胆草 45 克、郁金 35 克、甘草 40 克，水煎服，以上为 200 只成年鸭一天的用量。有条件的可根据药敏试验选择用药，力争把损失控制在最小范围之内。②对有病毒感染的可配合使用生物干扰素，每瓶 5 克拌料 10 千克，每天 2 次，连用 3 天。

七、棘口吸虫病

　　棘口吸虫病是由棘口类吸虫寄生于鹅、鸭的直肠和盲肠中所引起的一种寄生虫病。有的棘口吸虫可寄生于哺乳动物包括人体内，该病对幼禽危害最大。

1. 病原

　　病原是吸虫纲，复殖目，棘口科，棘口属的卷棘口吸虫。虫体呈长叶状，长 7.6～12.6 毫米、宽 1.26～1.6 毫米，体表被有小棘；虫体的前端有头冠，头冠上有头棘 35～37 枚，在头冠的两侧各有腹角棘 5 枚；虫体前端有口吸盘，小于腹吸盘；睾丸呈椭圆形，前后排列于卵巢后方，卵巢呈圆形位于虫体中部，子宫弯曲在卵巢的前方，内充满虫卵，卵黄腺分布在腹吸盘后方的两侧，伸达虫体后端，在睾丸后方不向虫体中央扩展。

2. 临床症状

　　严重感染时，可引起食欲不振，消化不良，腹泻。粪便中混有黏液。禽体贫血，消瘦，发育停滞，最后衰竭死亡。

3. 病理变化

鸭体严重脱水、消瘦，肝充血，胆囊胀大；出血性肠炎，肠腔充满卡他性黏液，有的在空肠可见黑褐色的栓塞物，肠壁变薄，盲肠肿大、出血、坏死，剖开盲肠，可见其内容物呈黑褐色、恶臭、黏稠，内含气体。剖检的鸭均在盲肠、直肠发现粉红色细叶状的虫体，虫体一端埋入肠黏膜内，且吸附部位有溃疡，用剪刀稍用力即可将其刮下，刮下的虫体可蠕动蜷曲。其他脏器无肉眼可见病变。

4. 诊断

采用水洗沉淀法或离心沉淀法检查病禽粪便中的虫卵。

5. 防制

（1）预防措施　该病流行地区，应做好消灭淡水螺的工作；每年应对家禽进行有计划的驱虫，并对驱虫后的粪便严格处理。每天应及时清扫禽舍，进行粪便无害化处理。

（2）发病后治疗

【处方1】硫双二氯酚，按150～200毫克/千克体重用药，拌料饲喂。

【处方2】氯硝柳胺，按100～120毫克/千克体重，一次口服。

【处方3】丙硫咪唑，按15毫克/千克体重剂量喂服。或按每千克体重80毫克混饲喂服。

【处方4】槟榔50克，加水1000毫升，水煎至750毫升，用双层纱布过滤，按5～10毫克/千克体重剂量喂服。

【处方5】丙氧咪唑，每千克体重10～20毫克，一次内服。

八、隐孢子虫病

禽隐孢子虫病是由隐孢子虫科隐孢子虫属的贝氏隐孢子虫寄生于家禽的呼吸系统、消化道、法氏囊和泄殖腔内所引起的一种原虫病。

1. 病原

贝氏隐孢子虫的卵囊大多为椭圆形，部分为卵圆形和球形，大小（4.5～7.0）微米×（4.0～6.5）微米，卵囊壁薄、单层、光滑、无色、囊壁上有裂缝，无微孔、极粒和孢子囊。每个卵囊含有 4 个裸露的香蕉形的子孢子和 1 个残体，残体由 1 个折光体和一些颗粒组成。

2. 流行病学

隐孢子虫病呈世界性分布，隐孢子虫是一种多宿主寄生原虫。在中国发现于鸡、鸭、鹅、火鸡、鹌鹑、孔雀、鸽、麻雀、鹦鹉、金丝雀等禽类体内。除薄型卵囊在宿主体内引起自身感染外，主要感染方式是发病的禽类和隐性带虫者粪便中的卵囊污染了禽的饲料、饮水等经消化道感染，此外亦可经呼吸道感染。发病无明显季节性，但以温暖多雨的 8～9 月份多发，在卫生条件较差的地区容易流行。

3. 临床症状

病禽精神沉郁，缩头呆立，眼半闭，翅下垂，食欲减退或废绝，张口呼吸，咳嗽，严重的呼吸困难，发出"咯咯"的呼吸音，眼睛有浆液性分泌物，腹泻，排血便。人工感染严重发病者可在 2～3 天后死亡，死亡率可达 50.8%。

4. 病理变化

泄殖腔、法氏囊及呼吸道黏膜上皮水肿，肺腹侧坏死，气囊增厚、混浊，呈云雾状外观。双侧眶下窦内含黄色液体。

5. 诊断

采用卵囊检查及病理组织学诊断可确诊。病鸭采用饱和糖溶液漂浮法收集粪便中的卵囊，死亡鸭可以刮取法氏囊、泄殖腔或呼吸器官制成涂片，染色后观察卵囊。

6. 防制

（1）预防措施　应加强饲养管理和环境卫生，成年禽与雏禽分群饲养。饲养场地和用具等应经常用热水或 5％氨水或 10％福尔马林消毒。粪便污物定期清除，进行堆积发酵处理。对放牧的鸭应进行有计划的驱虫，根据囊蚴在鸭体内发育至成熟的虫体需要 16～22 天的特点，要求每间隔 20 天驱虫 1 次。

（2）发病后治疗　目前没有有效的抗贝氏隐孢子虫的药物，据报道百球清在推荐的浓度下，治疗有效率达 52%。对该病的临床治疗尚可采用对症治疗。

九、住白细胞虫病

住白细胞虫病是由西氏住白细胞原虫引起家禽的一种急性高度致死性原虫病。住白细胞原虫寄生在家禽的白细胞和红细胞内，引起血细胞的严重破坏。该病对幼雏的致病性强，可造成大批死亡。

1. 病原

西氏住白细胞原虫的配子体呈长椭圆形，大小为（14～15）微米×（5～6）微米。多寄生在淋巴细胞和大单核细胞内，被寄生的宿主细胞两端变尖而呈纺锤形，长约 48 微米。宿主细胞核被虫体挤在一边呈狭长扁平状。

2. 流行病学

西氏住白细胞原虫的发育史中需要吸血昆虫——库蠓或蚋作为中间宿主。该病的发病、流行与库蠓或蚋等吸血昆虫的活动规律有关，发病高峰都在库蠓和蚋大量出现的夏、秋季节。各日龄的鸭鹅都能感染，但幼禽和青年禽的易感性最强，发病也最严重。

3. 临床症状

雏鸭发病后，精神委顿，体温升高，食欲消失，渴欲增加，流涎；体重下降，贫血，下痢呈淡黄色；两肢轻瘫，走路不稳，全身衰弱，常伏卧地上；呼吸急促，流鼻液和流泪，眼睑粘连；成年鸭感染后呈慢性经过，表现为不安和消瘦。

4. 病理变化

脾肿大，肝变性和肿大，贫血，白细胞增多。在鸭的心和脾中带有巨型裂殖体时，可见有泛发性的心、脾组织损伤。有报道在急性感染的鸭血清中存在一种抗红细胞因子，被认为是西氏住白细胞原虫的一种产物，对血管起作用，其可能是引起红细胞渗透脆性增加和贫血的原因。

5. 诊断

确诊则需在血液抹片中找到病原体。病鸭血液抹片中的配子可用罗曼诺夫斯基染色法鉴别，雌配子体的细胞质呈深蓝色，细胞核呈红色；雄配子体的细胞质呈浅蓝色，核呈浅粉红色。雄配子体比较脆弱，容易变形。

6. 防制

（1）消灭中间宿主　在住白细胞原虫流行的地区和季节，应首先消灭其媒介者——吸血昆虫库蠓和蚋，可用 0.2% 敌百虫溶液在鸭舍内和周围环境喷洒，也可用 0.1% 的溴氰菊酯溶液。保持鸭鹅舍的卫生、通风和干燥。禁止将幼雏与成年禽混群饲养。并在饲料中添加预防药物。

（2）药物预防　预防用药应在病流行前，可选用磺胺二甲氧嘧啶混料或饮水；磺胺喹噁啉混料或饮水；乙胺嘧啶 0.0001% 混料；克球粉 0.0125% 混料；氯苯胍 0.0033% 混料。

（3）发病后措施

【处方1】磺胺二甲氧嘧啶 0.05% 饮水 2 天，再以 0.03% 饮水 2 天。

【处方2】乙胺嘧啶 0.0005% 混料 3 天。

【处方3】氯苯胍 0.0066% 混料或用 0.01% 泰灭净钠粉剂饮水 3 天，然后改用 0.001% 浓度连用 2 周，效果较好。

十、棘头虫病

鸭棘头虫病是由多形科的某些棘头虫寄生于鸭的小肠所引起的疾病。我国多个省区都有发生，对雏鸭的生长发育影响很大。

1. 病原

病原为多形科多形属的大多形棘头虫、小多形棘头虫、腊肠状多形棘头虫和多形科细颈属的鸭细颈棘头虫共 4 种。大、小多形棘头虫虫体呈橘红色，纺锤形，长几毫米至 14 毫米。鸭细颈棘头虫呈纺锤形，白色。

2. 流行病学

腊肠状多型棘头虫的中间宿主为岸蟹，大多型棘头虫与小多型棘头虫的中间宿主为虾类，鸭细颈棘头虫的中间宿主为栉水虱。成虫在小肠内产卵，卵随粪便进入水中，虫卵被中间宿主吞食，卵膜消化，棘头虫从卵逸出，14～15 天后变为前棘头体，30～35 天变为棘头体，54～60 天具有感染性。该病常呈地方性流行，多发生在春、夏季节。1～3 月龄雏鸭最易感染，能引起大批死亡。除感染鸭、鹅外，多种野生水禽也可感染。

3. 临床症状

大多型棘头虫与小多型棘头虫均寄生于鸭小肠前段，腊肠状多棘头虫和鸭细颈棘头虫多寄生在小肠中段，引起肠管炎症。因此，病鸭主要表现为腹泻、消瘦，生长与发育受阻，大量感染而饲养条件又较差时可引起死亡。幼鸭的病死率高于成年鸭。

4. 病理变化

棘头虫以吻突钩牢固地附着在鸭肠黏膜上，引起卡他性炎症，甚至可造成病鸭肠壁穿孔，并发腹膜炎而死亡。由于肠黏膜的损伤，容易造成其他病原菌的继发感染，引起化脓性炎症。剖检时可在肠道浆膜面上看到肉芽组织增生的小结节，大量橘红色虫体固着于肠壁上并出现不同程度的创伤。

5. 诊断

采取病鸭粪便，采用水洗沉淀法或离心漂浮法来检查虫卵确诊。

6. 防制

（1）预防措施　发生过该病的鸭场，秋季放牧结束后 2 周进行 1 次驱虫，春季产卵前 1 个月再进行 1 次驱虫。成年鸭与雏鸭混牧时，除对成年鸭驱虫外，对雏鸭于放牧开始后 20～25 天，进行成虫期前驱虫。最好成年鸭、雏鸭分群放牧。如无安全水域，可将雏鸭在陆地上饲养到 2～3 月龄时再放牧。引进新鸭，须先检查有无棘头虫寄生，如有棘头虫寄生，驱虫后 10 天再于水域中放牧。

（2）发病后的措施　隔离病鸭，不要放牧。粪便应堆积发酵进行无害化处理。四氯化碳，按每千克体重用 1 毫升一次口服。或硫双二氯酚，按每千克体重用 500 毫克混在饲料中一次喂服。

第四节 营养代谢病

一、维生素 A 缺乏症

维生素 A 是家禽生长、最佳视觉以及黏膜完整性（正常生长和修复）所必需的营养物质。家禽如缺乏维生素 A，不仅其胚胎和雏鸭的生长发育不良，而且还会引起眼球的变化而导致视觉障碍，此外还会损害消化道、呼吸道和泌尿生殖道。缺乏维生素 A 可以降低禽体的抵抗力，易感染其他传染病。

1. 病因

饲料中维生素 A 或胡萝卜素不足或缺乏是该病的原发性病因，运动不足、饲料中缺乏矿物质、饲养条件不良以及患胃肠道疾病（如球虫病、蛔虫病等）也都是促使鸭发病的重要因素。

2. 临床症状和病理变化

病鸭表现生长发育停滞，消瘦，羽毛松乱，无光泽，运动无力，两脚瘫痪。眼流泪，上下眼睑粘连，眼发干，形成一干眼圈，角膜混浊不清，眼结膜囊内有大量干酪样渗出物，眼球萎缩凹陷，双目失明。口腔和食管黏膜发炎，有散在的白色坏死灶。肾小管内蓄积大量尿酸盐。此外，在心脏、心包、肝脏和脾脏表面也可见尿酸盐的沉积，这是由于缺乏维生素 A 引起肾脏机能障碍导致尿酸盐不能正常排泄所致。病鸭的胸腺、法氏囊及脾脏等免疫器官发生萎缩，免疫功能明显下降（图 11-74、图 11-75）。

3. 防治

（1）预防措施　保证日粮中有足够的维生素 A 和胡萝卜素，给种鸭鹅多喂青绿饲料、胡萝卜和块根类及黄玉米，必要时应给予鱼肝油或维生素 A 添加剂。根据季节和饲料供应情况，冬春季节以胡萝卜或胡萝卜缨最佳，其次为豆科绿叶；夏秋季节以野生水草最佳，其次为绿色蔬菜、南瓜等。一旦发现病鸭，应尽快在日粮中添加富含维生素 A 的饲料。维生素 A 是一种脂溶性维生素，热稳定性差，在饲料的加工、调制、贮存过程中易被氧化而失效。同时注意配合日粮的喂用，不要存放过久。

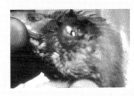 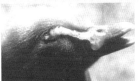 

图 11-74 维生素 A 缺乏症的病变

流泪，眼睑羽毛粘连、脱落，眼角膜浑浊（左图）；病雏上下眼睑粘连，眼睑内侧及眶下窦积聚多量浑浊渗出物，挤压该部位有多量的浑浊渗出物流出（中图）；病鸭咽部和食管黏膜有多量的灰白色小脓疱样病变（右图）

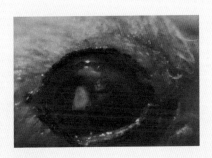

图 11-75 病鸭的眼角膜形成灰白色的变性坏死

（2）发病后措施

【**处方 1**】维生素 A 制剂和富含维生素 A 的鱼肝油。当禽群中发生该病时，可每千克日粮中补充 1000～2000 国际单位的维生素 A，在病初可迅速收到效果。

【**处方 2**】病鸭群饲料中加入鱼肝油，每千克日粮中加入鱼肝油 3～5 毫升（加时应先将鱼肝油加入拌料用的温水中，充分搅拌，使脂肪滴变细），与日粮充分混合均匀，立即饲喂。

【**处方 3**】维生素 A 注射液，440 单位/千克体重，皮下注射。或维生素 A、维生素 D 合剂，2～5 毫升，肌内注射。

二、维生素 D 缺乏和钙磷代谢障碍症

维生素 D 与钙磷共同参与骨组织的代谢，其中任何一个缺乏或钙磷比例失调都会造成骨组织的发育不良或疏松。该病在不同年龄鸭均可发生，但以 1～4 周龄幼鸭多发。

1. 病因

（1）维生素 D 缺乏　维生素 D 是一种脂溶性维生素，既可在阳光照射下由皮肤合成，又可来源于动物性饲料。在舍饲时，尤其雏鸭得不到阳光照射，饲料中维生素 D 含量不足时，会引起该病。

（2）钙、磷缺乏或比例失调　钙、磷是机体的常量元素，依赖于饲料的供给，当饲料中钙或磷不足或二者比例失调时，会引起该病。

（3）其它元素干扰　饲料中其他矿物质干扰了钙、磷的吸收，如锰、锌、铁过高可抑制钙的吸收，从而引起该病。

（4）疾病影响　肝脏疾病、肠道炎症影响了钙磷的吸收，从而促发该病。

2. 临床症状和病理变化

雏鸭生长迟缓，喙变软，行走摇晃，不愿走动，常蹲卧，逐渐瘫痪，需拍动双翅移动身体。产蛋鸭表现产蛋减少，壳薄易碎，产软壳蛋或无壳蛋，鸭腿软无力，步态异常，重者瘫痪。病变可见胸骨变软，呈"S"状弯曲；长骨变形，骨质变软或易折；飞节肿大；肋骨与肋软骨结合部出现球状增生，排列成串珠样；成年鸭的跖骨易折断；种蛋孵化率降低，死胎增多，死胚四肢弯曲、腿短、皮下水肿、肾肿大（图 11-76）。

3. 防治

（1）预防措施　注意饲料中维生素 D 和钙、磷的含量及其比例，可能的话，提供阳光照射。

（2）发病后措施　患病鸭群添加鱼肝油 10～20 毫升/千克，同时调整好钙磷比例及用量，合理的钙磷比为 2∶1，产蛋期为 5∶1～6∶1。对重症鸭可口服鱼肝油胶丸或肌注维丁胶钙。

图 11-76 患病鸭的症状

雏鸭不愿走动，常蹲卧，逐渐瘫痪（左图）；患鸭喙变软（中图）；

腿骨弯曲变形，左为正常对照（右图）

三、维生素 B₁ 缺乏症

维生素 B_1 又名硫胺素，是体内酶的组成部分，它主要参与能量代谢。硫胺素缺乏时引起禽类厌食及多发性神经炎而死亡。

1. 病因

维生素 B_1 在常用饲料中均很丰富，特别是米糠、麸皮和饲用酵母中含量更高，每千克中可达 7～16 毫克，植物性蛋白质饲料每千克中的含量也在 3～9 克。因此，家禽的日粮中含有充足的维生素 B_1，正常的饲养管理情况下，无需补充维生素 B_1，也不会发生维生素 B_1 缺乏症。

家禽发生维生素 B_1 缺乏症，主要是由于日粮中维生素 B_1 遭到破坏或有拮抗物质存在所致。如家禽食入大量生鱼、虾和软体动物内脏等，它们都含有硫胺酶，能破坏维生素 B_1 而造成缺乏症；维生素 B_1 是水溶性的，不耐高温，因此，饲粮被水浸泡、高温蒸煮、碱化处理等均能破坏维生素 B_1 而导致缺乏症。

此外，家禽长期慢性腹泻，长期大量使用抗生素和抗球虫药（氨丙嘧吡啶）破坏了微生物区系，抑制了正常共生菌生长，也可导致维生素 B_1 缺乏。

2. 临床症状和病理变化

幼禽患病可在 2 周龄前发生，发病较突然，表现为精神委顿、厌食、羽毛蓬松、生长不良、贫血与步态不稳。禽类硫胺素缺乏的特殊症状为多发性神经炎。开始时脚趾屈肌麻痹，随后向上发展，腿、翅和颈的伸肌麻痹，患禽全身坐于屈曲的腿上，头向后仰，呈"观星"姿势。随后迅速失去站立与直坐能力而倒地。成年珍禽硫胺素缺乏时发病较慢，常在3周时出现症状。患禽初期食欲下降及体重减轻，羽毛蓬松，腿软无力，步态不稳。以后神经炎症状逐渐明显。有的病禽出现贫血与排稀便。患禽胃肠发炎，十二指肠溃疡与萎缩，肾上腺肥大。生殖器官萎缩，睾丸较卵巢明显（图11-77）。

图 11-77 维生素 B_1 缺乏症症状

病鸭头部偏向一侧，软脚，身体侧卧于地面（左图）；

病鸭中枢神经紊乱，转圈，抽搐（右图）

3. 防治

（1）预防措施　平时应按营养需要，在日粮中提供足够的维生素 B_1。消除对其产生破坏的因素，如喂给禽类蒸煮过的鲜鱼虾以破坏其硫胺酶。

（2）发病后措施

【处方1】每千克饲料中添加 10～20 毫克维生素 B_1 粉，连用7～10 天。饮水中添加复合维生素 B 溶液，每 100 羽每日加 50～80 毫升，每天 2 次，连用 2～3 天。

【处方2】口服盐酸硫胺素片，2.5 毫克/千克体重（重病不吃时可肌内或皮下注射盐酸硫胺素注射液，0.25～0.5 毫克/千克体重）。

【处方3】每千克饲料 10～20 毫克盐酸硫胺素，连用 1～2 周。

四、核黄素（维生素 B_2）缺乏症

核黄素缺乏症（蜷趾麻痹症）是由维生素 B_2 缺乏导致的，以物

质代谢中的生物氧化机能障碍为特征的疾病。多发生于雏鸭。

1. 病因

禽类对维生素 B_2 的需求量大于维生素 B_1，而在谷类籽实和糠麸里维生素 B_2 的含量又低于维生素 B_1，日粮中不添加维生素 B_2 导致其含量不足；饲料发霉变质导致维生素 B_2 被破坏；胃肠道疾病影响核黄素的转化和吸收。

2. 临床症状和病理变化

种禽缺乏则见蛋有死胚，雏禽脚趾蜷曲，绒毛稀少呈结节状，卵黄吸收慢。雏禽消瘦、贫血、腹泻。患禽跗关节以下呈麻痹状态，趾爪向内蜷缩，似握拳状，以飞节着地支撑躯体，用踝部行走。两腿叉开似游泳状。不能支撑者则伏卧或横卧在地。将蜷缩的趾爪人为地分开后，仍然不自主地重新蜷缩，腿部肌肉萎缩和松弛。机体消瘦，羽毛粗糙，背部脱毛，皮肤干而粗糙，有结膜炎和角膜炎。

臂神经和坐骨神经肿大、变软，有时直径比正常大 4～5 倍，质地柔软而失去弹性，呈黄色外观。肝肿大，质脆含脂肪较多。关节腔有淡黄色黏液，间隙组织增生。病鸭极度消瘦，整个消化道比较空虚，仅有泡沫状内容物，肠壁变薄，胃肠道黏膜萎缩（图 11-78、图 11-79）。

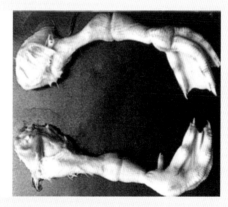

图 11-78 病鸭关节着地（左图）和两脚趾内弯曲（右图）

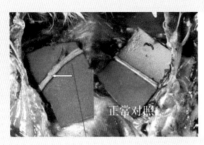

正常对照

图 11-79 病雏神经变化

严重病雏坐骨神经肿胀、增粗（中图）；翼神经肿胀、增粗（右图）

3. 防治

（1）预防措施　日粮配合时，注意添加蚕蛹、啤酒酵母、脱脂乳、三叶草等富含维生素 B_2 的饲料；饲料储存得当，防止发生霉变。

（2）发病后措施

【处方 1】每千克饲料中添加 10～20 毫克维生素 B_2 粉，连用 7 天。饮水中添加复合维生素 B 溶液，每 100 羽每日加 50～80 毫升，每天 2 次，连用 2～3 天。严重的病鸭肌内注射维生素 B_2 针剂，成年禽每只 5～8 毫克、雏禽 3～5 毫克。或口服维生素 B_2 片，雏禽 0.2～0.5 毫克，育成禽 5～6 毫克，种母禽 10 毫克，连用 7 天。

【处方 2】每千克饲料中添加核黄素 20 毫克，连用 1～2 周。严重的病鸭参见处方 1。

五、泛酸缺乏症

泛酸是两种重要辅酶的组成部分，与脂肪代谢关系极为密切。

1. 病因

泛酸缺乏症通常与饲料中泛酸量不足有关，尤其饲料加工过程中的加热会造成泛酸的较大损失。特别是当长时间处于 100℃ 以上高温加热而且 pH 偏碱或偏酸情况下，损失更大。长期饲喂玉米，也可引起泛酸缺乏症。泛酸缺乏主要损伤神经系统、肾上腺皮质和皮肤。

2. 临床症状和病理变化

特征症状是皮炎、羽毛生长受阻和粗糙。病禽衰弱消瘦，口角、眼睑以及肛门周围有局限性的小结痂，眼睑常被黏性渗出物黏着，头部、趾间或脚底发生小裂口、结痂、出血或水肿，裂口加深后行走困难。有些腿部皮肤增厚、粗糙、角质化，甚至脱落。羽毛零乱，头部羽毛脱落。骨粗短，甚至发生滑腱症。而雏鸭则表现为生长缓慢，但死亡率高（图 11-80）。

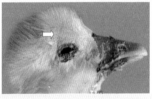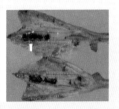

病禽生长发育不良，羽毛粗乱

图 11-80 泛酸缺乏症症状

病鸭羽毛粗乱，发育不良（左图）；有时头顶羽毛脱落、流泪，眼睑周围羽毛污染、结痂（中图）；小鸭蹼底皮肤皲裂、坏死（右图）

3. 防治

（1）预防措施　饲喂酵母、麸皮、米糠、新鲜青绿饲料等富含泛酸的饲料可以防止该病的发生；合理配合饲料，添加泛酸钙，每千克饲料 10～15 毫克。

（2）发病后治疗

【处方 1】患禽可在饲料中添加正常用量 2～3 倍的泛酸，并补充多种维生素。

【处方 2】口服或肌内注射泛酸，每只每日每次 10～20 毫克，每天 1～2 次，连用 2～3 天。

六、维生素 E-硒缺乏症

维生素 E-硒缺乏症又名白肌病，是因缺乏维生素 E 和硒而引起的营养代谢病。维生素 E 是抗不育维生素的总称，它不仅是维持正常生殖机能所必需的微量物质，而且还是饲料中必需脂肪酸和不饱和脂肪酸、维生素 A、维生素 D_3、胡萝卜素及叶黄素等的一种重要的保护剂（可抗氧化），与硒的作用之间存在着一种特殊关系，能够协同防止幼禽的渗出性素质和幼禽的肌营养不良。硒和维生素 E 缺乏，可使机体的抗氧化机能障碍，产生临床上以渗出性素质、脑软化和白肌病等为特征的一种营养代谢病。

1. 病因

日粮中缺乏含维生素 E 的饲料或饲料保存、加工不当，维生素 E 被破坏，或含硫氨基酸缺乏时，容易发生维生素 E 缺乏症；球虫病及其他慢性胃、肠道疾病，可使维生素 E 的吸收利用率降低而导致缺乏；环境中镉、汞、铜、钼等金属元素与硒之间有拮抗作用，可干扰硒的吸收和利用。

2. 临床症状和病理变化

白肌病（肌营养不良）多发于 4 周龄左右的雏禽，当维生素 E 和含硫氨基酸同时缺乏时，可发生肌营养不良。表现全身衰弱，运动失调，无法站立，可造成大批死亡。一般认为单一的维生素 E 缺乏时，以脑软化症为主；在维生素 E 和硒同时缺乏时，以渗出性素质为主；而在维生素 E、硒和含硫氨基酸同时缺乏时，以白肌病为主。

患脑软化症的病雏可见小脑柔软和肿胀，脑膜水肿，小脑表面出血，脑回展平，脑内可见一种呈现黄绿色混浊的坏死区。患渗出性素质的病雏，皮下可见有大量淡蓝绿色的黏性液体，心包内也积有大量液体。白肌病病例，可见肌肉（尤其是胸肌）呈现灰白色条纹（肌肉凝固性坏死所致）（图 11-81、图 11-82）。

3. 防治

（1）预防措施　维生素 E 在新鲜的青绿饲料和青干草中含量较多，籽实的胚芽和植物油等中含量丰富，要多喂些青绿饲料、谷类，同时在饲料中添加足够量的亚硒酸钠，保持氨基酸平衡，防止饲喂霉变和酸败的饲料。

图 11-81 白肌病的症状和病变

病鸭腿麻痹无力，站不起来（左图）；病鸭腿麻痹无力，喜卧，
头向后伸展（中图）；胸部肌肉苍白，湿润（右图）

图 11-82 病鸭腿麻痹不能站立，头颈收缩，摇摆

（2）发病后措施

【处方1】每千克日粮添加维生素 E 250 国际单位或植物油 10
克、亚硒酸钠 0.2 毫克、甲硫氨酸 2～3 克，连用 2～3 周。

【处方2】每只喂服 300 国际单位的维生素 E，同时每千克饲料中
补充含硒 0.05～0.1 毫克的硒制剂，也可用含硒 0.1 毫克/升的亚硒
酸钠水饮服。每千克饲料补充甲硫氨酸 0.2 毫克。

【处方3】川芎地龙汤饮水。当归、地龙各 0.1 克，川芎 0.05
克，煎煮取汁，每只每天饮用，饮用前需停水 2 小时，连用 3 天。

七、硒缺乏症

该病是由于微量元素硒的缺乏或不足导致的代谢性疾病。硒在体
内有多种生理功能，其主要功能与维生素 E 有互补作用。因此，硒

缺乏病与维生素 E 缺乏病有着部分相同的病症。硒缺乏主要表现为渗出性素质与白肌病，但无脑软化症。而且已经有研究证明，硒在白肌病中处于协同作用的位置，起主要作用的是维生素 E 和含硫氨基酸的缺乏。在渗出性素质当中，由于硒与维生素 E 的互补作用，单一缺乏其中的一种往往不显现病症，多为两者同时缺乏时才发病。

1. 病因

使用土壤缺硒地区的饲料造成硒的缺乏。我国有三大缺硒地带，其中东北、华北直至云南、贵州一带是最大的一条。使用这些地区的饲料应注意补硒。饲料缺硒。使用劣质的微量元素添加剂，在饲料缺硒时可发生该病。维生素 E 的缺乏使硒的需要量增加。其它元素影响，拮抗元素如铜、锌、钴、硫等过多也会影响硒的吸收；锰的缺乏也降低硒的吸收，从而造成硒缺乏症。

2. 临床症状和病理变化

（1）渗出性素质　主要见于 2～4 周龄雏鸭，表现为精神不振，腹泻，消瘦，喙尖和脚蹼发紫，有时肉雏腹部皮下水肿，呈淡绿色或淡紫色。病变可见头颈部、胸前、腹下等部皮下有淡黄色或淡绿色胶冻样渗出物，胸、腿肌肉常有出血斑点，有时有心包积液、心肌变性或条纹状坏死。

（2）白肌病　主要见于青年鸭或成年鸭，青年鸭生长发育不良，消瘦，腹泻，食欲不振；母鸭产蛋率、孵化率降低，胚胎发生早期死亡；种公鸭生殖器官发生退行性病变，睾丸萎缩，少精或无精。病变可见全身骨骼肌肉苍白、贫血，胸肌和腿肌中出现条纹状白色坏死、心肌变性、色淡，呈条纹状坏死，有时肌胃也有坏死。

3. 防治

（1）预防措施　保证饲料中含有足够的硒和维生素 E。通常每千克饲料添加 0.5 毫克硒和 50 国际单位维生素 E 进行预防。禁止饲喂变质的饲料。

（2）发病后措施　每千克饲料添加 2.5 毫克硒和 250 国际单位维生素 E 进行治疗。同时，发生白肌病注意添加甲硫氨酸等含硫氨基酸。

八、锰缺乏症

1. 病因

锰缺乏的病因有三：一是因母畜（禽）缺锰引起幼畜（禽）先天性缺锰；二是饲料中锰元素的含量不足；三是饲料中钙、磷、铁、钴的含量过大，影响了锰的吸收。在肠道内，锰与钙、磷、铁、钴有共同的吸收部位，日粮中这些元素含量过高，可竞争性地抑制锰的吸收，造成锰的缺乏。

2. 临床症状和病理变化

膝关节异常肿大，病禽腿部弯曲或扭转，不能站立；产蛋母禽蛋的孵化率显著下降，胚胎在出壳前死亡；胚胎表现腿短而粗，翅膀变短，头呈球形，鹦鹉嘴，腹膨大。对病雏进行解剖检查，可见双腿或单腿跟腱向内或向外滑脱；大多数病雏表现胫骨髁（外髁或内髁）显著肿大，髁间沟变平坦（图11-83）。

图 11-83 锰缺乏症表现

病鸭蹼向内转，不能站立，只能用胫跗关节支撑（左图）；

病鸭双腿弯曲，不能直立，蹼向内转（右图）

3. 防治

（1）预防措施　饲料中加入一定量的米糠，可防止锰缺乏症。

（2）发病后措施　每千克饲料中加硫酸锰 0.1～0.2 克或

0.005％～0.01％高锰酸钾溶液饮水，连喂 2 天停 2～3 天后再喂 2 天。

九、脂肪肝综合征

脂肪肝综合征是指鸭体内脂肪代谢障碍，大量脂肪沉积于肝脏，而引起肝脏发生脂肪变性的一种疾病。该病多发生于冬季和早春季节，临诊上主要见于肉雏鸭和营养良好的产蛋鸭。

1. 病因

长期给鸭饲喂单一的能量饲料；青绿饲料缺乏、放牧少、缺乏户外运动等诱发该病。

2. 临床症状和病理变化

在育肥期的肉用鸭群以及产蛋高的鸭群或产蛋高峰期多发，病鸭通常体况良好，而突然发生死亡。产蛋鸭发病时表现为产蛋量明显下降，有的在产蛋过程中死亡；有的在捕捉时由于惊吓而死亡。

病变可见皮肤、肌肉苍白、贫血，皮下、腹腔和肠系膜均有大量脂肪沉积。肝脏肿大，呈黄褐色脂肪变性，肝脏质脆、易碎，表面有出血斑点。腹腔内有大量血凝块，或肝表面覆有血凝块，常以一侧肝叶多见。

3. 防治

（1）预防措施　对于产蛋鸭应适当控制稻谷的喂量，并在饲料中添加多种维生素和微量元素；肉用鸭控制配合饲料的喂量；消除诱发因素，禁喂霉变饲料。舍养的产蛋鸭，应增加户外活动量；在产蛋前要实行限饲，以控制体重。开产后应提高蛋白质 1％～2％，并加入一定量的麦麸（麦麸中含有控制脂肪代谢的必要因子）。此外，在日粮中增加富含亚油酸的饲料，也可降低发病率。

（2）发病后的措施　患病鸭群应适当降低高能量和高蛋白饲料的比例，并实行限饲。每千克饲料中添加氯化胆碱 1 克、维生素 E 10000 国际单位、维生素 B_{12} 12 毫克，肌醇 900～1000 克，连续饲喂；或每只鸭喂服氯化胆碱 0.1～0.2 克，连服 10 天。

十、痛风

痛风是由于多种原因引起的尿酸在血液中大量蓄积，以致关节、内脏和皮下结缔组织发生尿酸盐沉积而引起的一种营养代谢病。临床上以行动迟缓、关节肿大、跛行、厌食、腹泻为特征。该病多发生于青绿饲料缺乏的寒冬和早春季节，不同品种和日龄的水禽均可发生，但临床上主要见于雏鸭。

1. 病因

该病发生原因较为复杂，各种外源性、内源性因素导致血液中尿酸水平升高和肾功能障碍，在血液中尿酸水平升高的同时肾脏排泄尿酸的数量也增多，并损害肾脏，发生尿酸盐阻滞，反过来又促使血液中尿酸水平更加升高，造成恶性循环。临床上常见的致病因素有以下几种。

① 长期饲喂大量的动物内脏（肝、肾、胸腺、胰腺）、肉粉、鱼粉、大豆、豌豆、莴苣、菠菜、开花的白菜等富含蛋白质和核蛋白的饲料，缺乏充足的维生素 A 和维生素 D，矿物质含量比例失调（饲料中含钙、镁、钼、铜过高）。临床上发现番鸭鸭胚和出壳不久的雏鸭，呈现典型的内脏痛风病变，可能与母鸭维生素 A 缺乏、日粮中含多量动物性饲料等有关。

② 某些药物使用不当、过量、中毒等引起肾脏损害，促进尿酸血症的发展，如饲喂磺胺类药物过多、慢性铅中毒等。

③ 管理不善，鸭舍拥挤潮湿阴冷、鸭只缺乏运动、日光照射不足，特别是雏鸭长途运输，缺乏饮水等，均可诱发该病。

2. 临床症状和病理变化

根据尿酸盐沉积的部位，可分为内脏型和关节型。

（1）内脏型　常见于 1～2 周龄的雏鸭，也可见于青年鸭或成年鸭。雏鸭患病后精神委顿，缩头垂翅；出现明显症状时常食欲废绝，两肢无力、消瘦、衰弱、脱水，喙和脚蹼干燥，排石灰样或白色奶油样半黏稠状的粪便，病死率高。蛋鸭产蛋减少或停止。感冒通中毒，可呈现急性病例，病程短，死亡快。病鸭皮下尤其两翅肋下，见有尿酸盐沉积。心包积水、肝肿大、质脆，肾肿大、色泽变浅，切面有白色微粒，表面有尿酸盐沉积形成的白色斑点。输卵管常肿大，管腔充满石灰样沉淀物，外面也包裹一层尿酸盐。病情严重的成年鸭的心、肝、脾和肠系膜、腹膜的表面也覆盖有尿酸盐沉着物（图 11-84、图 11-85）。

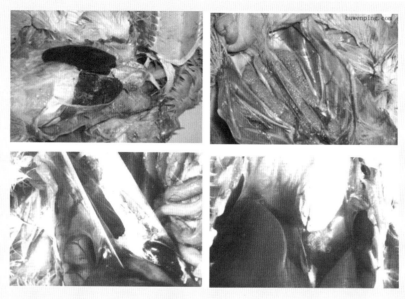

图 11-84　痛风病变（一）

病鸭心包附有大量石灰样物，气囊浑浊（上左图）；病鸭导尿管中有大量尿酸盐（上右图）；病鸭气囊膜白色尿酸盐（下左图）；病鸭心包膜沉着白色尿酸盐（下右图）

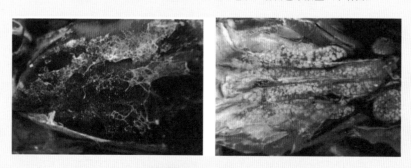

图 11-85　痛风病变（二）

肝脏表面的尿酸盐沉着（左图）；花斑肾，肾脏的尿酸盐沉积（右图）

（2）关节型　较少发生，病鸭脚趾和腿部关节出现豌豆至蚕豆大的黄色坚硬结节，溃破则流出白色稠膏状的尿酸盐，腿软无力，运动迟缓，站立姿势异常。全身症状与内脏型痛风相似。可见到关节表面和关节周围组织中有白色尿酸盐沉积物；切开肿大的关节，则流出白色黏稠含有尿酸盐的液体。有些关节表面发生糜烂（图 11-86）。

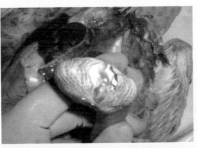

图 11-86　痛风病变（三）

病鸭瘫痪，精神不振（左图）；病鸭关节囊内沉着有石灰样物（右图）

【提示】根据饲喂过量的蛋白质饲料或长期使用对肾脏有损害的抗菌药物的病史，内脏器官表面和其他组织器官沉积大量尿酸盐的特征性病理变化可以确诊。

3. 防治

（1）预防措施　科学合理地配制日粮，不宜过多饲喂动物性蛋白质和发酵饲料。钙、磷比例要适当，同时应提供足够的新鲜青绿饲料，补充维生素 A，并给予充分的饮水；加强饲养管理，增加适当运动，保证充足的饮水。在预防用药时，慎用对肾脏有毒害作用的抗菌药物，更不宜长期或过量使用。还要注意防止慢性铅、钼中毒。

（2）发病后措施　目前还没有特效疗法，应尽可能除去病因，可使用能增强尿酸盐排泄的药物治疗。注意给予充分清洁的饮水，并在饮水中添加 0.05% 高锰酸钾或 0.4%～0.7% 碘化钾，或应用消除肾脏肿大、控制尿酸盐沉积的复合无机盐制剂，以利尿酸的排出。

【处方 1】阿托方（苯基喹啉羟酸），每羽每次口服 0.2～0.5 克，每天 2～3 次，可提高肾脏排泄尿酸盐的能力，减轻关节疼痛，但长期使用对肝有不良影响。每羽肌内注射硫胺素注射液 5 毫克，每天 1 次，连用 3～5 天，对重症病鸭疗效较佳。

【处方 2】 别嘌呤醇，每羽每次口服 10～30 毫克，每日 2 次，能抑制黄嘌呤酶，使次黄嘌呤和黄嘌呤不能转化为尿酸。但用药期间可导致急性痛风发作。或丙磺舒，可按每只 10～20 毫克拌料喂服，连用 5～7 天，可加快尿酸盐排泄，降低发病率和死亡率。

十一、鸭腹水症

鸭腹水症是多种因素引起的一种综合征，临床上以腹腔积液、腹围下垂为特征。近年来一些养鸭场常有该病的发生，发病率达 5%～25%，因其死淘率增加而造成不小的损失。

1. 病因

（1）营养因素　高能量的日粮，使发育中的肉鸭生长过速，对氧的需求量增加，加之饲养环境缺氧，例如寒冷季节、饲养密度过大、通风不良、舍内二氧化碳或一氧化碳浓度过高。此外，饮水或日粮中钠盐增加，维生素 E、硒缺乏等，均可能促进腹水症发生。

（2）真菌毒素　日粮中谷物发霉、肉骨粉或鱼粉霉败，均产生大量真菌毒素。

（3）化学毒物因素　我国某些地区在日粮中添加"油脚"以提高日粮的能量，但其中含有有害物质二联苯氯化物，可导致该病的发生。

（4）高海拔地区饲养　由于高海拔地区缺氧，引起组胺增加，使机体组织血管扩张，肺动脉压增加，右心扩张衰竭，导致腹水症。

此外，遗传因素、某些细菌（如大肠杆菌、分枝杆菌等）毒素、淀粉样肝病或肝硬变，也可导致腹水症的发生。

2. 临床症状

多见于 2～7 周龄发育良好、生长速度较快的鸭，尤其是公鸭多发。初期症状是喜卧，不愿走动，精神委顿，羽毛蓬乱，后腹部膨大（图 11-87），触之松软有波动感，行动迟缓、蹒跚，常蹲伏，嗜睡，呼吸困难。捕捉时易抽搐死亡。病鸭常在腹水症出现后 1～2 天死亡。

图 11-87 病鸭腹部膨大

3. 病理变化

可见喙缘、脚蹼及骨骼肌发绀。剖开腹腔可见大量清亮、茶色或啤酒样积液，积液中或有纤维素、絮状凝块。心脏体积增大，质地变软，右心室极度扩张，心壁变薄，右心房内充满血凝块，心包积液。肝脏边缘钝圆，质地变硬，包膜增厚，萎缩，浆膜有絮状纤维素附着等。肺充血和水肿。肾充血、肿胀。腹膜变薄，腹部膨大透明（图 11-88）。

图 11-88 腹水症病变

腹膜变薄，腹部膨大透明（左图）；剖开腹部，腹腔内有大量茶色积液，肝脏萎缩，浆膜有絮状纤维素附着（右图）

4. 防治

（1）预防措施　改善饲养管理和环境卫生条件，控制饲养密度，保持舍内空气清新、氧气充足，在冬季要妥善处理好通风与防寒保温的关系；在每千克饲料中添加维生素 C 500 毫克、维生素 E 2 毫克、亚硒酸钠 0.1 毫克；早期限饲，合理配制日粮。控制生长速度或适当降低饲料的能量。不饲喂发霉的饲料。

（2）发病后措施　一旦发生腹水症，难以治愈，但要调查清楚可能的发病原因，并采用下列措施减少死亡及控制其继续发病。

【处方】减少日粮中氯化钠的含量，可口服解肾利尿药。饲料中添加 0.5%～1% 维生素 C，同时每千克饲料加 1 克维生素 E 和 0.05 毫克硒。并可选用一些广谱抗生素，以防止继发细菌性感染。

第五节　中毒性疾病

一、黄曲霉毒素中毒

鸭食入带有黄曲霉毒素的饲料引起的一种霉菌毒素中毒病。

1. 病因

黄曲霉毒素有十几种，其中以黄曲霉毒素 B_1 的毒性最大，家禽少量食入即可引起慢性肝损害；若食入量过大，可引起肝炎；若长期食入，则可引起肝癌。雏鸭的敏感性高。在温暖潮湿的地区或季节，玉米、花生、大米等被产毒黄曲霉污染，鸭、鹅吃了这种饲料即可发生中毒。

2. 临床症状和病理变化

雏鸭中毒多表现为急性发病，有时见不到明显症状即迅速死亡。病程稍长的病雏，食欲废绝，鸣叫，掉毛，步态不稳，运动失调或跛行，脚、腿部皮下呈紫红色，并出现黄疸。病雏死亡时头颈呈角弓反张，死亡率高。成年鸭急性中毒症状与雏禽相似，且饮水增加，腹泻，排绿色稀便；慢性中毒的症状不明显，表现为食欲不振，消瘦，贫血，衰弱。病程长者，可发展为肝癌，最后衰竭死亡。

急性病例的肝脏肿大，变软，无弹性，颜色变淡呈黄白色，有出血点。肾脏苍白，稍肿大。慢性病例的肝脏变黄，逐渐硬化，体积缩小，常分布白色点状或结节状病灶。病程长者，常形成肝脏小肿瘤结节，心包腔或腹腔积水，小腿和蹼的皮下有出血点（图 11-89）。

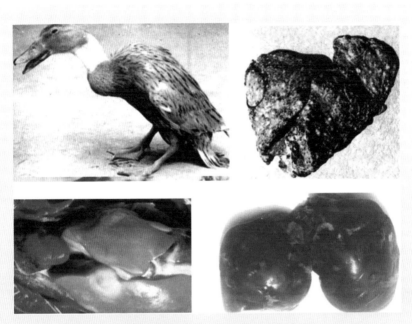

图 11-89 黄曲霉毒素中毒表现及病变

患鸭拱背和尾下垂（上左图）；肝癌，肝脏有结节状增生（上右图）；黄肝病，肝呈土黄色，有肿块生成，质地硬化（下左图）；肝脏坏死、出血（下右图）

3. 防治

（1）预防措施　不喂发霉的饲料，尤其是发霉的玉米、花生饼和稻谷。用 2% 次氯酸钠溶液消毒环境，粪便用漂白粉处理。仓库用福尔马林熏蒸消毒。饲料中添加防霉剂，主要有富马酸二甲酯、苯甲酸钠（以 0.1% 混料）和硅酸铝钠钙水合物（商品名"速净"，以 0.1% 剂量混料）。

（2）发病后措施　发现鸭有中毒症状时，应立即检查饲料是否发霉，若饲料发霉，立即停喂，改用易消化的青绿饲料。

饲料中补加维生素 AD_3 粉、维生素 B_1、维生素 B_2 和维生素 C，或添加禽用多维素。病雏饮用 5% 葡萄糖水。为避免继发细菌感染，可投喂土霉素等抗菌药物。

二、磺胺类药物中毒

磺胺类药物可用于禽类多种疫病的防治，特别多用于原虫病防治时的持续用药，它可以抑制侵入体内的病原体。

1. 病因

用药剂量过大、用药时间过长或搅拌不均匀等。磺胺类药物治疗量与中毒量较接近，加之在饲料中很难混匀，用于禽类时容易超量中毒。肠内容易吸收磺胺类药物，中毒也容易发生。常用的磺胺二甲嘧啶、磺胺喹噁啉等容易引起中毒。

2. 临床症状和病理变化

急性中毒时主要表现为痉挛和神经症状；慢性中毒时精神沉郁，食欲不振或消失，饮水增加，排稀便，粪便黄色或带血丝，贫血，黄疸，生长缓慢。有的病鸭面部呈局部灶性肿胀、皮肤呈蓝紫色，眼内流出带血分泌物，有的病鸭出现呼吸困难。产蛋禽表现为产蛋明显下降，产软壳蛋和薄壳蛋。

病变可表现为出血综合征。出血可发生于皮肤、肌肉及内部器官，也可见于头部、冠髯、眼前房。出血凝固时间延长，骨髓由暗红变为淡红甚至黄色。腺胃及肌胃角质膜下出血，整个肠道有出血斑点。肝、脾肿大，散在出血，有坏死灶。心肌呈刷状出血，肺充血与水肿。肾肿大，肾小管内折出磺胺结晶而造成肾阻塞与损伤，产生尿酸盐沉积（图 11-90、图 11-91）。

3. 防治

（1）预防措施　使用磺胺类药物时应严格控制使用剂量与疗程，拌料要均匀，并保证充分供给饮水。投药期间，在饲料中添加维生素 K_3、维生素 B_1，其剂量为正常量的 10~20 倍。

图 11-90 磺胺类药物中毒症状

病鸭流泪，软脚，惊厥，扭头和震颤（左图）；病鸭呼吸困难，
张口喘气（中图）；病鸭眼内流出带血分泌物（右图）

图 11-91 磺胺类药物中毒病变

病鸭鼻窦部黏膜出血（左图）；病鸭腿部肌肉出血（中图）；病鸭胸壁出血（右图）

（2）发病后措施　发现中毒后立即停药，大量供水。

【处方1】1％～5％碳酸氢钠溶液适量，自由饮用。

【处方2】维生素 C 片 25～30 毫克，一次口服。或肌内注射 50 毫克的维生素 C 注射液。处方 3：饮用车前草和甘草糖水，以促进药物从肾排出。

三、家禽亚硝酸盐中毒

亚硝酸盐中毒是指家禽采食富含亚硝酸盐或亚硝酸饲料造成高铁血红蛋白症，导致组织缺氧的急性中毒病症，以鸭、鹅多发而鸡次之。

1. 病因

由于采食贮藏或加工方法不当的叶菜类饲料以及富含大量亚硝酸盐的秧苗等而引起家畜中毒。这些植物富含硝酸盐但受到土壤环境和气候影响较大，若土壤中重施化肥、除草剂或植物生长刺激剂可促进植物中亚硝酸盐的蓄积；若日光不足、干旱或土壤中缺少钼、硫和磷阻碍植物内蛋白质的同化过程，可使亚硝酸盐在植物中蓄积。在自然界广泛存在的硝酸盐还原菌是导致家禽亚硝酸盐中毒的必备条件，如温度为 20～40℃，pH6.3～7.0 的潮湿环境该菌可将硝酸盐还原为亚硝酸盐。例如将青绿饲料温水浸泡、文火焖煮以及加热堆放都可导致大量的亚硝酸盐产生，这种不良饲料一旦被家禽采食即可发生中毒，尤以鸭、鹅多发。

亚硝酸盐迅速使氧合血红蛋白氧化成高铁血红蛋白，血红蛋白失去载氧能力而引起机体缺氧。亚硝酸盐具有扩张血管的作用，导致外周循环衰竭更加重组织缺氧、呼吸困难及神经功能紊乱。

2. 临床症状和病理变化

发病急且病程短，一般在食入后 2 小时内发病。发病时呼吸困难，口腔黏膜和冠髯发紫，并伴有抽搐、四肢麻痹、卧地不起等症状。严重时很快窒息死亡。剖检可见血液不凝固呈酱油色遇空气不变成鲜红色。肺内充满泡沫样液体，肝、脾、肾有淤血，消化道黏膜充血。心包腹腔积水，心房脂肪出血。有饲喂贮藏、加工和调剂方法不当的饲料病史；有典型缺氧症状且血液呈酱油色遇空气不变红色，可确诊。

3. 防治

（1）预防措施　不喂堆积、闷热、变质的青绿饲料。贮存青绿饲料应在阴凉处松散摊放。不喂文火煮熟的青绿饲料，蒸煮过的饲料不宜久放。

（2）发病后措施　立即更换新鲜饲料和清洁饮水。禁止饲喂含亚硝酸盐的饲料。

【处方1】每只病禽口服维生素 C 片（100 毫克），每天 1 次，连用 2～3 天。

【处方2】用亚甲蓝 2 克、95％酒精 10 毫升、生理盐水 90 毫升，溶解后每千克体重注射 1 毫升同时饮服或腹腔注射 25％葡萄糖溶液和 5％维生素 C 溶液。用盐类泻剂加速肠胃内容物排出。

四、食盐中毒

在鸭的日粮中，添加一定的食盐可以增进食欲，有利于鸭的消化、吸收和排泄，这对调节体内血液渗透压和酸碱平衡、维持神经系统的正常机能等都有着十分重要的作用。

1. 病因

鸭食盐中毒是饲料中食盐含量过高，超过 0.5％，或同时饮水受到限制，或饲喂较多食堂的残羹和腌制加工的副食品而引起的。鸭的食盐最小致死量为每千克体重 4 克，食盐需要量一般占饲料的 0.37％。饲料中食盐含量达 3％，饮水中含盐量达 0.9％，即可引起鸭大批中毒死亡。

2. 临床症状和病理变化

鸭中毒较轻时，饮欲增加，食欲降低，粪便稀薄混有水，引起鸭舍地面潮湿，雏鸭可见不断鸣叫，无目的地冲撞，头向后仰。严重中毒时精神委顿，食欲废绝，口鼻流黏液，食管膨大部肿大，腹泻，后期步态不稳或瘫痪，呈昏迷状态渐至衰竭死亡。病变主要为皮下组织水肿，腹腔和心包积水，肺水肿、出血，局部有尿酸盐沉积，胃肠道黏膜充血、出血，食管膨大部内充满黏性液体，黏膜脱落，头盖骨淤血，脑膜血管充血扩张（图 11-92、图 11-93）。

图 11-92 食盐中毒病变（一）
病鸭肠系膜水肿（左图）；病鸭腹腔积液（中图）；病鸭肠系膜出血（右图）

图 11-93 食盐中毒病变（二）

患病鸭头盖骨淤血（左图）；病鸭脑软膜充血、出血及轻度水肿（中图）；

病鸭肺水肿、出血，并于局部有尿酸盐沉积（右图）

3. 防治

（1）预防措施　使用配合饲料时对所用鱼粉或干鱼等要测定其含盐量，或估计盐分多少，以决定其添加量，使配合饲料的含盐量控制在 0.35% 左右，防治中毒事故发生。

（2）发病后措施　发现食盐中毒时，立即停用原饲料和饮水，改换新鲜充足淡水或糖水，症状可逐渐好转。中毒严重时，要限制供给饮水，每隔 1 小时让其饮水 15 分钟左右，以免一次大量饮水，加重组织水肿。

五、肉毒毒素中毒

肉毒毒素中毒是由肉毒毒素引起的一种疾病，多发生于夏秋季节。

1. 病因

肉毒梭菌为革兰氏阳性菌，厌氧菌，它广泛存在于自然界的土壤、饲料、水果、肉中。在腐败的动物尸体中，在缺氧的条件下生长繁殖时产生大量的外毒素。神经毒是已知的最毒物质之一。当禽类吃了蝇蛆、死鱼、烂虾、死螺蛳、死家禽及其他死动物，还有腐败的鱼肉等均可发生中毒，尤其是鸭和鸡易感性最强，危险性也较大。

2. 临床症状和病理变化

从采食到发病一般为 1～3 天，最短的几个小时就发病。主要表现为闭目嗜睡、停食、羽毛松乱，腿、翅膀、颈部肌肉麻痹，叫声低微，不能行走，驱赶时双翅拍地、跳跃。头颈扭曲或下垂，匍匐状伏卧，把头搁在地上，头颈伸直，所以又叫"软颈病"。腹泻与便秘交替出现，后期羽毛震颤，羽毛脱毛，死前昏迷，体温下降。需要指出的是，病状出现的程度，取决于毒素进入体内的量，中毒轻的表现发病轻，死亡少；中毒重的很快发病，突然大批死亡，很容易误认为其他方面的中毒或禽霍乱等病。病鸭早晨外出时可能无病状表现，一般下水觅食后明显。有的出现落群、慢行或发瘫，且有增多趋势。剖检一般无特异性变化。死鸭整个肠道充血、出血，尤以十二指肠最为严重。腺胃、肌胃内有未消化的食物，腺胃黏膜充血、水肿。病死产蛋母鸭输卵管浆膜充血、输卵管有硬壳蛋（图 11-94、图 11-95）。

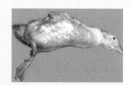

图 11-94 肉毒毒素中毒症状

病鸭翅麻痹，颈麻痹，软脚、软颈（左图）；驱赶时双翅拍地、跳跃（中图）；
头颈扭曲或下垂，匍匐状伏卧，把头搁在地上，头颈伸直（右图）

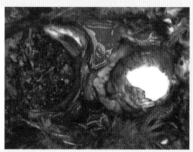

图 11-95 肉毒毒素中毒病变

病死鸭腺胃、肌胃内尚未消化的蝇蛆及其残渣，腺胃黏膜充血、水肿（左图）；
病死产蛋母鸭输卵管浆膜充血，输卵管内有一个尚未产出的硬壳蛋（右图）

3. 防治

（1）加强放牧管理　不到有腐败鱼类或其它动物尸体的湖泊、塘堰处牧鸭；做好饲料采购贮存工作，防止肉毒梭菌污染，预防该病的发生。

（2）发病后措施

【处方 1】病鸭食管膨大部如仍有腐败的动物性食物，可将鸭头下垂，用手将食管膨大部内的食物缓缓挤出。挤尽后，以大型的金属注射器套上小而长的橡皮管，向食管膨大部灌注 0.1％的高锰酸钾水溶液，予以摇荡，再将鸭头倒悬，将高锰酸钾和食物挤出，如此反复二三次。食管膨大部内已无饲料时可用轻泻剂，每只鸭灌服 3～6 克硫酸镁的水溶液，8 小时后用磺胺脒、次硝酸铋各 0.25 克灌服，每日 3 次。或用大蒜 1000 克，加入含少量盐的冷开水溶液（食盐不能超过饲料日量的 0.5％），灌服 100 只鸭。还有灌服淡糖水、绿豆汤。

【处方 2】鸭群中毒后，立即采用抗毒素疗法，每只鸭肌注 C 型肉毒梭菌抗毒素 2～4 毫升；同时供给低渗糖水（3％～5％）饮用，以促进排毒。

第六节　其它病

一、中暑（热应激）

中暑是家禽热射病与日射病的总称。

1. 病因

由于烈日暴晒，环境气温过高导致家禽中枢神经紊乱、心衰猝死的一种急性病。该病常发生于炎热季节，家禽群处于烈日暴晒之下或处于闷热的栏舍中，会突然发生零星或众多的禽只猝死，且以体型肥胖的禽只易发病。

2. 临床症状和病理变化

鸭群突然发病，患鸭一般表现为烦躁不安，战栗，两翅张开，走路摇摆，站立不稳，呼吸急促，体温升高，跌倒在地翻滚，两脚朝天，在水中不时扑打翅膀，最后昏迷、麻痹、痉挛死亡。禽大脑实质及脑膜有不同程度充血、出血，其他组织亦可见有出血。心包积液。另外，刚死亡的禽只，其胸腹内温度升高，热可灼手（图 11-96、图 11-97）。

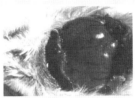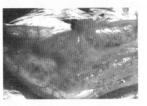

图 11-96 中暑病变（一）

脑部水肿，头盖骨淤血（左图）；病鸭脑部严重淤血（中图）；
病鸭肠系膜脂肪斑点状出血（右图）

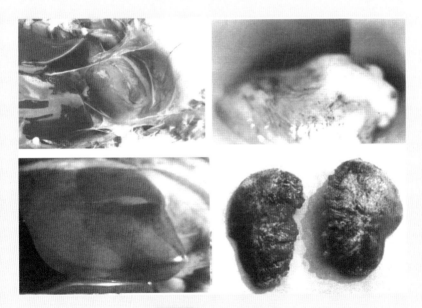

图 11-97 中暑病变（二）

病鸭心包积液（上左图）；病鸭心外膜出血（上右图）；病鸭肝脏肿胀、出血（下左图）；
病鸭肺腔出血、淤血、水肿（下右图）

3. 防治

（1）预防措施

① 防暑降温。加强禽舍内通风换气，有条件的可安装排气扇、吊扇，增加空气流通速度，保证室内空气新鲜；在禽舍周围栽阔叶树木遮阴或搭盖阴棚，窗户上也要安装遮阳棚，避免阳光直射；每天向禽舍房顶喷水或禽体喷雾1～2次（下午2时左右，晚上7时左右），有防暑降温之效。

② 充分供应饮水。高温季节家禽饮水量是平时的7～8倍，要保证饮水的供应。为有效控制热应激发生，可在饮水中加入0.15％～0.30％氯化钾、0.5％小苏打（碳酸氢钠）和按150～200毫克/千克的比例添加维生素C。

③调整营养结构。适当调整饲料营养水平，在饲料中添加2％～3％脂肪，可提高家禽的抗应激能力。在产蛋禽日粮中加喂1.5％动物脂肪（需同时加入乙氧喹类等抗氧化剂），能增强饲料适口性，提高产蛋率和饲料利用率；提高日粮中甲硫氨酸和赖氨酸含量；加倍补充B族维生素和维生素E，可增强家禽的抗应激能力。同时，在饲料中添加0.004％～0.01％杆菌肽锌，可降低热应激，提高饲料利用率。

④ 药物保健。添加大蒜素。大蒜素具有抗菌杀虫、促进采食、帮助消化和激活动物免疫系统的作用，可在饲料中按说明添加使用。此外，将生石膏研成细末，按0.3％～1％混饲，有解热清火之效。添加中药。方剂：滑石60克、薄荷10克、藿香10克、佩兰10克、苍术10克、党参15克、金银花10克、连翘15克、栀子10克、生石膏60克、甘草10克，粉碎过100目筛混匀，以1％比例混料，每日上午10时喂给，可清热解暑，缓解热应激。

⑤ 加强饲养管理。坚持每天清洗饮水设备，定期消毒。及时清理禽粪，消灭蚊蝇。改进饲喂方式，以早晚进行饲喂为主。减少对家禽的惊扰，控制人员、车辆出入，防止病原菌传入。放牧应早出晚归，并选择凉爽的地方放牧。

（2）发病后的措施 鸭群一旦发生中暑，应立即进行急救，把鸭群赶入水中降温，或赶到阴凉的地方，给予充足清洁饮水，并用冷水喷淋头部及全身；个别患鸭还可放在冷水里浸泡短时间，然后，喂服酸梅加冬瓜水或 3%～5% 红糖水解暑。少量鸭发病时，可口服 2%～3% 冷盐水，也可用冷水灌肠（如家禽体温很高，不宜降温太快）。病重的小鸭每只可喂仁丹半粒和针刺翼脉穴、脚盘穴。中暑严重的鸭可放脚趾静脉血数滴。不定时让家禽饮用 5%～10% 绿豆糖水和维生素 C 溶液。

二、禽输卵管炎

1. 病因

禽输卵管炎是由于饲喂过多的动物性饲料，饲料中缺乏维生素A、维生素 D、维生素 E，产过大的双黄蛋，卵在输卵管中破裂，细菌侵入等引起的。

2. 临床症状和病理变化

病禽排出黄白色脓样分泌物，污染肛门周围的羽毛。产蛋困难有痛感，蛋壳上常带有血迹。随着病程发展，疼痛不安，体温升高，有时呈昏睡状，常卧地不起，走路腹部着地。炎症蔓延可引起腹膜炎。该病常继发输卵管垂脱、蛋滞（蛋滞留在子宫或输卵管内不能排出或排出困难）。

3. 防治

搞好环境卫生和消毒工作，保证饲料中充足的维生素供给，做好禽流感、传染性支气管炎和新城疫等疾病预防工作；发现病禽隔离饲养，及时检查，并助产。用 0.5% 高锰酸钾、0.01% 新洁尔灭或 3% 硼酸溶液或普息宁 1：100 稀释冲洗泄殖腔和输卵管，然后注入青霉素和链霉素。或用土霉素拌料喂服禽群。

三、泄殖腔外翻（脱肛）

泄殖腔外翻主要是指输卵管或泄殖腔翻出肛门之外造成的一种疾患，初产或高产母禽易发生此病。

1. 病因

诱发原因：一是营养因素。蛋白质含量增加、喂料过多、维生素缺乏，使产蛋多或大，产蛋时用力过度造成脱肛。二是管理因素。饲养密度过大，通风不良，饮水不足，光照不合理，地面潮湿，卫生条件差，泄殖腔发炎等造成脱肛。三是疾病因素。患胃肠炎或其他病导致腹泻，产蛋时用力过度而脱肛。四是应激因素。惊吓、响声对产蛋禽是超强刺激，使输卵管外翻不能复位而脱肛。

2. 临床症状和病理变化

病初肛门周围的绒毛湿润，从肛门流出白色或黄色黏液，随后呈肉红色的泄殖腔脱出肛门外，颜色渐变为暗红色，甚至紫色，粪便难于排出。脱出部分发炎、水肿甚至溃烂，脱出物常引起其他禽啄食，病禽最后死亡（图11-98）。

图 11-98 病鸭泄殖腔黏膜溃烂，外翻

3. 防治

（1）预防措施　注意饲养密度和舍温适宜，通风良好，给水充足，及时清除粪便，保持地面干燥，在日粮中增加维生素和矿物质。发现病禽，及时隔离，防止啄食。

（2）发病后措施　发病后，外翻泄殖腔用0.1%高锰酸钾或硼酸水或明矾水冲洗，涂布消炎软膏，并以消毒纱布托着缓慢送回，然后进行肛门烟包样缝合，保持3～5天。或用1%普鲁卡因溶液清洗外翻泄殖腔，并于肛门周围作局状麻醉，以减少发炎和疼痛，减少努责，避免再度外翻。或整复后倒吊1～2小时，内服补中益气丸，每次15～20粒，每天1～2次，连用数日。

四、难产

母禽产蛋过程中，超过正常时间不能将蛋产出时，称为禽的难产。鸡、鸭、鹅等均可发生。

1. 病因

由于输卵管炎，或蛋过大，或输卵管狭窄、扭转或麻痹，可造成禽的难产；因啄肛而造成的肛门瘢痕、输卵管脓肿等，也可造成禽的难产。

2. 临床症状和病理变化

难产母禽主要表现为羽毛逆立，起卧不安，频繁努责，全身用力做产蛋动作却又产不出蛋。有时蜷曲于窝内，呼吸急促。站立后可见到后腹部膨大，向下脱垂。触诊此处可明显感觉到有蛋。

3. 防治

（1）预防措施　注重培育期的骨骼发育；保持饲料中适量的蛋白质，以减少输卵管炎症。

（2）发病后措施　发病后泄殖腔内注入 10 毫升液状石蜡，再由前向后逐渐挤压，也可将手伸入泄殖腔，将蛋挤碎，使内容物流出，再抠出蛋壳，并在输卵管中注入 40 万单位青霉素。

五、皮下气肿

皮下气肿是幼鸭的一种常见外伤性疾病。

1. 病因

多见于粗暴捕捉使颈部气囊及腹部气囊破裂；也可因尖锐异物刺破气囊或鸟喙骨和胸骨等有气腔的骨骼发生骨折，均可使气体积聚于皮下，造成皮下气肿。该病多发于 1～2 周龄的幼鸭，常发生颈部皮下气肿，俗称"气脖子"或"气嗉子"。

2. 临床症状和病理变化

颈部气囊破裂时，可见颈部羽毛逆立，颈的基部或整个颈部气肿，以致头部和舌系带下部出现鼓气泡。腹部气囊破裂或颈部气体向下蔓延时，可见胸腹围增大，皮肤紧张，叩诊呈鼓音。如延误治疗，则气肿继续增大，病鸭精神沉郁，呆立，呼吸困难，饮欲、食欲废绝，衰竭死亡。该病无其它明显病变，仅见气肿部皮下充满气体。根据该病特殊的症状不难做出诊断（图11-99）。

图 11-99 病鸭胸腹部皮下气肿

3. 防治

主要是避免粗暴捉鸭和鸭群的拥挤，摔伤和踩伤；发病后刺破膨胀皮肤，放出气体。注意须多次放气，或用烧红的烙铁在膨胀部烙个缺口，使伤口暂不愈合而持续放气，患鸭可逐渐自愈。

六、啄羽

肉鸭啄羽是指肉鸭在养殖过程中，群体中一只或多只鸭自啄或啄击其他个体羽毛的不良行为。

1. 病因

（1）环境因素　有的养鸭圈舍狭小、饲养密度过大、鸭只运动不足，鸭只尤其在冬季因保暖而使圈舍通风不良，舍内过热、过湿，氨气和二氧化碳浓度超过鸭群耐受程度，还有光照过强、光线明暗分布不均或光色不宜等也易诱发啄羽现象。

（2）营养因素　饲料单一或日粮营养配比不合理，造成蛋白质含量不足或氨基酸缺乏，无机盐、维生素不足或长期不补盐，饲喂时间不固定、时饱时饥等。另外，钴元素缺乏而造成的脱毛症也易诱发啄羽现象。

（3）管理因素　鸭粪清除不及时，粪便发酵产生粪毒素、氨气等有害物质，刺激鸭体表皮肤发痒；鸭羽毛脏乱、污秽，也能造成自啄，转而互啄。

（4）生物因素　夏日吸血性蚊虫大量繁殖，并叮咬肉鸭，致使体表奇痒而引起啄羽。一些体表的寄生虫感染也会造成奇痒而引起啄羽。

2. 临床症状和病理变化

啄击部位多为背后部及翅尖部羽毛，往往造成被啄处羽毛稀疏残缺、毛囊出血，羽毛被连根啄出后常常被吃掉，鸭群骚动不安，掉毛处的皮肤若有损伤，常常会被细菌感染，屠宰后会成为次品胴体，造成严重的经济损失（图11-100）。

图 11-100　啄羽症状和病变

病鸭毛根出血（左图）；病番鸭羽毛凋零（中图）；多处皮肤被啄损出血（右图）

3. 防治

（1）加强饲养管理，改善饲养环境　适当地降低养殖密度，改善通风和光照强度，及时清除粪便。笼养设计高度应为100～120厘米，以便打扫。鸭舍温度和湿度要适宜，满足不同日龄鸭所要求的温度，相对湿度保持在60%～70%。保持清洁卫生、地面干燥，以人走进鸭舍感到不闷、不刺激鼻眼为宜。

（2）及时断喙　初生雏鸭8～10日龄断喙，用鸭电烙断喙器将雏鸭喙尖烧烙，即可彻底避免啄羽的发生。

（3）科学配制全价饲料 要投喂高品质的全价配合饲料，以提供合理足够的蛋白质、维生素、无机盐等，并定时饲喂。因蛋白质钙磷不足，可添加 5% 豆饼或 3% 鱼粉、2%～4% 骨粉或贝壳粉；因缺盐引起的可在饲料中添加 1%～2% 食盐，连喂 2～3 天；因缺硫引起的可补充硫酸锌或硫酸钙，每只每天 1～4 克。适当添加青绿饲料或增喂啄羽灵、羽毛粉，都能防止啄羽发生。另外在饮水或饲料中适当加喂维生素 B_{12} 或复合维生素 B，可预防脱羽症诱发的啄癖。

（4）减少光照强度 一般用 25 瓦灯泡照明，鸭能看到吃食和饮水即可。小鸭可用红光、橙黄光，大鸭用红色或白光，可使鸭群安静，啄羽减少。

（5）杀蚊灭蝇 对鸭舍定期进行杀蚊灭蝇，但应注意用药浓度及使用方法，以免中毒。

（6）发病后措施 对有啄羽的肉鸭及时隔离，避免啄击行为的进一步扩散；有损伤的肉鸭，损伤部位涂青霉素粉，另在饲料中加入 0.2%～0.3% 的天然石膏粉末，可使啄羽很快得到控制。